U0122050

数据库原理及应用

任永功　编著

科学出版社

北京

内 容 简 介

本书系统全面地阐述了数据库系统的基础理论、基本技术和基本方法,共 11 章,主要包括绪论、关系数据库、关系数据理论、关系数据库标准语言 SQL、数据库安全性、数据库完整性、关系查询处理和优化、并发控制、数据库恢复技术、数据库设计、数据库技术发展动态。

本书可以作为高等院校计算机、软件工程、信息安全、信息管理与信息系统、信息与计算科学等相关专业本科生数据库课程的教材,可以作为电气工程相关专业研究生数据库课程及电力企业信息化教材,也可供从事数据库系统研究、开发和应用的研究人员和工程技术人员参考。

图书在版编目(CIP)数据

数据库原理及应用 / 任永功编著. —北京:科学出版社,2016
ISBN 978-7-03-046958-8

Ⅰ.①数… Ⅱ.①任… Ⅲ.①数据库系统—高等学校—教材
Ⅳ.①TP311.13

中国版本图书馆 CIP 数据核字(2016)第 006686 号

责任编辑:石 悦 王迎春 / 责任校对:胡小洁
责任印制:徐晓晨 / 封面设计:华路天然工作室

科 学 出 版 社 出版
北京东黄城根北街 16 号
邮政编码:100717
http://www.sciencep.com

北京京华虎彩印刷有限公司印刷
科学出版社发行 各地新华书店经销
*

2016 年 2 月第 一 版 开本:787×1092 1/16
2016 年 2 月第一次印刷 印张:14 1/2
字数:344 000

定价:59.00 元
(如有印装质量问题,我社负责调换)

前　言

从 20 世纪 60 年代末至今,数据库技术已经发展了 50 年。在这 50 年的历程中,人们在数据库技术的理论研究和系统开发上都取得了辉煌的成就,而且已经开始对新一代数据库系统进行深入研究。数据库系统已经成为现代计算机系统的重要组成部分。数据库技术是通过研究数据库的结构、存储、设计、管理以及应用的基本理论和实现方法,并利用这些理论来实现对数据库中的数据进行处理、分析和理解的技术。

本书是作者在教学实践的基础上,结合"数据库原理及应用"省级精品资源共享课建设内容,根据一些院校数据库原理与应用课程学时短、实践性强的教学需要编写而成。本书共 11 章,主要包括绪论、关系数据库、关系数据理论、关系数据库标准语言 SQL、数据库安全性、数据库完整性、关系查询处理和优化、并发控制、数据库恢复技术、数据库设计、数据库技术发展动态。书中对每个知识点都进行图示概括,有大量例题,每章后都有练习题。本书语言通俗、结构合理、图文并茂,具有较强的实用性。

本书由任永功编写提纲并统稿,刘洋、赵月、索全明、王玉玲、孙华阳、高鹏、郭健、张虹、钱海振、郎泓钰等参与了本书的编写。本书在编著过程中,参考了大量的国内外资料,努力跟踪数据库技术前沿技术,必有不足之处,请同仁批评指正。

编　者

2015 年 12 月于大连

目　　录

第1章 绪　　论

数据库技术的应用需要有数据库原理知识作为基础与保障,数据库原理基础知识能指导用户更好地把握、更有效地应用数据库技能。本章以关系数据库管理系统相关知识为主,浓缩性地介绍作者认为读者需要了解与把握的数据库基础知识。本章沿着数据管理发展阶段—数据库系统组成—数据库管理系统—数据模型—数据库体系结构这条概念主线讲解。

数据库的建设规模、数据库信息量的大小和使用频度已成为衡量国家信息化程度的重要标志之一。因此,数据库课程不仅是计算机科学与技术专业、信息管理专业的重要课程,也是许多非计算机专业的选修课程。

本章介绍数据库系统的基本概念,包括数据管理的发展过程、数据库系统的组成部分等。读者从中可以学习到为什么要使用数据库技术以及数据库技术的重要性,本章是后面各章节的准备和基础。

1.1　数据库系统综述

计算机开始用于数值计算,同时在非数值计算中得到了很广泛的应用,显示了它强大的生命力,在现代计算机应用领域中,数据处理占据较大市场份额,数据库技术是数据处理的最新研究成果,它的出现使得计算机应用渗透到工业、农业等领域,下面首先介绍基本概念。

1.1.1　信息数据、数据库、数据库管理系统

1. 信息与数据

数据库处理的基本对象是信息或表示信息的数据。数字只是最简单的一种数据,是数据的一种传统和狭义的理解。广义的理解认为数据的种类很多,文本(text)、图形(graph)、图像(image)、音频(audio)、视频(video)、学生的档案记录、货物的运输情况等,这些都是数据。

信息是向人们提供关于认识世界与改变世界的事实的知识。

数据的表现形式不可能完全表达其内容,需要经过解释。例如,10 是一个数据,可以是一个人一双手的手指数,也可以是一个公交车号码。在日常生活中,人们可以直接用自然语言来描述事物。例如,可以这样来描述某校计算机系一名学生的基本情况:张华,男,1988年 5 月生,河南郑州人,2006 年入学。在计算机中常常这样来描述:

(张华,男,198805,河南省郑州市,计算机系,2006)

2. 数据库

数据库(database,DB)是存放数据的仓库,具体来说,就是长期存放在计算机内的有组

织有顺序的数据集合。人们收集并抽取一个应用所需要的大量数据之后,应将其保存起来,以供进一步加工处理,进一步抽取有用信息。在科学技术飞速发展的今天,人们的视野越来越广,数据量急剧增加。

对一般用户来说数据库是什么样的呢?表面上,人们认为数据库内含有单位、企业或组织的形形色色的直观信息;在物理上,数据库实际上是存放在一个或多个磁盘上的若干物理文件。概括地讲,数据库数据具有永久存储、有组织和可共享三个基本特点。

3. 数据库管理系统

数据库管理系统(database management system,DBMS)是数据库系统的核心组成部分,也是一个大型复杂的软件系统,它的主要功能包括以下四方面。

(1)数据定义:DBMS 提供数据定义语言(data definition language,DDL)来定义数据库的结构、数据库中数据之间的联系等。

(2)数据操作:DBMS 还提供数据操作语言(data manipulation language,DML)来完成对数据的查询、插入、删除等操作。

(3)数据库的事务管理和运行管理:数据库在建立、运用和维护时由数据库管理系统统一管理、统一控制,以保证数据的安全性、完整性、多用户对数据的并发使用及发生故障后的系统恢复。

(4)数据库的建立和维护功能:包括数据的输入和转换功能,数据库的转储、恢复功能,数据库的重组织功能和性能监视、分析功能等。这些功能通常是由一些实用程序或管理工具完成的。

1.1.2 数据管理技术的进展

数据库技术是应数据管理任务的需要而产生的。要说数据管理,首先要提到数据处理,所谓数据处理是指对各种数据进行收集、存储、加工等一系列活动的总称。数据管理则是对数据进行分类、组织、编码、存储、检索和维护,它是数据处理的中心环节。

在应用需求的推动下,在计算机硬件、软件发展的基础上,数据管理技术经历了人工管理时期、文件系统时期、数据库系统时期 3 个时期。

1. 人工管理时期

20 世纪 50 年代中期以前,计算机主要用于数值计算。当时的硬件有限:外存只有纸带、卡片、磁带,没有磁盘等直接存取的存储设备;软件当时没有操作系统,没有管理数据的专门软件。人工管理数据具有如下特点。

(1)数据不保存。由于当时计算机主要用于科学计算,一般不需要将数据长期保存,只是在计算某一课题时将数据输入,用完就删除。不仅对用户数据如此处理,对系统软件有时也是这样。

(2)应用程序管理数据。数据需要由应用程序自己设计、说明(定义)和管理,没有相应的软件系统负责数据的管理工作。应用程序中不仅要规定数据的逻辑结构,而且要设计物理结构,包括存储结构、存取方法、输入方式等,因此程序员负担很重。

(3)数据无法共享。数据是面向应用程序的,一组数据只能对应一个程序。

(4)数据独立性不强。数据的逻辑结构或物理结构发生变化后,应用程序也随之改变,非常麻烦,加重了程序员的负担。

2. 文件系统时期

进入文件系统时期是在 20 世纪 50 年代末到 60 年代中期,这时硬件方面已有了磁盘、磁鼓等直接存取存储设备;软件方面,操作系统中已经有了专门的数据管理软件,这时程序与数据的关系如图 1.1 所示。

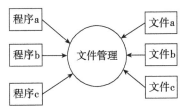

图 1.1　文件系统阶段应用程序与数据之间的对应关系

用文件系统管理数据具有如下特点。

(1)数据能长期保存。由于计算机大量用于数据处理,数据需要长期保留在外存上反复进行查询、修改、插入和删除等操作。

(2)由文件系统进行数据管理。由专门的软件即文件系统进行数据管理,文件系统把数据组织成相互独立的数据文件,利用"按文件名访问、按记录进行存取"的管理技术,可以对文件进行修改、插入和删除操作。文件系统实现了记录内的结构性,但整体无结构。程序和数据之间由文件系统提供存取方法进行转换,使应用程序与数据之间有了一定的独立性,程序员可以不必过多地考虑物理细节,将精力集中于算法。而且数据在存储上的改变不一定反映在程序上,大大节省了维护程序的工作量。

同时,文件系统仍存在以下缺点。

(1)数据共享性差,冗余度大。在文件系统中,一个(或一组)文件基本上对应于一个应用程序,即文件仍然是面向应用的。当不同的应用程序具有部分相同的数据时,必须建立各自的文件,而不能共享相同的数据,因此数据的冗余度大,浪费存储空间。同时由于相同数据的重复存储、各自管理,容易造成数据的不一致性,给数据的修改和维护带来困难。

(2)数据独立性差。文件系统中的文件是为某一特定应用服务的,文件的逻辑结构对该应用程序来说是优化的,因此,要想对现有的数据再增加一些新的应用会很困难,系统不容易扩充。

一旦数据的逻辑结构改变,必须修改应用程序,修改文件结构的定义。应用程序的改变,如应用程序改用不同的高级语言编写,也将引起文件数据结构的改变。因此,数据与程序之间仍缺乏独立性。可见,文件系统仍然是一个不具有弹性的无结构的数据集合,即文件之间是孤立的,不能反映现实世界事物之间的内在联系。

3. 数据库系统时期

20 世纪 60 年代后期以来,计算机管理的对象规模越来越大,应用范围越来越广泛,数据量急剧增长,同时多种应用、多种语言互相覆盖地共享数据集合的要求越来越强烈。

这时硬件已有大容量磁盘,硬件价格下降;软件则价格上升,因为编制和维护系统软件及应用程序所需的成本相对增加;在处理方式上,联机实时处理要求更多,并开始提出和考虑分布式处理。在这种背景下,以文件系统作为数据管理手段已经不能满足应用的需求,于是为解决多用户、多应用共享数据的需求,使数据为尽可能多的应用服务,数据库技术应运而生,出现了统一管理数据的专门软件系统——数据库系统。

用数据库系统来管理数据比文件系统具有更明显的优势,从文件系统到数据库系统,标志着数据管理技术的飞跃。下面详细讨论数据库系统的特点。

1.1.3 数据库系统的特点

与人工管理和文件系统相比,数据库系统的特点主要包括以下几方面。

1. 数据结构化

数据库系统实现了整体数据的结构化,这是数据库的主要特征之一,也是数据库系统与文件系统的本质区别。

所谓"整体"结构化是指在数据库中的数据不再仅仅针对某一个应用,而是面向全组织的;不仅数据内部是结构化的,而且整体是结构化的,数据之间是具有联系的。

在文件系统中每个文件内部是有结构的,即文件由记录构成,每个记录由若干属性组成。例如,学生文件 student 的记录是由学生编号、姓名、性别、年龄、系、家庭住址、联系电话等属性组成;课程文件 course 和学生选课文件 sc 的结构如图 1.2 所示。

学生文件 student 的记录结构

学生编号	姓名	性别	年龄	系	家庭住址	联系电话

课程文件 course 的记录结构

课程编号	课程名称	学时数	教材名称

学生选课文件 sc 的记录结构

学生编号	课程编号	学期	成绩

图 1.2 学生、课程、学生选课文件结构

在文件系统中,尽管其记录内部已有了某些结构,但记录之间没有联系。例如,学生文件 student、课程文件 course 和学生选课文件 sc 是 3 个独立的文件,但实际上这 3 个文件的记录之间是有联系的,sc 的学生编号必须是 student 文件中某个学生的学号,sc 的课程编号必须是 course 文件中某门课程的编号。

在关系数据库中,关系表的记录之间的这种联系是可以用参照完整性(将在第 2 章中详细讲解)来表述的。如果向 sc 中增加一个学生的考试成绩,但是这个学生并没有出现在 student 关系中,那么关系数据库管理系统(relational database management system,RDBMS)将拒绝执行这样的插入操作,从而保证了数据的正确性。而在文件系统中要做到这一点,必须由程序员编写一段代码在应用程序中实现。

在数据库系统中实现了整体数据的结构化。也就是说,不仅要考虑某个应用的数据结构,还要考虑整个组织的数据结构。例如,一个学校的信息系统中不仅要考虑教务处的学生学籍管理、选课管理,还要考虑学生处的学生人事管理,同时要考虑研究生院的研究生管理、人事处的教员人事管理、科研处的科研管理等。

在数据库系统中,数据是整体结构化的,存取数据的方式也很灵活,可以存取数据库中的某一个数据项、一组数据项、一个/一组记录。而在文件系统中,数据的存取单位是记录,粒度不能细到数据项。

2. 数据的共享性高,冗余度低,易扩充

数据库系统从整体角度看待和描述数据,数据不再面向某个应用,而是面向整个系统,因此数据可以被多个用户、多个应用共享使用。数据共享可以大大减少数据冗余,节约存储空间,还能够避免数据之间的不相容性与不一致性。

所谓数据的不一致性,是指同一数据不同复制副本的值不一样。采用人工管理或文件系统管理时,由于数据被重复存储,当不同的应用使用和修改不同的复制副本时很容易造成数据不一致。在数据库中,数据共享减少了由于数据冗余造成的不一致现象。

由于数据面向整个系统,是有结构的数据,不仅可以被多个应用共享使用,而且容易增加新的应用,这就使得数据库系统弹性大,易于扩充,可以适应各种用户的要求。可以选取整体数据的各种子集用于不同的应用系统,当应用需求改变或增加时,只要重新选取不同的子集或加上一部分数据,便可以满足新的需求。

3. 数据独立性高

数据独立性是数据库领域中的一个常用术语和重要概念,包括数据的物理独立性和数据的逻辑独立性。

物理独立性是指用户的应用程序与存储在磁盘上的数据库中的数据是相互独立的。也就是说,数据在磁盘上的数据库中怎样存储是由 DBMS 管理的,用户程序不需要了解,应用程序要处理的只是数据的逻辑结构,当数据的物理存储结构改变时,应用程序不需要改变。

逻辑独立性是指用户的应用程序与数据库的逻辑结构是相互独立的,也就是说,数据的逻辑结构改变了,用户程序也可以不变。

数据独立性是由 DBMS 的二级映像功能来保证的,这部分内容将在下面讨论。

数据与程序独立,把数据的定义从程序中分离出去,加上存取数据的方法又由 DBMS 负责提供,从而简化了应用程序的编制,大大减少了应用程序的维护和修改。

综上所述,数据库是长期存储在计算机内有组织的大量的共享的数据集合。它可以供各种用户共享,具有最小的冗余度和较高的数据独立性。DBMS 在数据库建立、运用和维护时对数据库进行统一控制,以保证数据的完整性、安全性,并在多用户同时使用数据库时进行并发控制,在发生故障后对数据库进行恢复。

数据库系统的出现使信息系统从以加工数据的程序为中心转向以共享的数据库为中心的新阶段。这样既便于数据的集中管理,又有利于应用程序的研制和维护,提高了数据的利用率和相容性,同时提高了决策的可靠性。

目前,数据库已经成为现代信息系统的重要组成部分。具有数百吉字节、数百太字节,甚至数百皮字节的数据库已经普遍应用于科学技术、工业、农业、商业、服务业和政府部门的信息系统中。

数据库技术是计算机领域发展最快的技术之一。数据库技术的发展是沿着数据模型的主线展开的。下面讨论数据模型。

1.2　数据模型

模型是现实世界的模拟和抽象。数据模型是对现实世界数据特征的抽象。例如，飞机模型抽象了飞机的基本特征，包括机头、机身、机翼和机尾，飞机模型还模拟了飞机的起飞、飞行和降落。特别是具体模型，人们并不陌生。一张地图、一组建筑设计沙盘、一架精致的航模飞机都是具体的模型。

数据模型应反映和规定本数据模型必须遵守的基本的通用的完整性约束条件。通俗地讲，数据模型就是现实世界的模拟。数据模型可分为层次模型、网状模型和关系模型。

现有的数据库系统均是基于某种数据模型的，数据模型是数据库系统的核心和基础。因此，了解数据模型的基本概念是学习数据库的基础。

根据模型应用的不同目的，可以将这些模型划分为两类，它们分别属于两个不同的层次：第一类是概念模型，第二类是逻辑模型和物理模型。

概念模型（conceptual model）也称信息模型，它是按用户的观点来对数据和信息建模，主要用于数据库设计。

逻辑模型主要包括层次模型（hierarchical model）、网状模型（network model）、关系模型（relational model）、面向对象模型（object oriented model）和对象关系模型（object relational model）等。它按计算机系统的观点对数据建模，主要用于 DBMS 的实现。

物理模型是对数据最低层的抽象，它描述数据在系统内部的表示方式和存取方法，是面向计算机系统的。物理模型的具体实现是 DBMS 的任务，数据库设计人员要了解和选择物理模型，一般用户则不必考虑物理级的细节。

数据模型是数据库系统的基础和主要部分。各种机器上实现的 DBMS 软件都是在某种数据模型的基础上或者说是支持某种数据模型的。

为了把现实世界中的具体事物抽象、组织为某一 DBMS 支持的数据模型，人们常常首先将现实世界抽象为信息世界。也就是说，首先把现实世界中的客观对象抽象为某一种信

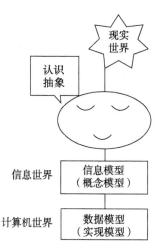

图 1.3　现实世界中客观对象的抽象过程

息结构,这种信息结构并不依赖于具体的计算机系统,不是某一个 DBMS 支持的数据模型,而是概念级的模型;然后把概念模型转换为计算机上某一 DBMS 支持的数据模型,这一过程如图 1.3 所示。

从现实世界到概念模型的转换是由数据库设计人员完成的,从概念模型到逻辑模型的转换可以由数据库设计人员完成,也可以由数据库设计工具协助设计人员完成,从逻辑模型到物理模型的转换一般是由 DBMS 完成的。

下面首先介绍数据模型的共性,即数据模型的组成要素,然后分别介绍两类不同的数据模型,分别是概念模型和逻辑模型。

一般来讲,数据模型是严格定义的一组概念的集合。数据模型通常由数据结构、数据操作和完整性约束条件三部分组成。

(1)数据结构。数据结构是所研究的对象类型的集合,包括两类:一类是与数据类型、内容、性质有关的对象;另一类是与数据之间联系有关的对象。

数据结构刻画了一个数据模型性质最重要的方面。因此在数据库系统中,人们通常按照其数据结构的类型来命名数据模型。例如,层次结构、网状结构和关系结构的数据模型分别命名为层次模型、网状模型和关系模型。

总之,数据结构是所描述的对象类型的集合,是对系统静态特性的描述。

(2)数据操作。数据操作是指对数据库中各种对象(型)的实例(值)允许执行的操作的集合,如插入、删除、修改等。

数据操作是对系统动态特性的描述。

(3)数据完整性约束条件。数据完整性约束条件是一组完整性规则。数据模型应反映和规定本数据模型必须遵守的基本的通用的完整性约束条件。完整性规则是给定的数据模型中数据及其联系所具有的制约和依存规则,用以限定符合数据模型的数据库状态以及状态的变化,以保证数据的正确、有效、相容。

此外,数据模型还应该提供定义完整性约束条件的机制,以反映具体应用所涉及的数据必须遵守的特定的语义约束条件。例如,在某大学的数据库中规定学生成绩如果有 7 门以上不及格将不能授予学士学位,教授的退休年龄是 65 周岁,男职工的退休年龄是 60 周岁,女职工的退休年龄是 55 周岁等。

1.2.1 概念模型

概念模型也称为信息模型,是人们为正确直观地反映客观事物及其联系,对所研究的信息世界建立的一个抽象的模型,是现实世界到信息世界的第一层抽象,是数据库设计人员和用户之间进行交流的语言,概念模型实际上是现实世界到机器世界的一个中间层次。

概念模型一方面应该具有较强的语义表达能力,能够方便、直接地表达应用中的各种语义知识;另一方面还应该简单、清晰、易于用户理解。

1. 信息世界中的基本概念

信息世界涉及的概念主要有以下几个。

1)实体(entity)

客观存在并可相互不同的事物称为实体。实体可以是具体的人、事、物,也可以是抽象的概念或联系,例如,一个职工、一个学生等都是实体。

2)属性(attribute)

属性就是实体所具有的特性,一个实体可以由若干属性来刻画。例如,工人实体可以由工号、姓名、性别、出生年月、所在车间、入厂时间等属性来描述。

3)实体型(entry type)

用实体名及其属性名集合来抽象和刻画同类实体。具有相同属性的实体必然具有共同的特征和性质。例如,工人(工号,姓名,性别,出生年月,所在车间,入厂时间)就是一个实体型。

4)键(key)

键能够唯一地标识出一个实体集中每一个实体的属性或属性组合,键也称为关键字或码。例如,学号是学生实体的码。

5)域(domain)

属性的取值范围称为域。域是一组具有相同数据类型的值的集合。属性的取值范围来自某个域。例如,学号的域为 8 位整数,姓名的域为字符串集合,学生年龄的域为整数,性别的域为(男,女)。

6)实体集(entity set)

具有相同属性的实体的集合称为实体集。例如,全体学生就是一个实体集。

7)联系(relationship)

在现实世界中,事物内部以及事物之间是有联系的,这些联系在信息世界中反映为实体(型)内部的联系和实体(型)之间的联系。实体内部的联系通常是指组成实体的各属性之间的联系;实体之间的联系通常是指不同实体集之间的联系。

2. 两个实体型之间的联系

两个实体型之间的联系可以分为三种。

1)一对一联系(1∶1)

如果对于实体集 A 中的每一个实体,实体集 B 中至多有一个(也可以没有)实体与之联系,反之亦然,则称实体集 A 与实体集 B 具有一对一联系,记为 1∶1。

例如,学校里面,一个班级只有一个班长,而一个班长只在一个班级中任职,则班级与班长之间具有一对一联系。

2)一对多联系(1∶n)

如果对于实体集 A 中的每一个实体,实体集 B 中 n 个实体(n≥0)与之联系,反之,对于实体集 B 中的每一个实体,实体集 A 中至多只有一个实体与之联系,则称实体集 A 与实体集 B 有一对多联系,记为 1∶n。

例如,一个班级中有若干名学生,每个学生只在一个班级中学习,则班级与学生之间具有一对多联系。

3)多对多联系(m∶n)

如果对于实体集 A 中的每一个实体,实体集 B 中有 n 个实体(n≥0)与之联系,反之,对于实体集 B 中的每一个实体,实体集 A 中有 m 个实体(m≥0)与之联系,则称实体集 A 与实体集 B 具有多对多联系,记为 m∶n。

例如,一门课程同时有若干学生选修,而一个学生可以同时选修多门课程,则课程与学生之间具有多对多联系。

实际上,一对一联系是一对多联系的特例,而一对多联系又是多对多联系的特例。

可以用图形来表示两个实体型之间的这三类联系,如图 1.4 所示。

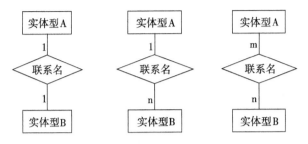

图 1.4　实体之间的三种联系

3. 两个以上的实体型之间的联系

一般地,两个以上的实体型之间也存在着一对一、一对多、多对多联系。

若实体型 $E_1, E_2, \cdots, E_n$ 之间存在联系,对于实体型 $E_j (j=1,2,\cdots,i-1,i+1,\cdots,n)$ 中的给定实体,最多只和 E_i 中的一个实体相联系,则说 E_i 与 $E_1, E_2, \cdots, E_{i-1}, E_{i+1}, \cdots, E_n$ 之间的联系是一对多的。

例如,对于课程、教师与参考书 3 个实体型,如果一门课程可以由多个教师讲授,使用多本参考书,而每一个教师只讲授一门课程,每一本参考书只供一门课程使用,则课程与教师、参考书之间的联系是一对多的,如图 1.5 所示。

图 1.5　3 个实体之间的联系示例

4. 概念模型的一种表示方法:实体-联系方法

概念模型是对信息世界建模,所以概念模型应该能够方便、准确地表示出上述信息世界中的常用概念。概念模型的表示方法很多,其中最著名、最常用的是 P. P. S. Chen 于 1976 年提出的实体-联系方法(entity-relationship approach)。该方法用 E-R 图(E-R diagram)来描述现实世界的概念模型,E-R 方法也称为 E-R 模型。

E-R 图提供了表示实体型、属性和联系的方法。

实体型:用矩形表示,矩形框内写明实体名。

属性:用椭圆形表示,并用无向边将它与相应的实体型连接起来。

例如,学生实体具有学号、姓名、性别、出生年份、系、入学时间等属性,用 E-R 图表示如图 1.6 所示。

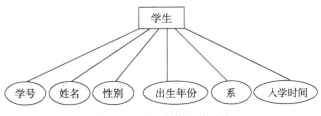

图 1.6　学生实体及其属性

联系：用菱形表示，联系名写在菱形框内，并用无向边分别与有关实体型连接起来，同时在无向边旁边标上联系的类型（1：1、1：n 或 m：n）。

1.2.2　逻辑模型

目前，数据库领域中最常用的逻辑模型有层次模型、网状模型、关系模型、面向对象模型（object oriented model）、对象关系模型（object relational model），其中层次模型和网状模型统称非关系模型。

下面简要介绍层次模型、网状模型和关系模型。数据结构、数据操作和完整性约束条件这三方面的内容完整地描述了一个数据模型，其中数据结构是刻画模型性质的最基本的方面。为了使读者对数据模型有一个基本认识，下面着重介绍三种模型的数据结构。

这里讲的数据模型都是逻辑上的，不是物理上的，也就是说是用户眼中看到的数据范围。同时，它们都是能用某种语言描述，使计算机系统能够理解，被数据库管理系统支持的数据视图。这些数据模型将以一定的方式存储于数据库系统中，这是 DBMS 的功能，是 DBMS 中的物理存储模型。

在格式化模型中，实体用记录表示，实体的属性对应记录的数据项（或字段）。实体之间的联系在格式化模型中转换成记录之间的两两联系。格式化模型中数据结构的单位是基本层次联系。所谓**基本层次联系**，是指两个记录以及它们之间的一对多联系，如图 1.7 所示。

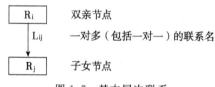

图 1.7　基本层次联系

1. 层次模型

层次模型按树型结构组织数据，层次数据库系统采用层次模型作为数据的组织方式，它是以记录类型为节点，以节点间的联系为边的有序树。层次数据库系统的典型代表是 IBM 公司的 IMS（information management system）数据库管理系统，它是 1968 年 IBM 公司推出的第一个大型的商用数据库管理系统，曾经得到广泛使用。

层次模型用树型结构来表示各类实体以及实体间的联系。现实世界中许多实体之间的联系本来就呈现出一种很自然的层次关系，如行政机构、家族关系等。

1）层次模型的数据结构

在数据库中定义满足下面两个条件的基本层次联系的集合为层次模型。

（1）有且只有一个节点没有双亲节点，这个节点称为根节点。

（2）根节点以外的其他节点有且只有一个双亲节点。

在层次模型中，每个节点表示一个记录类型，记录（类型）之间的联系用节点之间的连线（有向边）表示，这种联系是父子之间的一对多联系。这就使得层次数据库系统只能处理一对多的实体联系。

每个记录类型可包含若干字段，这里，记录类型描述的是实体，字段描述实体的属性。

各个记录类型及其字段都必须命名。各个记录类型、同一记录类型中各个字段不能同名。每个记录类型可以定义一个排序字段,也称为码字段,如果定义该排序字段的值是唯一的,则它能唯一地标识一个记录值。

一个层次模型在理论上可以包含任意有限个记录型和字段,但任何实际的系统都会因为存储容量或实现复杂度而限制层次模型中包含的记录型个数和字段的个数。

在层次模型中,同一双亲的子女节点称为兄弟节点(twin 或 sibling),没有子女节点的节点称为叶节点。图 1.8 示出了一个层次模型的例子。

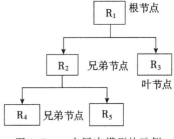

图 1.8 一个层次模型的示例

2)层次模型的数据操作与完整性约束条件

层次模型的数据操作主要有查询、插入、删除和更新。进行插入、删除、更新操作时要满足层次模型的完整性约束条件。

进行插入操作时,如果没有相应的双亲节点值就不能插入它的子女节点值。例如,在图 1.9 的层次数据库中,若新调入一名教员,但尚未分配到某个教研室,这时就不能将新教员插入到数据库中。

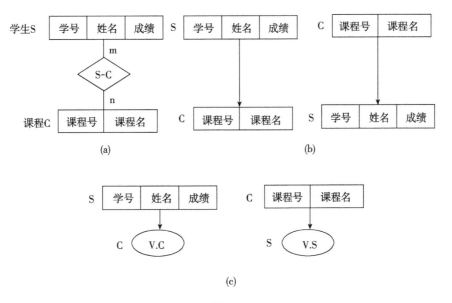

图 1.9 用层次模型表示多对多联系

3)层次模型的存储结构

层次数据库中不仅要存储数据本身,还要存储数据之间的层次联系。层次模型数据的存储常常是和数据之间联系的存储结合在一起的。常用的实现方法有两种。

(1)邻接法。按照层次树前序穿越的顺序把所有记录值依次邻接存放,即通过物理空间的位置相邻来体现(或隐含)层次顺序。

(2)链接法。用指针来反映数据之间的层次联系,图 1.10 是按树的前序穿越顺序链接各记录值,这种链接方法称为层次序列链接法。

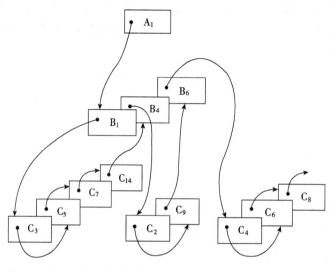

图 1.10　链接法

4)层次模型的优缺点

层次模型的主要优点如下。

(1)层次模型的数据结构比较简单清晰。

(2)层次数据库的查询效率很高。因为层次模型中记录之间的联系用有向边表示,这种联系在 DBMS 中常用指针来实现。因此,这种联系也就是记录之间的存取路径。当要存取某个节点的记录值时,DBMS 就沿着这一条路径很快找到该记录值,所以层次数据库的性能优于关系数据库,不低于网状数据库。

(3)层次模型提供了良好的完整性支持。

层次模型的主要缺点如下。

(1)现实世界中很多联系是非层次性的,如节点之间具有多对多联系。

(2)一个节点具有多个双亲时,层次模型表示这类联系的方法很笨拙,只能通过引入冗余数据(易产生不一致性)或创建非自然的数据结构(引入虚拟节点)来解决。对插入和删除操作的限制比较多,因此应用程序的编写比较复杂。

(3)查询子女节点必须通过双亲节点。

(4)由于结构严密,层次命令趋于程序化。

综上所述,用层次模型对具有一对多联系的部门描述非常自然、直观,且容易理解。这是层次数据库的突出优点。

2. 网状模型

在现实世界中,事物之间的联系更多的是非层次关系的,这就需要使用网状模型来描述,因为用层次模型表示非树型结构是很不直接的。

网状数据库系统采用网状模型作为数据的组织方式。网状模型的典型代表是 DBTG 系统。这是 20 世纪 70 年代数据系统语言研究会(Conference On Data System Language,CODASYL)下属的数据库任务组(Data Base Task Group,DBTG)提出的一个系统方案。

1)网状模型的数据结构

网状模型用网状结构表示实体及其之间的联系,网中节点之间的联系不受层次限制,可以任意发生联系。在数据库中,把满足以下两个条件的基本层次联系集合称为网状模型。

(1)允许一个以上的节点无双亲节点。

(2)一个节点可以有多于一个的双亲节点。

网状模型是一种比层次模型更具普遍性的结构,它去掉了层次模型的两个限制,允许多个节点没有双亲节点,同时允许节点有多个双亲节点。此外,它还允许两个节点之间有多种联系。因此,网状模型可以更直接地描述现实世界,而层次模型实际上是网状模型的一个特例。

与层次模型一样,网状模型中每个节点表示一个记录类型(实体),每个记录类型可包含若干字段(实体的属性),节点间的连线表示记录类型(实体)之间一对多的父子联系。

从定义可以看出,层次模型中子女节点与双亲节点的联系是唯一的,而在网状模型中这种联系可以不唯一。因此,要为每个联系命名,并指出与该联系有关的双亲记录和子女记录。例如,图 1.11 中 R_3 有两个双亲记录 R_1 和 R_2,因此把 R_1 与 R_3 之间的联系命名为 L_1,R_2 与 R_3 之间的联系命名为 L_2。

图 1.11 网状模型的例子

2)网状模型的操作与完整性约束条件

一般来说,网状模型没有层次模型那样严格的完整性约束条件,但具体的网状数据库系统对数据操作都加了一些限制,提供了一定的完整性约束。

DBTG 在模式 DDL 中提供了定义 DBTG 数据库完整性的若干概念和语句。

(1)支持记录码的概念。数据库中不允许学生记录中学号出现重复值。

(2)保证一个联系中双亲记录和子女记录之间是一对多联系。

(3)可以支持双亲记录和子女记录之间某些约束条件。例如,有些子女记录要求双亲记录存在才能插入,双亲记录删除时也连同删除。

3)网状模型的数据存储结构

网状模型的存储结构的关键是如何实现记录之间的联系。常用的方法是链接法,包括单向链接、双向链接、环状链接等。

设学生/选课/课程网状数据库的一个实例如下。

学生记录有:S_1、S_2、S_3、S_4。

课程记录有:C_1、C_2、C_3。

S_1 的选课记录有:(S_1　C_1　A)、(S_1　C_2　A)。

S_2 的选课记录有:(S_2　C_1　A)、(S_2　C_3　B)。

S_3 的选课记录有：$(S_3 \quad C_1 \quad B)$、$(S_3 \quad C_2 \quad B)$。

S_4 的选课记录有：$(S_4 \quad C_1 \quad A)$、$(S_4 \quad C_2 \quad A)$、$(S_4 \quad C_3 \quad B)$；图 1.12 为学生选课网状数据库实例的一个存储示意图。

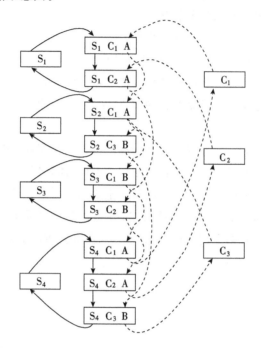

图 1.12　学生/选课/课程的网状数据库实例

学生选课数据库中学生、课程和选课 3 个记录的值可以分别按某种文件组织方式存储，记录之间的联系用单向链接法实现。

图中实线链表示学生-选课联系，即把 S_1 学生和他的选课记录（选修的 C_1、C_2 两门课程的选课记录）链接起来；同样把 S_2、S_3、S_4 学生和他们的选课记录链接起来；虚线链表示课程-选课联系，把 C_1 课程和选修了 C_1 课程的学生记录（有 S_1、S_2、S_3、S_4 学生选修了 C_1）链接起来，同样把 C_2、C_3 课程和选修了这些课程的学生记录链接起来。

4）网状模型的优缺点

网状模型的主要优点如下：①能够更为直接地描述现实世界，如一个节点可以有多个双亲，节点之间可以有多种联系。②具有良好的性能，存取效率较高。

网状模型的主要缺点如下：①结构比较复杂，而且随着应用环境的扩大，数据库的结构变得越来越复杂，不利于最终用户掌握。②网状模型的 DDL、DML 复杂，并且要嵌入某一种高级语言（如 COBOL、C）。用户不容易掌握，不容易使用。

由于记录之间的联系是通过存取路径实现的，应用程序在访问数据时必须选择适当的存取路径，所以用户必须了解系统结构的细节，从而加重了编写应用程序的负担。

3. 关系模型

关系模型是目前最重要的一种数据模型，由 E. F. Codd 首次提出，关系数据库系统采用关系模型作为数据的组织方式。

20 世纪 80 年代以来,计算机厂商新推出的数据库管理系统几乎都支持关系模型,非关系系统的产品也大都加上了关系接口。数据库领域当前的研究工作也都是以关系方法为基础的。因此,本书的重点也将放在关系数据库上,下面各章将详细介绍关系数据库。

1)关系模型的数据结构定义

关系模型与以往的模型不同,它是建立在严格的数学概念的基础上的。严格的定义将在第 2 章给出,这里只简单勾画关系模型。从用户观点看,关系模型由一组关系组成,每个关系的数据结构是一张规范化的二维表。现在以学生登记表(表 1.1)为例,介绍关系模型中的一些术语。

元组(tuple):表中的一行即为一个元组。

属性(attribute):表中的一列即为一个属性,给每一个属性起一个名称即属性名。例如,表 1.1 有 6 列,对应 6 个属性(学号,姓名,年龄,性别,系名和年级)。

表 1.1　学生登记表

学号	姓名	年龄	性别	系名	年级
2005004	王东亮	19	女	社会学	2005
2005006	钱大鹏	20	男	商品学	2005
2005008	张文文	18	女	法律	2005
...	...	...	...	...	...

码(key):也称为码键。表中的某个属性组可以唯一确定一个元组,例如,表 1.1 中的学号可以唯一确定一个学生,也就成为本关系的码。

域(domain):属性的取值范围,如人的年龄一般为 1～150 岁,大学生年龄属性的域是(14～38),性别的域是(男,女),系名的域是一个学校所有系名的集合。

分量:元组中的一个属性值。

关系模式:对关系的描述。其一般表示形式如下:

关系名(属性 1,属性 2,…,属性 n)

关系模型要求关系必须是规范化的,即要求关系必须满足一定的规范条件,这些规范条件中最基本的是关系的每一个分量必须是一个不可分的数据项。表 1.2 中工资和扣除是可分的数据项,工资又分为基本工资、津贴和职务工资,扣除又分为房租和水电。因此,表 1.2 就不符合关系模型要求。

表 1.2　一个工资表(表中有表)实例

职工号	姓名	职称	工资			扣除		实发
			基本工资	津贴	职务工资	房租	水电	
86051	张三	讲师	1305	1200	50	160	112	2283
...	...	...	...	...	...	...	...	...

可以把关系和现实生活中的表格所使用的术语进行粗略的对比(表 1.3)。

表 1.3　术语对比

关系术语	一般表格的术语
关系名	表名
关系模式	表头(表格的描述)
关系	(一张)二维表
元组	记录或行
属性	列
属性名	列名
属性值	列值
分量	一条记录中的一个列值
非规范关系	表中有表(大表中嵌有小表)

2)关系模型的操作与完整性约束条件

关系模型的操作主要包括查询、插入、删除和更新数据,这些操作必须满足关系的完整性约束条件。关系的完整性约束条件包括实体完整性、参照完整性和用户自定义完整性。

一方面,关系模型中的数据操作是集合操作,操作对象和操作结果都是关系,即若干元组的集合,而不像非关系模型中那样是单记录的操作方式。另一方面,关系模型把存取路径向用户隐蔽起来,用户只要指出"干什么",不必详细说明"怎么做",从而大大提高了数据的独立性,提高了效率。

3)关系模型的存储结构

在关系模型中,实体及实体间的联系都用表来表示。在关系数据库的物理组织中,有的DBMS 一个表对应一个操作系统文件,有的 DBMS 从操作系统获得若干大的文件,自己设计表、索引等存储结构。

4)关系模型的优缺点

关系模型具有下列优点。

(1)关系模型与格式化模型不同,它是建立在严格的数学概念的基础上的。

(2)关系模型的概念单一。无论实体还是实体之间的联系都用关系来表示。对数据的检索和更新结果也是关系。所以其数据结构简单、清晰,用户易懂易用。

(3)关系模型的存取路径对用户透明,从而具有更高的数据独立性、更好的安全保密性,也简化了程序员的工作和数据库开发建立的工作。

所以关系模型诞生以后发展迅速,深受用户的喜爱。

当然,关系模型也有缺点,其中最主要的缺点是,由于存取路径对用户透明,查询效率往往不如非关系模型。为了提高性能,DBMS 必须对用户的查询请求进行优化,因此增加了开发 DBMS 的难度。不过,用户不必考虑这些系统内部的优化技术细节。

1.3　数据库系统的组成

本章开始介绍了数据库系统一般由数据库、数据库管理系统、应用系统和数据库管理员构成,下面分别介绍这几部分内容。

1.硬件平台及数据库

由于数据库系统数据量都很大,加之 DBMS 丰富的功能使得自身的规模也很大,所以整个数据库系统对硬件资源提出了较高的要求。

(1)要有足够大的内存,用于存放操作系统、DBMS 的核心模块、数据缓冲区和应用程序。

(2)有足够大的磁盘或磁盘阵列等设备存放数据库,有足够的磁带(或光盘)进行数据备份。

(3)要求系统有较高的通道能力,以提高数据传送率。

2.软件

数据库系统的软件主要包括以下内容。

(1)DBMS。DBMS 是为数据库的建立、使用和维护配置的系统软件。

(2)支持 DBMS 运行的操作系统。

(3)具有与数据库接口的高级语言及其编译系统,便于开发应用程序。

(4)以 DBMS 为核心的应用开发工具。

应用开发工具是系统为应用开发人员和最终用户提供的高效率、多功能的应用生成器、第四代语言等各种软件工具,它们为数据库系统的开发和应用提供了良好的环境。

(5)为特定应用环境开发的数据库应用系统。

3.人员

开发、管理和使用数据库系统的人员主要有数据库管理员、系统分析员、数据库设计人员、应用程序员和最终用户。不同的人员涉及不同的数据抽象级别,具有不同的数据视图,其各自的职责如下。

1)数据库管理员

在数据库系统环境下,有两类共享资源:一类是数据库;另一类是数据库管理系统软件。因此,需要有专门的管理机构来监督和管理数据库系统。数据库管理员(database administrator,DBA)是一个机构的一个人员(组),负责全面管理和控制数据库系统,其具体职责包括以下几项。

(1)确定数据库中的信息内容和结构。数据库中要存放哪些信息,DBA 要参与决策。因此,DBA 必须参加数据库设计的全过程,并与用户、应用程序员、系统分析员密切合作、共同协商,做好数据库设计工作。

(2)决定数据库的存储结构和存取策略。DBA 要综合各用户的应用要求,和数据库设计人员共同决定数据的存储结构和存取策略,以求获得较高的存取效率和存储空间利用率。

(3)定义数据的安全性要求和完整性约束条件。DBA 的重要职责是保证数据库的安全性和完整性,因此 DBA 负责确定各个用户对数据库的存取权限、数据的保密级别和完整性约束条件。

(4)监控数据库的使用和运行。DBA还有一个重要职责就是监视数据库系统的运行情况,及时处理运行过程中出现的问题。例如,系统发生各种故障时,数据库会因此遭到不同程度的破坏,DBA必须在最短时间内将数据库恢复到正确状态,并尽可能不影响或少影响计算机系统其他部分的正常运行。为此,DBA要定义和实施适当的后备和恢复策略,如周期性地转储数据、维护日志文件等。有关这方面的内容将在后面作进一步讨论。

(5)数据库的改进和重组重构。DBA还负责在系统运行期间监视系统的空间利用率、处理效率等性能指标,对运行情况进行记录、统计分析,依靠工作实践并根据实际应用环境,不断改进数据库设计。不少数据库产品都提供了对数据库运行状况进行监视和分析的工具,DBA可以使用这些软件完成这项工作。

另外,在数据运行过程中,大量数据不断插入、删除、修改,时间一长,会影响系统的性能。因此要定期对数据库进行重组织,以提高系统性能。

当用户的需求增加和改变时,还要对数据库进行较大的改造,包括修改部分设计,即数据库的重构造。

2)用户

这里用户是指最终用户(end user)。最终用户通过应用系统的用户接口使用数据库,常用的接口方式有浏览器、菜单驱动、表格操作、图形显示、报表书写等。

最终用户可以分为如下三类。

(1)偶然用户。这类用户不经常访问数据库,但每次访问数据库时往往需要不同的数据库信息,这类用户一般是企业或组织机构的高中级管理人员。

(2)简单用户。数据库的多数最终用户都是简单用户,其主要工作是查询和更新数据库,一般都是通过应用程序员精心设计具有友好界面的应用程序存取数据库数据。银行的职员、航空公司的机票预订工作人员、旅馆总台服务员等都属于这类用户。

(3)复杂用户。复杂用户包括工程师、科学家、经济学家、科学技术工作者等具有较高科学技术背景的人员。这类用户一般比较熟悉数据库管理系统的各种功能,能够直接使用数据库语言访问数据库,甚至能够基于数据库管理系统的人员编制自己的应用程序。

3)应用程序员

应用程序员负责设计和编写应用系统的程序模块,并进行调试和安装。

1.4 小　　结

本章通过介绍数据库的基本概念和数据库技术的发展,说明了数据库的优点。然后阐述了数据库系统的组成与结构,概念模型也称信息模型,用于信息世界的建模,E-R模型是这类模型的典型代表,E-R方法简单、清晰,应用十分广泛。

数据模型的发展经历了格式化数据模型(包括层次模型和网状模型)、关系模型、面向对象模型、对象关系模型等非传统数据模型阶段。由于层次数据库和网状数据库已逐渐被关系数据库代替,本书不再用单独的章节讲解,本章较为详细地讲解了层次模型和网状模型,而关系模型只是简单介绍,后面会详细讲解。

最后介绍了数据库系统的组成,使读者了解数据库系统不仅是一个计算机系统,而是一个人-机系统,人的作用特别是 DBA 的作用尤为重要。

本章知识结构图

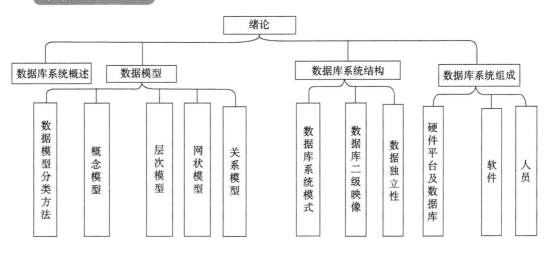

习　题

1.简述数据管理技术的发展史。

2.简述数据、数据模型、数据库、关系数据库、数据库管理系统、数据库系统的概念。

3.数据库系统有哪些特点?

4.什么是关系? 什么是关系模型? 关系模型有何特点?

5.参看 1.2 节学生选课关系的例子,指出该关系的键码和属性的类型。

6.假设学生关系 Student 包括 5 个属性:学号 StudentNo、姓名 StudentName、年龄 StudentAge、性别 StudentSex 和所在系 Department。

(1)指出该关系的键码和属性的类型。

(2)给出三个适当的元组。

7.DBMS 的主要组成部分是什么? 各部分的主要功能是什么?

8.什么是事务? 事务有何特性?

9.DBMS 如何按客户程序/服务程序体系结构来划分?

10.以查询语句为例说明数据库系统的运行过程。

本章参考文献

[1] Stonebraker M R. A function view of data independence. Proceedings of ACM SIGMOD Workshop on Data Description,Access and Control,1974:63-81.

[2] 钱雪忠.数据库原理及应用.北京:北京邮电大学出版社,2007.

[3] Bain T. SQL Server 2000 数据仓库与 Analysis Services.北京:中国电力出版社,2003.

[4] 萨师煊,王姗.数据库系统概论.4 版.北京:高等教育出版社,1991.

[5] Ramakrishnan R,Gehrke J. Database Management Systems 3rd edition.McGraw-Hill,2002.

[6] 基弗.数据库系统.2 版.北京:高等教育出版社,2005.

[7] Garcia-Molina H,Uilman J D,Widom J.数据库系统实现.北京:机械工业出版社,2008.

［8］Date C J. 数据库系统导论. 北京：中国电力出版社，2006.

［9］西尔伯沙茨，科思，苏达尔善. 数据库系统概念. 北京：高等教育出版社，2006.

［10］Elmasri R，Navathe S. Fundamentals of Database Systems. Addison Wesley，2010.

［11］Ren Y G，et al. Reasearch on text feature selection algorithm based on information gain and feature relation. Proceedings of the 10th Web Information Systems and Applications Conference，2013：446-449.

［12］Ren Y G et al. Research on improved apriori algorithm based on coding and map reduce. Proceedings of the 10th Web Information Systems and Applications Conference，2013：294-299.

第2章　关系数据库

关系数据库应用数学方法来处理数据库中的数据。它有严格的理论基础,1970 年 IBM 公司的 E. F. Codd 发表的论文 *A relational model of data for shared data banks*,是开创了数据库系统的新纪元的开山之作。ACM 在 1983 年把这篇论文列为从 1958 年以来的 1/4 世纪中具有里程碑意义的 25 篇研究论文之一。之后,他连续发表了多篇论文,奠定了关系数据库的理论基础。

20 世纪 70 年代末,IBM 公司的圣何塞研究实验室在 IBM370 系列机上研制的关系数据库实验系统 System R 取得成功。1981 年 IBM 公司又发布了具有 System R 全部特征的新的数据库软件产品 SQL/DS。

几十年来,关系数据库系统的研究和开发取得了辉煌的成就。关系数据库系统从实验室走向了社会,成为最重要、应用最广泛的数据库系统,大大促进了数据库应用领域的扩大和发展。因此,关系模型的原理、技术和应用十分重要,本章主要讲述关系模型的数据结构及形式化定义、关系的完整性、关系代数、关系数据库标准语言 SQL 以及关系规范化理论等关系数据库的理论基础。

2.1　关 系 概 述

关系模型是建立在数学概念上的,与层次模型、网状模型相比,关系模型是一种最重要的数据模型。它主要由关系数据结构操作、关系操作集合、关系完整性约束三部分组成。关系模型的数据结构非常简单,只包含单一的数据结构——关系。

关系模型的数据结构虽然简单却能够表达圆满的含义,描述出现实世界的实体以及实体间的各种联系。也就是说,在关系模型中,现实世界的实体以及实体间的各种联系均用单一的结构类型即关系来表示。

1. 域

定义 2.1　域(domain)是一组具有相同数据类型的值的集合,例如,$\{2,4,6,8\}$、$\{$自然数$\}$都是域。

2. 笛卡儿积

定义 2.2　给定一组域 $D_1, D_2, \cdots, D_n$,这些域可以是相同的域。$D_1, D_2, \cdots, D_n$ 的**笛卡儿积(Cartesian product)**为

$$D_1 \times D_2 \times \cdots \times D_i \times \cdots \times D_n = \{(d_1, d_2, \cdots, d_n) \mid d_i \in D_i, i = 1, 2, \cdots, n\}$$

其中,每一个元素 $(d_1, d_2, \cdots, d_n)$ 称为一个 n 元组(n-tuple),简称元组。

元素中的每一个值 d_i 称为一个**分量**(component)。

这些域中可以存在相同的域,例如,D_2 和 D_3 可以是相同的域。

若 $D_i(i=1,2,\cdots,n)$ 为有限集,其基数(cardinal number)为 $m_i(i=1,2,\cdots,n)$,则 $D_1 \times D_2 \times \cdots \times D_n$ 的基数 M 为

$$M = \prod_{i=1}^{n} m_i$$

笛卡儿积可表示为一个二维表,表中的每行对应一个元组,表中的每一列的值来自一个域。例如,给出 3 个域:

D_1 = 导师集合 SUPERVISOR = {张华东,钱东来}

D_2 = 专业集合 SPECIALITY = {计算机专业,信息专业}

D_3 = 研究生集合 POSTGRADUATE = {李勇,王小明,王敏}

则 D_1、D_2、D_3 的笛卡儿积为

$D_1 \times D_2 \times D_3$ = {(张华东,计算机专业,李勇),(张华东,计算机专业,王小明),

(张华东,计算机专业,王敏),(张华东,信息专业,李勇),

(张华东,信息专业,王小明),(张华东,信息专业,王敏),

(钱东来,计算机专业,李勇),(钱东来,计算机专业,王小明),

(钱东来,计算机专业,王敏),(钱东来,信息专业,李勇),

(钱东来,信息专业,王小明),(钱东来,信息专业,王敏)}

其中,(张华东,计算机专业,李勇)、(张华东,计算机专业,王小明)等都是元组。张华东、计算机专业、李勇、王小明等都是分量。

2.1.1 关系模式

在数据库中要首先区分型和值。在关系数据库中,关系模式是型,关系是值。关系实质上是一张二维表,表的每一行为一个元组,每一列为一个属性。一个元组就是该关系所涉及的属性集的笛卡儿积的一个元素。关系是元组的集合,因此关系模式必须指出这个元组集合的结构,即它由哪些属性构成,这些属性来自哪些域,以及属性与域之间的映像关系。

其次,一个关系通常是由赋予它的元组语义来确定的。元组语义实质上是一个 n 目谓词(n 是属性集中属性的个数)。凡使该 n 目谓词为真的笛卡儿积的元素(或者说凡符合元组语义的那部分元素)的全体就构成了该关系模式的关系。

定义 2.3 关系的描述称为**关系模式**(relation schema),它可以形式化地表示为 R(U, D, DOM, F),其中 R 为关系名,U 为组成该关系的属性名集合,D 为属性组 U 中属性所来自的域,DOM 为属性向域的映像集合,F 为属性间数据的依赖关系集合。

属性间的数据依赖将在后面章节讨论,本章中的关系模式仅涉及关系名、各属性名、域名、属性向域的映像四部分,即 R(U,D,DOM)。

例如,在上面的例子中,由于导师和研究生出自同一个域——人,所以要取不同的属性名,并在模式中定义属性的映像,即说明它们分别出自哪个域,例如

DOM(SUPERVISOR) = DOM(POSTGRADUATE) = PERSON

关系模式通常可以简记为

R(U)或 $R(A_1, A_2, \cdots, A_n)$

其中,R 为关系名;A_1,A_2,$\cdots$,A_n为属性名。关系模式是静态的、稳定的,而关系是动态的、随时间不断变化的,因为关系操作在不断地更新着数据库中的数据。在实际工作中,人们常常把关系模式和关系都笼统地称为关系。

2.1.2　关系数据库

在关系模型中,实体以及实体间的联系都是用关系来表示的。例如,导师实体、研究生实体、导师与研究生之间的一对多联系都可以分别用一个关系来代表。在一个给定的应用领域中,所有实体及实体之间的关系的集合构成一个关系数据库。

关系数据库也有型和值之分。关系数据库的型也称为关系数据库模式,是对关系数据库的描述。关系数据库模式包括:

(1)若干域的定义;

(2)在这些域上定义的若干关系模式。

关系数据库的值是这些关系模式在某一时刻对应的关系的集合,通常称为关系数据库。

2.2　关系操作与关系数据语言

关系模型由关系数据结构、关系操作集合和关系完整性约束三部分组成。2.1 节讲解了关系数据结构,本节讲解关系操作的一般概念和分类。

关系模型给出了关系操作的能力的说明,但不对 RDBMS 语言给出具体的语法要求,也就是说,不同的 RDBMS 可以定义和开发不同的语言来实现这些操作。

2.2.1　基本的关系操作

关系模型中常用的关系操作包括查询(query)操作、插入(insert)、删除(delete)、修改(update)操作。

关系的查询表达能力很强,是关系操作中最主要的部分。查询操作又可以分为选择(select)、投影(project)、连接(join)、除(divide)、并(union)、差(except)、交(intersection)、笛卡儿积等。其中选择、投影、并、差、笛卡儿积是 5 种基本操作,其他操作是可以用基本操作来定义和导出的,就像乘法可以用加法来定义和导出一样。

关系操作的特点是集合操作方式,即操作的对象和结果都是集合。这种操作方式也称为一次一集合(set-at-a-time)的方式。相应地,非关系模型的数据操作方式为一次一记录(record-at-a-time)的方式。

2.2.2　关系数据语言的分类

早期的关系操作能力通常用代数方式或逻辑方式来表示,分别称为关系代数和关系演算。关系代数是用对关系的运算来表达查询要求的。关系演算是用谓词来表达查询要求的。关系演算又可按谓词变元的基本对象是元组变量还是域变量分为元组关系演算和域关系演算。关系代数、元组关系演算和域关系演算三种语言在表达能力上是完全等价的。

关系代数、元组关系演算和域关系演算均是抽象的查询语言,这些抽象的语言与具体的

RDBMS 中实现的实际语言并不完全一样,但它们能用作评估实际系统中查询语言能力的标准或基础。实际的查询语言除了提供关系代数或关系演算的功能外,还提供了许多附加功能,如聚集函数(aggregation function)、关系赋值、算术运算等,使得目前实际查询语言功能十分强大。

另外还有一种介于关系代数和关系演算之间的结构化查询语言(structured query language,SQL)。SQL 不仅具有丰富的查询功能,而且具有数据定义和数据控制功能,是集查询、DDL、DML 和 DCL 于一体的关系数据库语言。它充分体现了关系数据库语言的特点,是关系数据库的标准语言。

因此,关系数据库语言可以分为三类:关系代数语言、关系演算语言和具有关系代数和关系演算双重关系的语言。

这些关系数据库语言的共同特点是,语言具有完备的表达能力,是非过程化的集合操作语言,功能强,能够放到高级语言中使用。

关系语言是一种高度非过程化的语言,用户不必请求数据库管理员为其建立特殊的存取路径,存取路径的选择由优化机制来完成。例如,在一个存储了几百万条记录的关系中查找符合条件的某一个或某一些记录,从原理上讲有多种查找方法。关系数据库中研究和开发了查询优化方法,系统可以自动选择较优的存取路径,以便提高查询效率。

2.3 关系的完整性

为了维护数据库中数据与现实世界的一致性,对数据的插入、删除和修改操作必须有一定的约束条件,这就是关系完整性。关系模型的完整性规则是对关系的某种约束条件,任何关系在任何时刻都要满足这些语义约束。

2.3.1 关系的三类完整性约束

关系模型中有三类完整性约束:实体完整性、参照完整性和用户自定义完整性。其中实体完整性和参照完整性是关系模型必须满足的完整性约束条件,被称为关系的两个**不变性**,应该由关系系统自动支持。用户自定义完整性是应用领域需要遵循的约束条件,体现了具体领域中的语义约束。

2.3.2 实体完整性

实体完整性(entity integrity)规则是指若属性 A 是基本关系 R 的主属性,则属性 A 不能取空值。实体完整性规则规定基本关系的所有主属性都不能取空值,而不仅仅是主码整体不能取空值(空值就是无意义的值)。

例如,在关系模式"学生(学号,姓名,专业)"中,学号属性为主码,则学号不能取空值。

按照实体完整性规则的规定,基本关系的主码都不能取空值。如果主码由若干属性组成,则所有这些主属性都不能取空值。例如,学生选课关系"选修(学号,课程号,成绩)"中,"学号、课程号"为主码,则"学号"和"课程号"两个属性都不能取空值。

对于实体完整性规则作如下说明。

（1）关系模型中以主码作为唯一性标识。

（2）现实世界中的实体是可区分的，即它们具有某种唯一性标识。例如，每个学生都是独立的个体，是不一样的。

（3）实体完整性规则是针对基本关系而言的，一个基本表通常对应现实世界的一个实体集，例如，学生关系对应于学生的集合。

2.3.3　参照完整性

实体完整性是为了保证关系中主码属值的正确性，而参照完整性（referential integrity）是为了保证关系之间能够进行正确的联系。两个关系能否进行正确的联系，外码起着很重要的作用。现实世界中的实体之间往往存在某种联系，在关系模型中实体及实体间的联系都是用关系来描述的。这样就自然存在着关系与关系间的引用。先来看一个例子。

【例 2.1】　在学生（学号，姓名，性别，专业号，年龄，班长）关系中，"学号"属性是主码，"班长"属性表示该学生所在班级的班长的学号，它引用了本关系"学号"属性，即"班长"必须是确实存在的学生的学号。

例 2.1 说明关系与关系之间存在着相互引用、相互约束的情况。下面先引入外码的概念，然后给出表达关系之间相互引用约束的参照完整性的定义。

设 F 是基本关系 R 的一个或一组属性，但不是关系 R 的码。K_s 是基本关系 S 的主码。如果 F 与 K_s 相对应，则称 F 是 R 的外码（foreign key）。并称基本关系 R 为参照关系（referencing relation），基本关系 S 为被参照关系（referenced relation）或目标关系（target relation）。关系 R 和 S 不一定是不同的关系。

显然，目标关系 S 的主码 K_s 和参照关系 R 的外码 F 必须定义在同一个（或同一组）域上。

在例 2.1 中，"班长"属性与本身的主码"学号"属性相对应，因此"班长"是外码。这里，学生关系既是参照关系也是被参照关系，如图 2.1 所示。

图 2.1　关系的参照图

需要指出的是，外码并不一定要与相应的主码同名，如例 2.1 中学生关系的主码名为学号，外码名为班长。不过在实际应用当中，为了便于识别，当外码与相应的主码属于不同关系时，往往给它们取相同的名字。

参照完整性规则就是定义外码与主码之间的引用规则。

若属性（或属性组）F 是基本关系 R 的外码，它与基本关系 S 的主码 K_s 相对应（基本关系 R 和 S 不一定是不同的关系），则对于 R 中每个元组在 F 上的值必须为空值（F 的每个属性值均为空值），或者等于 S 中某个元组的主码值。

对于例 2.1，按照参照完整性规则，"班长"属性值可以取以下两类值。

（1）空值，表示该学生所在班级尚未选出班长。

（2）非空值，这时该值必须是本关系中某个元组的学号值。

2.3.4　用户自定义完整性

用户自定义完整性（user-defined integrity）就是用户按照实际的数据库应用系统运行环境要求，针对某一具体关系数据库的约束条件。任何关系数据库系统都应该支持实体完整性和参照完整性，这是关系模型所要求的。除此之外，不同的关系数据库系统根据其应用环境不同，往往还需要一些特殊的约束条件。用户自定义完整性就是针对某一具体关系数据库的约束条件，它反映某一具体应用所涉及的数据必须满足的语义要求。例如，某个属性必须取唯一值、某个非主属性不能取空值、某个属性的取值范围为 0～100（如学生成绩）等。

关系模型应提供定义和检验这类完整性的机制，以便用统一的系统的方法处理它们，而不要由应用程序承担这一功能。

在早期的 RDBMS 中没有提供定义和检验这些完整性的机制，因此需要应用开发人员在应用系统的程序中进行检查。例如，在学生选课关系中，每插入一条记录，必须在应用程序中写一段程序来检查其中的学号是否等于学生关系中的某个学号，检查其中的课程号是否等于课程关系中的某个课程号。如果等于，则插入这一条选修记录，否则拒绝插入，并给出错误信息。

2.4　关系代数和关系演算

关系代数是一种抽象的查询语言，它用对关系的运算来表达查询。

关系代数的基本运算有两类，一类是传统的集合运算；另一类是专门的关系运算。任何一种运算都是将一定的运算符作用于一定的运算对象上，得到预期的运算结果，所以运算对象、运算符、运算结果是运算的三大要素。

关系代数的运算对象是关系，运算结果亦为关系。关系代数用到的运算符包括四类：集合运算符、专门的关系运算符、比较运算符和逻辑运算符，如表 2.1 所示。

表 2.1　关系代数运算符

运算符		含义	运算符		含义
集合运算符	∪ － ∩ ×	并 差 交 笛卡儿积	比较运算符	＞ ≥ ＜ ≤ ＝ <>	大于 大于等于 小于 小于等于 等于 不等于
专门的关系运算符	σ π ⋈ ÷	选择 投影 连接 除	逻辑运算符	¬ ∧ ∨	非 与 或

关系代数的运算按运算符不同可分为传统的集合运算和专门的关系运算两类。其中传统的集合运算将关系看成元组的集合，其运算是从关系的"水平"方向也就是行的角度来进行的。而专门的关系运算不仅涉及行并且涉及相应的列。比较运算符和逻辑运算符是用来

辅助专门的关系运算符进行操作的。

2.4.1　传统的集合运算

传统的集合运算包括并、差、交、笛卡儿积四种运算，它是二目运算，当集合运算并、交、差用于关系时，要求参与运算的两个关系必须是相容的，即两个关系的度数一样，并且关系属性的性质是一致的。

设关系 R 和关系 S 具有相同的目 n（两个关系都有 n 个属性），且相应的属性取自同一个域，t 是元组变量，t∈R 表示 t 是 R 的一个元组。

可以定义并、差、交、笛卡儿积运算如下。

1. 并

关系 R 与关系 S 的并（union）记为

$$R \cup S = \{t \mid t \in R \vee t \in S\}$$

其结果仍为 n 目关系，由属于 R 或属于 S 的元组组成。

2. 差

关系 R 与关系 S 的差（except）记为

$$R - S = \{t \mid t \in R \wedge t \notin S\}$$

其结果仍为 n 目关系，由属于 R 而不属于 S 的元组组成。

3. 交

$$R \cap S = \{t \mid t \in R \wedge t \in S\}$$

其结果仍为 n 目关系，由同时属于 R 和 S 的元组组成。关系的交（intersection）可以用差来表示，即 $R \cap S = R - (R - S)$。

4. 笛卡儿积

这里主要指广义的笛卡儿积（extended Cartesian product），因为这里笛卡儿积的元素是元组。两个分别为 n 目和 m 目的关系 R 和 S 的笛卡儿积是一个 n+m 列的元组的集合。元组的前 n 列是关系 R 的一个元组，后 m 列是关系 S 的一个元组。若 R 有 k_1 个元组，S 有 k_2 个元组，则关系 R 和关系 S 的笛卡儿积有 $k_1 \times k_2$ 个元组，记为

$$R \times S = \{\widehat{t_r t_s} \mid t_r \in R \wedge t_s \in S\}$$

图 2.2（a）、图 2.2（b）分别为具有 3 个属性列的关系 R、S，图 2.2（c）为关系 R 与 S 的并，图 2.2（d）为关系 R 与 S 的交，图 2.2（e）为关系 R 和 S 的差，图 2.2（f）为关系 R 和 S 的笛卡儿积。

R

A	B	C
a_1	b_1	c_1
a_1	b_2	c_2
a_2	b_2	c_1

(a)

S

A	B	C
a_1	b_2	c_2
a_1	b_3	c_2
a_2	b_2	c_1

(b)

R∪S

A	B	C
a_1	b_1	c_1
a_1	b_2	c_2
a_2	b_2	c_1
a_1	b_3	c_2

(c)

R∩S

A	B	C
a_1	b_2	c_2
a_2	b_2	c_1

(d)

R−S

A	B	C
a_1	b_1	c_1

(e)

R×S

R.A	R.B	R.C	S.A	S.B	S.C
a_1	b_1	c_1	a_1	b_2	c_2
a_1	b_1	c_1	a_1	b_3	c_2
a_1	b_1	c_1	a_2	b_2	c_1
a_1	b_2	c_2	a_1	b_2	c_2
a_1	b_2	c_2	a_1	b_3	c_2
a_1	b_2	c_2	a_2	b_2	c_1
a_2	b_2	c_1	a_1	b_2	c_2
a_2	b_2	c_1	a_1	b_3	c_2
a_2	b_2	c_1	a_2	b_2	c_1

(f)

图 2.2　传统集合运算

2.4.2　专门的关系运算

专门的关系运算包括选择、投影、连接、除等。为了叙述方便,先引入以下记号。

(1)设关系模式为 $R(A_1,A_2,\cdots,A_n)$,它的一个关系设为 R,t∈R 表示 t 是 R 的一个元组,$t[A_i]$ 则表示元组 t 中属性 A_i 的一个分量。

(2)若 $A=\{A_{i1},A_{i2},\cdots,A_{ik}\}$,其中 $A_{i1},A_{i2},\cdots,A_{ik}$ 是 $A_1,A_2,\cdots,A_n$ 中的一部分,则称 A 为属性列或属性组。$t[A]=(t[A_{i1}],t[A_{i2}],\cdots,t[A_{ik}])$ 表示元组 t 在属性列 A 上诸分量的集合,$\bar{A}$ 表示 $\{A_1,A_2,\cdots,A_n\}$ 中去掉 $\{A_{i1},A_{i2},\cdots,A_{ik}\}$ 后剩余的属性组。

(3)R 为 n 目关系,S 为 m 目关系,$t_r∈R,t_s∈S,\widehat{t_r t_s}$ 称为元组的连接(concatenation)或元组的串接。它是一个 n+m 列的元组,前 n 个分量为 R 中的一个 n 元组,后 m 个分量为 S 中的一个 m 元组。

(4)给定一个关系 R(X,Z),X 和 Z 为属性组。当 t[X]=x 时,x 在 R 中的像集(images set)定义为 Zx={t[Z]|t∈R,t[X]=x},它表示 R 中属性组 X 上值为 x 的诸元组在 Z 上分量的集合。

例如,图 2.3 中,x_1 在 R 中的像集 $Z_{x_1}=\{Z_1,Z_2,Z_3\}$,x_2 在 R 中的像集 $Z_{x_2}=\{Z_2,Z_3\}$,x_3 在 R 中的像集 $Z_{x_3}=\{Z_1,Z_3\}$。

R

x_1	Z_1
x_1	Z_2
x_1	Z_3
x_2	Z_2
x_2	Z_3
x_3	Z_1
x_3	Z_3

图 2.3　像集举例

下面给出这些专门的关系运算的定义。

1. 选择

选择又称为限制(restriction),它是在关系 R 中选择满足给定条件的诸元组,记为

$$\sigma_F(R) = \{t \mid t \in R \wedge F(t) = '真'\}$$

其中,F 表示选择条件,它是一个逻辑表达式,取逻辑值"真"或"假"。

逻辑表达式 F 的基本形式为 $X_1 \theta Y_1$,其中 θ 表示比较运算符,它可以是 $>$、$\geqslant$、$<$、$\leqslant$、$=$ 或 $<>$。X_1、Y_1 是属性名,或为常量或为简单函数;属性名也可以用它的序号来代替。在基本的选择条件上可以进一步进行逻辑运算,即进行非、与、或运算。

选择运算实际上是从关系 R 中选取使逻辑表达式 X 为真的元组,这是从行的角度进行的运算。

设有一个学生-课程数据库,包括学生关系 Student、课程关系 Course 和选修关系 SC,如图 2.4 所示。下面的许多例子将针对这 3 个关系进行运算。

【例 2.2】　查询信息系(IS 系)全体学生。

$$\sigma_{sdept = 'IS'}(\text{Student}) \text{ 或 } \sigma_{5 = 'IS'}(\text{Student})$$

其中,下标 5 为 Sdept 的属性序号。

2. 投影

关系 R 上的投影是从 R 中选择若干属性列组成新的关系,记为

$$\pi_A(R) = \{t[A] \mid t \in R\}$$

其中,A 为 R 中的属性列。

投影操作是从列的角度进行的运算。

【例 2.3】　查询学生的姓名和所在系,即求 Student 关系上学生姓名和所在系两个属性上的投影。

$$\pi_{\text{Sname,Sdept}}(\text{Student}) \text{ 或 } \pi_{2,5}(\text{Student})$$

投影之后不仅取消了原关系中的某些列,而且可能取消某些元组,因为取消了某些属性列后,就可能出现重复行,应取消这些完全相同的行。

【例 2.4】　查询学生关系 Student 中都有哪些系,即查询关系上所在系属性上的投影。

$$\pi_{\text{Sdept}}(\text{Student})$$

结果如图 2.4(b)所示,Student 关系原来有 4 个元组,而投影结果取消了重复的 IS 元组,因此只有 3 个元组。

Sname	Sdept		Sdept
李勇	CS		CS
刘晨	IS		IS
王敏	MA		MA
张立	IS		
(a)			(b)

图 2.4　投影运算举例

3. 连接

连接也称为 θ 连接,它是从两个关系的笛卡儿积中选取属性间满足一定条件的元组,

记为

$$R\underset{A\theta B}{\bowtie}S=\{\widehat{t_t t_s} \mid t_t \in R \wedge t_s \in S \wedge t_t[A]\theta t_s[S]\}$$

其中,A 和 B 分别为 R 和 S 上度数相等且可比的属性组,θ 是比较运算符。连接运算从 R 和 S 的笛卡儿积中选取 R 关系在 A 属性组上的值与 S 关系在 B 属性组上的值满足比较关系 θ 的元组。

连接运算中有两种最为重要也最为常用的连接,一种是等值连接(equijoin),另一种是自然连接(natural join)。

θ 为"="的连接运算称为**等值连接**。

它是从关系 R 与 S 的广义笛卡儿积中选取 A、B 属性值相等的那些元组,即等值连接为

$$R\underset{A=B}{\bowtie}S=\{\widehat{t_t t_s} \mid t_t \in R \wedge t_s \in S \wedge t_t[A]=t_s[B]\}$$

自然连接是一种特殊的等值连接,它要求两个关系中进行比较的分量必须是相同的属性组,并且在结果中把重复的属性列去掉。即若 R 和 S 具有相同的属性组 B,则自然连接可记为

$$R\bowtie S=\{\widehat{t_t t_s} \mid t_t \in R \wedge t_s \in S \wedge t_t[B]=t_s[B]\}$$

一般的连接操作是从行的角度进行运算,然而自然连接还需要取消重复列,所以是同时从行和列的角度进行运算。

【例 2.5】 设图 2.5(a)和图 2.5(b)分别为关系 R 和关系 S,图 2.5(c)为一般连接 $R\underset{C<E}{\bowtie}S$ 的结果,图 2.5(d)为等值连接 $R\underset{R.B=S.B}{\bowtie}S$ 的结果,图 2.5(e)为自然连接 $R\bowtie S$ 的结果。

R

A	B	C
a_1	b_1	5
a_1	b_2	6
a_2	b_3	8
a_2	b_4	12

(a)关系 R

S

B	E
b_1	3
b_2	7
b_3	10
b_3	2
b_5	2

(b)关系 S

$R\underset{C<E}{\bowtie}S$

A	R.B	C	S.B	E
a_1	b_1	5	b_2	7
a_1	b_1	5	b_3	10
a_1	b_2	6	b_2	7
a_1	b_2	6	b_3	10
a_2	b_3	8	b_3	10

(c)一般连接

A	R.B	C	S.B	E
a_1	b_1	5	b_1	3
a_1	b_2	6	b_2	7
a_2	b_3	8	b_3	10
a_2	b_3	8	b_3	2

(d)等值连接

A	B	C	E
a_1	b_1	5	3
a_1	b_2	6	7
a_2	b_3	8	10
a_2	b_3	8	2

(e)自然连接

图 2.5 连接运算

两个关系 R 和 S 在进行自然连接时,选择两个关系在公共属性上值相等的元组构成新的关系。此时,关系 R 中某些元组有可能在 S 中不存在公共属性上值相等的元组,从而造成 R 中这些元组在操作时被舍弃了,同样,S 中某些元组也可能被舍弃。例如,在图 2.5 的自然连接中,R 中的第 4 个元组和 S 中的第 5 个元组都被舍弃了。

如果把舍弃的元组也保存在结果关系中,而在其他属性上填空值,那么这种连接就称为**外连接**(outer join)。如果只把左边关系 R 中要舍弃的元组保留则称为**左外连接**(left outer join 或 left join),如果只把右边关系 S 中要舍弃的元组保留则称为**右外连接**(right outer join 或 right join)。在图 2.6 中,图 2.6(a)是图 2.5 中的关系 R 和关系 S 的外连接,图 2.6(b)是左外连接,图 2.6(c)是右外连接。

A	B	C	E
a_1	b_1	5	3
a_1	b_2	6	7
a_2	b_3	8	10
a_2	b_3	8	2
a_2	b_1	12	NULL
NULL	b_5	NULL	2

(a)外连接

A	B	C	E
a_1	b_1	5	3
a_1	b_2	6	7
a_2	b_3	8	10
a_2	b_3	8	2
a_2	b_4	12	NULL

(b)左外连接

A	B	C	E
a_1	b_1	5	3
a_1	b_2	6	7
a_2	b_3	8	10
a_2	b_3	8	2
NULL	b_5	NULL	2

(c)右外连接

图 2.6　外连接运算

4. 除运算

给定关系 $R(X,Y)$ 和 $S(Y,Z)$,其中 X、Y、Z 为属性组。R 中的 Y 与 S 中的 Y 可以有不同的属性名,但必须出自相同的域集。

R 与 S 进行除运算得到一个新的关系 $P(X)$,P 是 R 中满足下列条件的元组在 X 属性列上的投影:元组在 X 上分量值 x 的像集 Y_x 包含 S 在 Y 上投影的集合,记为

$$R \div S = \{t_r[X] \mid t_r \in R \land \pi_r(S) \subseteq Y_x\}$$

其中,Y_x 为 x 在 R 中的像集 $x = t_r[X]$。除操作是作用在行和列上的。

【**例 2.6**】　设关系 R、S 分别如图 2.7(a)和图 2.7(b)所示,$R \div S$ 的结果如图 2.7(c)所示。在关系 R 中,A 可以取 4 个值 $\{a_1, a_2, a_3, a_4\}$。其中:

a_1 的像集为 $\{(b_1, c_2), (b_2, c_3), (b_2, c_1)\}$;

a_2 的像集为 $\{(b_3, c_7), (b_2, c_3)\}$;

a_3 的像集为 $\{(b_4, c_6)\}$;

a_4 的像集为 $\{(b_4, c_6)\}$。

S 在 (B, C) 的投影为 $\{(b_1, c_2), (b_2, c_1), (b_2, c_3)\}$

显然只有 a_1 的像集 $(B, C)_{a_1}$ 包含了 S 在 (B, C) 属性组上的投影,所以 $R \div S = \{a_1\}$。

R

A	B	C
a_1	b_1	c_2
a_2	b_3	c_7
a_3	b_4	c_6
a_1	b_2	c_3
a_4	b_4	c_6
a_2	b_2	c_3
a_1	b_2	c_1

(a)

S

B	C	D
b_1	c_2	d_1
b_2	c_1	d_1
b_2	c_3	d_2

(b)

$R \div S$

A
a_1

(c)

图 2.7　除运算

2.4.3　元组关系演算语言 ALPHA

元组关系演算以元组变量作为谓词变元的基本对象。一种典型的元组关系演算语言是 E. F. Codd 提出的 ALPHA 语言。这一语言虽然没有实际实现,但关系数据库管理系统 INGRES 最初所用的 QUEL 就是参照 ALPHA 语言研制的,与 ALPHA 十分相似。

ALPHA 语言主要有 GET、PUT、HOLD、UPDATE、DELETE、DROP 6 条语句,语句的基本格式如下:

操作语句　工作空间名(表达式):操作条件

其中,表达式用于说明要查询的结果,它可以是关系名或(和)属性名,一条语句可以同时操作多个关系或多个属性;操作条件是一个逻辑表达式,用于将操作结果限定在满足条件的元组中,操作条件可以为空。除此之外,还可以在基本格式的基础上加上排序要求、定额要求等。

1. 检索操作

检索操作用 GET 语句实现。

1)简单检索(不带条件的检索)

【例 2.7】　查询所有被选修的课程号码。

```
GET M(SC.Cno)
```

M 为工作空间名。这里条件为空,表示没有限定条件。

【例 2.8】　查询所有学生的数据。

```
GET M(Student)
```

2)限定的检索(带条件的检索)

【例 2.9】　查询信息系(IS)中年龄小于 20 岁的学生的学号和年龄。

```
GET M(Student.Sno,Student.Sage):Student.Sdept= 'IS'∧Student.Sage<20
```

3)带排序的检索

【例 2.10】　查询计算机科学系(CS)学生的学号、年龄,结果按年龄降序排序。

```
GET M(Student.Sno,Student.Sage):Student.Sdept= 'CS'DOWN Student.Sage
```

其中,DOWN 表示降序排序。

4)带定额的检索

【例 2.11】 取出一个信息系学生的学号。

```
GET M(1)(Student.Sno):Student.Sdept= 'IS'
```

排序和定额可以一起使用。所谓带定额的检索是指规定了检索出元组的个数,方法是在 M 后的括号中加上定额数量。

【例 2.12】 查询信息系年龄最大的两个学生的学号及年龄,结果按年龄降序排序。

```
GET M(3) (Student.Sno,Student.Sage):Student.Sdept= 'IS' DOWN Student.Sage
```

5)用元组变量的检索

元组关系演算是以元组变量作为谓词变元的基本对象。元组变量是在某一关系范围内变化(所以也称为范围变量),一个关系可以设多个元组变量。

元组变量主要有两方面的用途。

(1)简化关系名:如果关系名很长,使用起来就会感到不方便,这时可以设一个较短名字的元组变量来代替关系名。

(2)操作条件中使用量词时必须用元组变量。

【例 2.13】 查询信息系学生的名字。

```
RANGE Student X
GET M(X.Sname):X.Sdept= 'IS'
```

ALPHA 语言用 RANGE 来说明元组变量。本例中 X 是关系 Student 上的元组变量,用途是简化关系名,即用 X 代表 Student。

6)用存在量词(existential quantifier)的检索

操作条件中使用量词时必须用元组变量。

【例 2.14】 查询选修 2 号课程的学生名字。

```
RANGE SC X
GET M(Student. Sname):∃X(X.Sno= Student. Sno∧X.Cno= '2')
```

【例 2.15】 查询选修了其直接先行课是 6 号课程的学生学号。

```
RANGE Course CX
GET M(SC.Sno):∃CX(CX.Cno= SC.Cno∧CX.Pcno= '6')
```

【例 2.16】 查询至少选修一门其先行课为 6 号课程的学生名字。

```
GET M(Student.Sname):∃SCX∃CX(SCX.Sno= Student.Sno∧
                            CX.Cno= SCX.Cno∧CX.Pcno= '6')
```

例 2.14～例 2.16 中的元组变量都是为存在量词而设的,其中例 2.16 需要对两个关系作用存在量词,所以设了两个元组变量。

7)带有多个关系的表达式的检索

上面所举的各个例子中,虽然查询时可能涉及多个关系,即公式中可能涉及多个关系,但查询结果表达式中只有一个关系。实际上表达式中是可以有多个关系的。

【例 2.17】 查询成绩为 90 分以上的学生名字与课程名字。

本查询所要求的结果是学生名字和课程名字,分别在 Student 和 Course 两个关系中。

RANGE SC SCX

GET M(Student.Sname,Course.Cname):∃SCX(SCX.Grade≥90∧

SCX.Sno= Student.Sno∧Course.Cno= SCX.Cno)

8)用全称量词的检索

【例 2.18】 查询没有选修 1 号课程的学生名字。

RANGE SC SCX

GET M(Student.Sname):∀SCX(SCX.Sno≠Student.Sno∨SCX.Cno≠'1')

【例 2.19】 查询选修了全部课程的学生姓名。

RANGE Course CX

SC SCX

GET M(Student.Sname):∀CX∃SCX(SCX.Sno= Student.Sno∧SCX.Cno= CX.Cno)

9)用蕴涵(implication)的检索

【例 2.20】 查询选修了 95002 学生所选课程的学生学号。

RANGE Course CX

SC SCX(注意,这里 SC 设了两个元组变量)

SC SCY

CET M(Student.Sno):∀CX(∃SCX(SCX.Sno= '95002'∧SCX.Cno= CX.Cno)

⇨∃SCY(SCY.Sno= Student.Sno∧SCY.Cno= CX.Cno))

10)聚集函数

用户在使用查询语言时,经常要作一些简单的计算,例如,求符合某一查询要求的元组数,求某个关系中所有元组在某属性上的值的总和或平均值等。为了方便用户,关系数据语言中建立了有关运算的标准函数库供用户选用。这类函数通常为聚集函数或内置函数(built-in function)。关系演算中提供了 COUNT、TOTAL、MAX、MIN、AVG 等聚集函数。

【例 2.21】 查询学生所在系的数目。

GET M(COUNT(Student.Sdept))

COUNT 函数在计数时会自动排除重复值。

【例 2.22】 查询信息系学生的平均年龄。

GET M(AVG(Student.Sage):Student.Sdept= 'IS')

2.更新操作

1)修改操作

修改操作通过语句 UPDATE 实现,其步骤如下。

(1)用 GET 语句将要修改的元组从数据库中读到工作空间中。

(2)用宿主语言修改工作空间中元组的属性值。

(3)用 UPDATE 语句将修改后的元组送回数据库中。

需要注意的是,单纯检索数据使用 GET 语句即可,但为修改数据而读元组时必须使用 HOLD 语句,HOLD 语句是带上并发控制的 GET 语句。

【例 2.23】 把学号为 95007 的学生从计算机科学系转到信息系。

HOLD M(Student.Sno,Student Sdept):Student.Sno= '95007'

```
MOVE 'IS' TO M.Sdept
UPDATE M
```

在该例中用 HOLD 语句来读学号为 95007 的学生的数据,而不是用 GET 语句。

如果修改操作涉及两个关系,就要执行两次 HOLD-MOVE-UPDATE 操作序列。

在 ALPHA 语言中,修改关系主码的操作是不允许的,例如,不能用语句将学号 95001 改为 95102。如果需要修改主码值,只能先用删除操作删除该元组,再把具有新主码值的元组插入关系中。

2)插入操作

插入操作用语句实现,其步骤如下。

(1)用宿主语言在工作空间中建立新元组。

(2)用 PUT 语句把该元组存入指定的关系中。

【例 2.24】 学校新开设了一门 2 学分的课程"计算机组织与结构",其课程号为 8,直接先行课为 6 号课程,插入该课程元组。

```
MOVE'8' TO M.Cno
MOVE'计算机组织与结构' TO M.Cname
MOVE'6' TO M.Cpno
MOVE'2' TO M.Ccredit
PUT M(Course)
```

PUT 语句只对一个关系进行操作,也就是说,表达式必须为单个关系名。

3)删除

删除操作用语句实现的步骤如下。

(1)用 HOLD 语句把要删除的元组从数据库中读到工作空间中。

(2)用 DELETE 语句删除该元组。

【例 2.25】 学号为 95110 的学生因故退学,删除该学生元组。

```
HOLD M(Student):Student.Sno= '95110'
DELETE M
```

【例 2.26】 将学号 95001 改为 95102。

```
HOLD M(Student):Student.Sno= '95001'
DELETE M
MOVE'95102' TO M.Sno
MOVE'李勇' TO M.Sname
MOVE'男' TO M.Ssex
MOVE'20' TO M.Sage
MOVE'CS' TO M.Sdept
PUT M(Student)
```

【例 2.27】 删除全部学生信息。

```
HOLD M (Student)
DELETE M
```

由于 SC 关系和 Student 关系之间具有参照关系,为保证参照完整性,删除 Student 中的元组时相应地要删除 SC 中的元组(手工删除或由 DBMS 自动执行)。

2.5 小　结

本章主要介绍了关系数据库系统理论基础,主要包括关系模型、关系的形式化定义、关系的完整性、关系代数、关系数据库标准语言 SQL。关系模型的基本数据结构是二维表,其主要概念有关系、关系模式、属性、域、元组、分量、关键字等。

关系数据库系统与非关系数据库系统的区别是,关系数据库系统只有表这一种数据结构;而非关系数据库系统还有其他数据结构,以及对这些数据结构的操作。

本章系统讲解了关系数据库的重要概念,包括关系模型的数据结构、关系的三类完整性以及关系操作。同时介绍了用代数方式和逻辑方式来表达的关系语言,即关系代数、元组关系演算和域关系演算。本章从具体到抽象,先讲解了实际的语言 ALPHA(元组关系演算语言),然后讲解了抽象的元组关系演算。因此,本章内容对于关系数据库的理解和应用都有重要意义。

本章知识结构图

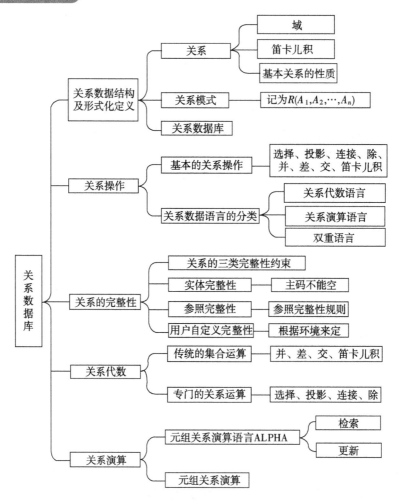

习　题

一、选择题

1.五种基本关系代数运算是(　　　)。

A.∪、−、×、π 和 σ
B.∪、−、⋈、π 和 σ

C.∪、∩、×、π 和 σ
D.∪、∩、⋈、π 和 σ

2.当关系 R 和 S 自然连接时,能够把 R 和 S 原该舍弃的元组放到结果关系中的操作是(　　　)。

A. 左外连接　　　　　　B. 右外连接　　　　　　C. 外部并　　　　　　D. 外连接

3. 自然连接是构成新关系的有效方法。一般情况下,当对关系 R 和 S 使用自然连接时,要求 R 和 S 含有一个或多个共有的(　　　)。

A. 元组　　　　　　B. 行　　　　　　C. 记录　　　　　　D. 属性

4.设 W＝R⋈S,且 W、R、S 的属性个数分别为 w、r 和 s,那么三者之间应满足(　　　)。

A. w≤r＋s　　　　B. w＜r＋s　　　　C. w≥r＋s　　　　D. w＞r＋s

5.设有关系 R(A,B,C)和关系 S(B,C,D),那么与 R⋈S 等价的关系代数表达式是(　　　)。

A. $\pi_{1,2,3,4}(\sigma_{2=1\wedge3=2}(R\times S))$
B. $\pi_{1,2,3,6}(\sigma_{2=1\wedge3=2}(R\times S))$

C. $\pi_{1,2,3,6}(\sigma_{2=4\wedge3=5}(R\times S))$
D. $\pi_{1,2,3,4}(\sigma_{2=4\wedge3=5}(R\times S))$

6.设关系 R 和 S 的结构相同,分别有 m 和 n 个元组,那么 R−S 操作的结果中元组个数为(　　　)。

A. m−n　　　　　　B. m　　　　　　C. 小于等于 m　　　　　　D. 小于等于 m−n

7.设有关系 R(A,B,C)和 S(B,C,D),下列各关系代数表达式不成立的是(　　　)。

A. $\pi_A(R)⋈\pi_D(S)$　　　　B. R∪S　　　　C. $\pi_B(R)\cap\pi_B(S)$　　　　D. R⋈S

8.设有关系 R,按条件 f 对关系 R 进行选择,正确的是(　　　)。

A. R×R　　　　B. $R⋈_f R$　　　　C. $\sigma_f(R)$　　　　D. $\pi_f(R)$

二、操作题

1.已知学生数据库中包括如下三个表。

学生表:Student(Sno,Sname,Ssex,Sage,Sdept)

学生选课表:SC(Sno,Cno,Score)。

课程表:C(Cno,Cname,Cpno)

写出执行如下操作的关系代数表达式。

(1)查询全体学生的学号与姓名。

(2)查询选修了课程的学生学号。

(3)查询所有年龄在 20 岁以下的学生姓名及其年龄。

(4)查询学生姓名及其所选修课程的课程号和成绩。

(5)查询全是女生选修的课程的课程号。

(6)查询没有选修 C6 课程的男生的学号和姓名。

(7)查询考试成绩有不及格的学生的学号、姓名。

(8)查询选修了所有课程的学生姓名。

(9)查询选修了 C3 或 C6 课程的学生的学号。

(10)查询至少选修了一门其直接先行课为 C8 课程的学生学号与姓名。

(11)查询学号为 200807001 的学生的系别和年龄。

(12)查询有不及格(成绩＜60)学生的课程名。

(13)查询计算机系有不及格课程的学生名单。

(14)查询学生张林的"数据库系统概论"课成绩。

2.设有关系 S、SC、C,试用关系代数完成下列操作。

S(S#,Sname,Age,Sex)　例:(001,'李强',23,'男')

SC(S#,C#,Score)　例:(003,'C1',83)

C(C#,Cname,Teacher)　例:('C1','数据库系统概论','王华')

(1)查询年龄大于 21 岁的男生的学号和姓名。

(2)查询选修课程号(C#)为 C1 或 C2 的学生学号(S#)。

(3)查询选修课程号(C#)为 C1 和 C2 的学生学号(S#)。

(4)查询选修了程军老师所授课程之一的学生学号。

(5)查询选修了程军老师所授课程之一的学生姓名。

(6)查询选修了程军老师教的所有课程的学生姓名。

(7)查询"程序设计"课程成绩在 90 分以上的学生姓名。

(8)查询全部学生都选修的课程的课程号(C#)和课程名(Cname)。

3.设有三个关系,A(A#,ANAME,WQTY,CITY)、B(B#,BNAME,PRICE)、AB(A#,B#,QTY),其中各个属性的含义如下:A#(商店代号)、ANAME(商店名)、WQTY(店员人数)、CITY(所在城市)、B#(商品号)、BNAME(商品名称)、PRICE(价格)、QTY(商品数量)。试用关系代数查询店员人数不超过 100 人或者在长沙市的所有商店的代号和商店名。

本章参考文献

[1] Berstein P A,Goodman N. Timestamp-based algorithms for concurrency control in distributed database systems. Proceedings of the International Conference on Very Large Data Bases,1980.

[2] 张俊,彭朝晖,肖艳芹,等.DBMS 安全性评估保护轮廓 PP 的研究与开发.第 22 届全国数据库学术会议论文集,2005.

[3] Korth H F. Locking primitives in a database system. Journal of the ACM,1983,30(1):55-79.

[4] 张孝.可信 COBASE 的系统强制存取控制的设计与实现.北京:中国人民大学,1998.

[5] 文继荣,张孝,罗立,等.可信 COBASE 的设计策略:数据强制存取控制机制及其实现.第 14 届全国数据库学术会议论文集,1997.

[6] Buckley G,Silberschatz A. Concurrency control in graph prorocols by using edge locks. Proceedings of the ACM SIGACT-SIGMOD Symposium on the Principles of Database Systems,1984.

[7] Abiteboul S, et al. The Lowell database research self-assessment. Comm. ACM,2005,48(5):111-118.

[8] Abiteboul S, Hull R,Vianu V. Foundations of Databases. Reading,MA:Addison-Wesley,1995.

[9] 刘启原.数据库与信息系统的安全.北京:科学出版社,1999.

[10] 任永功,杨雪.基于信息增益特征关联树的文本特征选择算法.计算机科学,2013,40(10):248-251,278.

第3章 关系数据理论

········· **本章要点** ···

关系数据库的逻辑设计主要是设计关系模式,而深入理解函数依赖和码的概念是设计和分解关系模式的基础。函数依赖相关概念以及基于函数依赖的范式及其判定是本章的重点。了解数据冗余和更新异常产生的根源;理解关系模式规范化的途径;准确理解第一范式、第二范式、第三范式和 BC 范式的含义、联系与区别;深入理解模式分解的原则;熟练掌握模式分解的方法,能正确而熟练地将一个关系模式分解成属于第三范式或 BC 范式的模式。了解多值依赖和第四范式的概念,掌握把关系模式分解成属于第四范式的模式的方法。

关键概念:函数依赖,Armstrong 公理,依赖闭包,范式,BCNF,3NF,分解,无损连接,保持依赖,多值依赖,连接依赖,4NF。

关系数据库是由一组关系组成的,所以关系数据库的设计归根到底是如何构造关系,即如何把具体的客观事物划分为几个关系,并确定每个关系又由哪些属性组成。关系模式中数据依赖问题的存在,可能会导致数据库出现数据冗余、插入异常、删除异常、修改复杂等问题。关系模型有严格的数学理论基础,并形成了关系数据库的规范化理论,这为设计出合理的数据库提供了有利的工具。

3.1 问题的提出

在设计任何一种关系数据库系统时,不论是层次的、网状的还是关系的,都会遇到如何构造合适的数据模式即逻辑结构的问题。为了提高数据库的性能,一般对分析出来的关系模式要进行修改,以调整关系模式结构,使其既能更准确地描述现实世界,又能更充分地发挥数据库的性能,这就是关系模式的优化问题。由于关系模型有严格的数学理论基础,并且可以向别的数据模型转换,所以人们就以关系模型为背景来讨论这个问题,形成了数据库逻辑设计的一个有力工具——关系数据库的规范化理论。关系模式的优化以规范化理论为基础,规范化理论要解决的问题就是如何把一个不合理的关系模式改造成合理的模式。

下面首先介绍关系模型的形式化定义。

一个关系模式应当是一个五元组

$$R(U,D,DOM,F)$$

(1)关系名 R 是符号化的元组语义。

(2)一组属性 U。

(3)属性组 U 中属性所来自的域 D。

(4)属性到域的映射 DOM。

(5)属性组 U 上的一组数据依赖 F。

　　关系模型为人们提供了单一的一种描述数据的方法：一个称为关系(relation)的二维表。

　　关系的列名为属性，属性出现在列的顶部。通常属性用来描述所在列的项目语义。

　　关系名和其属性集合的组合称为这个关系的模式(schema)。描述一个关系模式时，应先给出一个关系名，其后是用圆括号括起来的所有属性。

　　在关系模型中，数据库由一个或多个关系组成。数据库的关系模式集合称为关系数据库模式(relational database schema)，或者称为数据库模式(database schema)。

　　关系中除含有属性名所在行以外的其他行称为元组。每个元组均有一个分量(componet)对应于关系的每个属性。若要单独表示一个元组，而不是把它作为关系的一部分，常用逗号隔开各个分量，并用圆括号括起来。

　　关系模型要求元组的每个分量具有原子性。也就是说，它必须属于某种元素类型，而不是记录、集合、列表、数组或其他任何可以被分解成更小分量的组合类型。

　　进一步假定与关系的每个属性相关联的是一个域(domain)，即一个特殊的元素类型，关系中任一元组的分量必须属于对应的域。

　　关系和属性的约定：关系名以大写字母开头，属性名以小写字母开头。

　　由于 DOM 和 F 对模式设计关系不大，故在本章中把关系模式看作一个三元组 R<U, F>。当且仅当 U 上的一个关系 r 满足 F 时，r 称为关系模式 R<U, F>的一个关系。

　　在模式设计中，假设已知一个模式 SΦ 仅由单个关系模式组成，问题是要设计一个模式 SD，使它与 SΦ 等价。但在某些指定的方面"更好"一些。这里通过一个例子来说明一个"不好"的模式会有些什么毛病，分析它们产生的原因，从中找出设计一个"好"的关系模式的方法。

　　【例 3.1】　建立一个描述学校教务的数据库，该数据库涉及的对象包括学生的学号(Sno)、所在系(Sdept)、系主任姓名(Mname)、课程号(Cno)和成绩(Grade)。假设用一个单一的关系模式 Student 来表示，则该关系模式的属性集合为

$$U=\{Sno, Sdept, Mname, Cno, Grade\}$$

现实世界的已知事实(语义)告诉我们：

　　①一个系有若干学生，但一个学生只属于一个系；

　　②一个系只有一名(正职)负责人；

　　③一个学生可以选修多门课程，每门课程有若干学生选修；

　　④每个学生学习每一门课程有一个成绩。

　　于是得到了一个描述学生的关系模式 Student<U, F>。表 3.1 是某一时刻关系模式 Student 的一个实例，即数据表。

表 3.1　Student 表

Sno	Sdept	Mname	Cno	Grade
S1	计算机系	张明	C1	95
S2	计算机系	张明	C1	90
S3	计算机系	张明	C1	88
S4	计算机系	张明	C1	70
S5	计算机系	张明	C1	78

但是这个关系模式存在以下问题。

1）数据冗余太大

例如，每一个系的系主任姓名重复出现，重复次数与该系所有学生的所有课程成绩出现次数相同。这将浪费大量的存储空间。

2）更新异常（update anomalies）

由于数据冗余，当更新数据库中的数据时，系统要付出很大的代价来维护数据库的完整性，否则会面临数据不一致的问题。例如，某系更换系主任后，必须修改与该系学生有关的每一个元组。

3）插入异常（insertion anomalies）

如果一个系刚成立，尚无学生，就无法把这个系及其系主任的信息存入数据库。

4）删除异常（deletion anomalies）

如果某个系的学生全部毕业了，在删除该系学生信息的同时，把这个系及其系主任的信息也删除了。

鉴于存在以上种种问题，可以得出这样的结论：Student 关系模式不是一个好的模式。一个好的模式应当不会发生插入异常、删除异常、更新异常，且数据冗余应尽可能少。

为什么会发生这些问题呢？这是因为这个模式中的函数依赖存在某些不好的性质。假如把这个单一的模式改造一下，分成 3 个关系模式：

S(Sno,Sdept)

SC(Sno,Cno,Grade)

DEPT(Sdept,Mname)

这 3 个模式都不会发生插入异常、删除异常的毛病，数据冗余也得到了控制。

在初步分析了关系 Student 的实例以后，我们想知道，为什么把这些属性放在一起组成一个关系模式？这些属性之间有什么相互联系？把这些属性放在一起是好还是不好？这样的属性组合与我们看到的数据冗余和更新异常有什么联系？为了构成一个好的关系模式应考虑哪些原则？如果开局面对的是一个不太好的关系模式又该如何处理，使之转化为比较满意的结局？这就是之后我们要学习的规范化理论的内容。

3.2　函 数 依 赖

下面先非形式化地讨论数据依赖的概念。

数据依赖是一个关系内部属性与属性之间的一种约束关系。这种约束关系是通过属性间值的相等与否体现出来的数据间的相关联系。它是现实世界属性间相互联系的抽象，是数据内在的性质，是语义的体现。

人们已经提出了许多种类型的数据依赖，其中最重要的是函数依赖（functional dependency，FD）和多值依赖（multivalued dependency，MVD）。

函数依赖极为普遍地存在于现实生活中。例如，描述一个学生的关系，可以有学号（Sno）、姓名（Sname）、系名（Sdept）等几个属性。由于一个学号只对应一个学生，一个学生只在一个系学习，因而当学号确定之后，学生的姓名及所在系也就被唯一地确定了。属性间的这种依赖关系类似于数学中的函数 y＝f(x),自变量 x 确定之后,相应的函数值 y 也就唯一地确定了。

类似地有 Sname＝f(Sno),Sdept＝f(Sno),即 Sno 函数决定 Sname,Sno 函数决定 Sdept,或者说 Sname 和 Sdept 函数依赖于 Sno,记为 Sno→Sname,Sno→Sdept。

3.1 节关系模式 Student＜U,F＞中有 Sno→Sdept 成立。也就是说,在任何时刻 Student 的关系实例(Student 数据表)中,不可能存在两个元组在 Sno 上的值相等,而在 Sdept 上的值不等。因此,表 3.2 的 Student 表是错误的。因为表中有两个元组 Sno 上都等于 S1,而 Sdept 上一个为计算机系,一个为自动化系。

表 3.2　一个错误的 Student 表

Sno	Sdept	Mname	Cno	Grade
S1	计算机系	张明	C1	95
S1	自动化系	张明	C1	90
S3	计算机系	张明	C1	88
S4	计算机系	张明	C1	70
S5	计算机系	张明	C1	78

说到关系内部属性之间的联系,我们又会很自然地想到函数依赖和码。下面就从函数依赖和码的角度逐步深入介绍。

3.2.1　函数依赖的定义

下面来看一个具体的关系实例。

例如,考虑 Student 表,该表中所涉及的属性包括学生的学号(Sno)、姓名(Sname)、所在系(Sdept)、系主任姓名(Mname)、课程名(Cname)和成绩(Grade)。学生表 Student 的实例如图 3.1 所示。

Sno	Sname	Sdept	Mname	Cname	Grade
991230	贺小华	计算机	周志光	数据库系统	96
991239	金谦	计算机	周志光	操作系统	90
991239	金谦	计算机	周志光	编译原理	92
993851	陈刚	建筑	王勇	建筑原理	89
992076	吕宋	自动化	李霞	自动化设计	85
992076	吕宋	自动化	李霞	电路原理	82

图 3.1　学生表 Student 实例

在这个实例中,我们可以看到属性之间存在某些内在的联系。

由于一个学号只对应一个学生,一个学生只在一个系学习,因而当学号确定之后,姓名及其所在系也就唯一地确定了。属性中的这种依赖关系类似于数学中的函数,因此说 Sno 函数决定 Sname 和 Sdept,或者说 Sname 和 Sdept 函数依赖于 Sno,记为 Sno→Sname,Sno→Sdept。

下面给出函数依赖的严格定义。

定义 3.1　设 R(U)是一个属性集 U 上的关系模式,X 和 Y 是 U 的子集。若对于 R(U)的任意一个可能的关系 r,r 中不可能存在两个元组在 X 上的属性值相等,而在 Y 上的属性值不等,则称 X 函数确定 Y 或 Y 函数依赖于 X,记为 X→Y。

若 X→Y,则 X 称为这个函数依赖的决定属性组,也称为决定因素(determinant)。

若 X→Y,Y→X,则记为 X←→Y。

若 Y 不函数依赖于 X,则记为 X↛Y。

有关函数依赖有几点需要说明。

(1)平凡函数依赖与非平凡函数依赖。

若 X→Y,但 Y⊄X,则称 X→Y 是非平凡函数依赖。

若 X→Y,但 Y⊆X,则称 X→Y 是平凡函数依赖。对于任一关系模式,平凡函数依赖都是必然成立的,它不反映新的语义。若不特别声明,总是讨论非平凡函数依赖。

(2)函数依赖是语义范畴的概念。

我们只能根据语义来确定一个函数依赖。例如,"姓名→年龄"这个函数依赖只有在该部门没有同名人的条件下成立。如果允许有同名人,则年龄就不再函数依赖于姓名了。

设计者也可以对现实世界作强制的规定。例如,规定不允许同名人出现,因而使"姓名→年龄"函数依赖成立。这样当插入某个元组时这个元组上的属性值必须满足规定的函数依赖,若发现有同名人存在,则拒绝插入该元组。

(3)函数依赖关系的存在与时间无关。

函数依赖不是指关系模式 R 的某个或某些关系满足的约束条件,而是指 R 的一切关系均要满足的约束条件。所以,当关系中的元组增加、删除或更新后都不能破坏这种函数依赖。

3.2.2　函数依赖的分类

1. 完全函数依赖与部分函数依赖

定义 3.2　在 R(U)中,如果 X→Y,并且对于 X 的任何一个真子集 X′,都有 X′↛Y,则称 Y 对 X 完全函数依赖,记为 $X \xrightarrow{F} Y$。

若 X→Y,但 Y 不完全函数依赖于 X,则称 Y 对 X 部分函数依赖(partial functional dependency),记为 $X \xrightarrow{P} Y$。

【例 3.2】　$(Sno,Cno) \xrightarrow{F} Grade$ 是完全函数依赖,$(Sno,Cno) \xrightarrow{P} Sdept$ 是部分函数依赖,因为 Sno→Sdept 成立,且 Sno 是(Sno,Cno)的真子集。

2. 传递函数依赖

定义 3.3　在 R(U)中,如果 X→Y,Y⊄X,Y↛X,Y→Z,Z⊄Y,则称 Z 对 X 传递函数依赖(transitive functional dependency),记为 $X \xrightarrow{传递} Z$。

【例 3.3】　若 Sno→Sdept,Sdept→Mname 成立,$Sno \xrightarrow{传递} Mname$ 加上条件 Y↛X,是因为如果 Y→X,则 X←→Y,实际上是 $X \xrightarrow{直接} Z$,是直接函数依赖而不是传递函数依赖。

3.2.3　码

码是关系模式中一个重要概念。在第 2 章中已给出了有关码的若干定义,这里用函数依赖的概念来定义码。

定义 3.4　设 K 为 R<U,F>中的属性或属性组合。若 K $\xrightarrow{F}$ U,则 K 称为 R 的候选码(candidate key)。若候选码多于一个,则选定其中的一个为主码(primary key)。

包含在任何一个候选码中的属性称为主属性(prime attribute)。不包含在任何码中的属性称为非主属性(nonprime attribute)或非码属性(non-key attribute)。最简单的情况是单个属性是码。最极端的情况下,整个属性组是码,称为全码(all-key)。

【例 3.4】　关系模式 S(Sno,Sdept,Sage)中单个属性 Sno 是码,用下划线显示出来。SC(Sno,Cno,Grade)中属性组合(Sno,Cno)是码。

【例 3.5】　关系模式 R(P,W,A)中,属性 P 表示演奏者,W 表示作品,A 表示听众。假设一个演奏者可以演奏多个作品,某一作品可被多个演奏者演奏。听众也可以欣赏不同演奏者的不同作品,这个关系模式的码为(P,W,A),即全码。

定义 3.5　关系模式 R 中属性或属性组 X 并非 R 的码,但 X 是另一个关系模式的码,则称 X 是 R 的外部码,也称外码。

如在 SC(Sno,Cno,Grade)中,Sno 不是码,但 Sno 是关系模式 S(Sno,Sdept,Sage)的码,则 Sno 是关系模式 SC 的外码。

主码与外码提供了一个表示关系间联系的手段。如例 3.4 中关系模式 S 与 SC 的联系就是通过 Sno 来体现的。

当我们对产生数据冗余和更新异常的根源进行深入分析以后,就会发现部分函数依赖和传递函数依赖有一个共同之处,这就是二者都不是基本的函数依赖,而都是导出的函数依赖:部分函数依赖是以对码的某个真子集的依赖为基础的;而传递函数依赖的基础则是通过中间属性联系在一起的两个函数依赖。

导出的函数依赖在描述属性之间的联系方面并没有比基本的函数依赖提供更多的信息。从这个意义上来看,在一个函数依赖集中,导出的依赖相对于基本的依赖而言,虽然形式上多一种描述方式,但本质上完全是冗余的。正是关系模式中存在对码的这种冗余的依赖,导致数据库中的数据冗余和更新异常。

找到了问题的所在,也就有了解决的途径——消除关系模式中各属性对码冗余的依赖。

由于冗余的依赖有部分依赖与传递依赖之分,而属性又有主属性与非主属性之别,于是从不同的分析与解决问题的角度出发,导致解决问题的深度与效果也会有所不同,因此,把解决的途径分为几个不同的级别,以属于第几范式来区别。下面结合各级范式具体介绍解决的途径。

3.3　范　　式

规范化的基本思想是消除关系模式中的数据冗余,消除数据依赖中不合适的部分,解决数据插入、删除时发生的异常现象。这就要求关系数据库设计出来的关系模式要满足一定的条件。我们把关系数据库规范化过程中为不同程度的规范化要求设立的不同标准称为范式(normal form)。由于规范化的程度不同,就产生了不同的范式。满足最基本规范化要求的关系模式称为第一范式,在第一范式中进一步满足一定要求的范式为第二范式,以此类推。

范式的概念最早由 Codd 提出。1971～1972 年他相继提出了关系的三级规范化形式,即 1NF、2NF、3NF,讨论了规范化的问题。1974 年,Codd 和 Boyce 共同提出了一个新的范式的概念,即 Boyce-Codd 范式,简称 BCNF。1976 年 Fagin 提出了 4NF,后来又有人定义了5NF。至此,在关系数据库规范中建立了一系列范式。

如果把范式这个概念理解成符合某一种级别的关系模式的集合,那么 R 为第几范式就可以写成 R∈xNF。各个范式之间的联系可以表示为 5NF⊂4NF⊂BCNF⊂3NF⊂2NF⊂1NF 成立,如图 3.2 所示。

一个低一级范式的关系模式通过模式分解(schema decomposition)可以转换为若干高一级范式的关系模式的集合,这个过程称为规范化(normalization)。

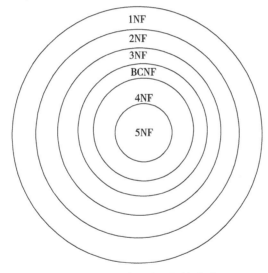

图 3.2　各种范式之间的联系

3.3.1　第一范式

定义 3.6　如果关系模式 R 所有的属性均为简单属性,即每个属性都是不可分的基本数据项,则称 R 属于第一范式(first normal form),简称 1NF,记为 R∈1NF。

在任何一个关系数据库系统中 1NF 是对关系模式的一个最起码的要求,不满足 1NF的数据库模式不能称为关系数据库,但满足 1NF 的关系模式并不一定是好的关系模式。

3.3.2　第二范式

定义 3.7　如果关系模式 R∈1NF,且每个非主属性完全函数依赖于码,则称 R 属于第二范式(second normal form),简称 2NF,记为 R∈2NF。

2NF 不允许关系模式中的非主属性部分函数依赖于码。

下面举一个不是 2NF 的例子。

【例 3.6】 关系模式 S-L-C(Sno,Sdept,Sloc,Cno,Grade)

其中 Sloc 为学生的住处，并且每个系的学生住在同一个地方。S-L-C 的码为(Sno，Cno)。函数依赖有：

$$(Sno,Cno) \xrightarrow{F} Grade$$

$$Sno \rightarrow Sdept, (Sno,Cno) \xrightarrow{P} Sdept$$

$$Sno \rightarrow Sloc, (Sno,Cno) \xrightarrow{P} Sloc$$

Sdept→Sloc(因为每个系的学生住在一个地方)，如图 3.3 所示。

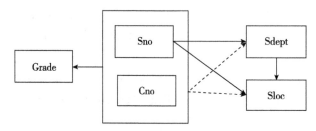

图 3.3　函数依赖示例

图中用虚线表示部分函数依赖。另外，Sdept 函数决定 Sloc，这一点在讨论第二范式时暂不考虑。可以看到非主属性 Sdept、Sloc 并不完全函数依赖于码，因此 S-L-C(Sno,Sdept,Sloc,Cno,Grade)不符合 2NF 定义，即 S-L-C $\notin$ 2NF。

一个关系模式 R 不属于 2NF，就会产生以下几个问题。

(1)插入异常。若要插入一个学生 Sno＝S7，Sdept＝PHY，Sloc＝BLD2，但该学生还未选课，即这个学生无 Cno，这样的元组就不能插入 S-L-C 中。因为插入元组时必须给定码值，而这时码值的一部分为空，因而学生的固有信息无法插入。

(2)删除异常。假定某个学生只选一门课，如 S4 就选了一门课 C3。现在在 C3 这门课他也不选了，那么 C3 这个数据项就要被删除。而 C3 是主属性，删除了 C3，整个元组就必须跟着删除，使得 S4 的其他信息也被删除了，从而造成删除异常，即不应删除的信息也被删除了。

(3)修改复杂。某个学生从数学系(MA)转到计算机科学系(CS)，这本来只需修改此学生元组中的 Sdept 分量。但因为关系模式 S-L-C 中还含有系的住处 Sloc 属性，学生转系将同时改变住处，因而还必须修改元组中的 Sloc 分量。另外，如果这个学生选修了 k 门课，Sdept、Sloc 重复存储了 k 次，不仅存储冗余度大，而且必须无遗漏地修改 k 个元组中的全部 Sdept、Sloc 信息，造成修改的复杂化。

分析上面的例子，可以发现问题在于有两种非主属性：一种如 Grade，它对码是完全函数依赖的；另一种如 Sdept、Sloc，对码不是完全函数依赖。解决的办法是用投影分解把关系模式 S-L-C 分解为两个关系模式：

$$SC(Sno,Cno,Grade)$$

$$S-L(Sno,Sdept,Sloc)$$

关系模式 SC 与 S-L 中属性间的函数依赖可以用图 3.4、图 3.5 表示如下。

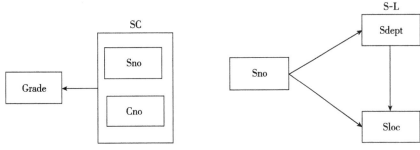

图 3.4 SC 中的函数依赖   图 3.5 S-L 中的函数依赖

关系模式 SC 的码为(Sno,Cno),关系模式 S-L 的码为 Sno,这样就使得非主属性对码都是完全函数依赖了。

经过以上分析,可以得出以下两个结论。

(1)从 1NF 关系中消除非主属性对码的部分函数依赖,可得到 2NF 关系。

(2)如果 R 的码为单属性,或 R 的码为全码,则 R∈2NF。

3.3.3 第三范式

2NF 的关系模式虽然解决了 1NF 中存在的一些问题,但 2NF 的关系模式在进行数据操作时,仍存在数据冗余、插入异常、删除异常、更新异常等问题。之所以存在这些问题,是因为关系模式中存在非主属性对码的传递依赖。为了消除这种传递依赖,出现了 3NF。

定义 3.8 如果关系模式 R<U,F>∈2NF,且每个非主属性都不传递依赖于 R 的码,则称 R 属于第三范式(third normal form),简称 3NF,记为 R<U,F>∈3NF。

由定义 3.8 可以证明,若 R∈3NF,则每一个非主属性既不部分依赖于码也不传递依赖于码。

在图 3.4 中关系模式 SC 没有传递依赖,而图 3.5 中关系模式 S-L 存在非主属性对码的传递依赖。在 S-L 中,由 Sno→Sdept,(Sdept ⇸ Sno),Sdept→Sloc,可得 Sno $\xrightarrow{\text{传递}}$ Sloc。因此 SC∈3NF,而 S-L∉3NF。

一个关系模式 R 若不是 3NF,就会产生与 3.3.2 节中 2NF 相类似的问题。

解决的办法同样是将 S-L 分解如下:

$$S\text{-}D(Sno,Sdept)$$

$$D\text{-}L(Sdept,Sloc)$$

分解后的关系模式 S-D 与 D-L 中不再存在传递依赖。

但是 3NF 只限制了非主属性对码的依赖关系,而没有限制主属性对码的依赖关系。如果发生了这种依赖,仍有可能存在数据冗余、插入异常、删除异常和修改异常等问题。这时需要对 3NF 进一步规范化,消除主属性对码的依赖关系,为了解决这种问题,Boyce 与 Codd 共同提出了 BCNF(或称 BC 范式),它弥补了 3NF 的不足。通常认为 BCNF 是修正的第三范式,有时也称为扩充的第三范式。

3.3.4 BC 范式

定义 3.9 如果关系模式 R<U,F>∈1NF,且所有的函数依赖 X→Y(Y⊄X),决定因素 X 都包含了 R 的一个候选码,则称 R 属于 BC 范式,记为 R∈BCNF。

也就是说,如果关系模式 R 属于 1NF,并且每个属性都不传递依赖于码,那么 R 属于 BCNF。

例如,下面有 3 个关系模式,判别它们是否满足 BCNF:

$$Student(Sno,Sname,Ssex,Sage,Sdept)$$
$$Course(Cno,Cname,Ccredit)$$
$$SC(Sno,Cno,Grade)$$

第 1 个关系模式是关于学生的学号、姓名、性别、年龄和所在系等信息;第 2 个关系模式是关于课程的课程号、课程名和学分等信息;第 3 个关系模式是关于学生选课的信息,包括学号、课程号和该课程的成绩。

第 1 个关系模式中,由于学生有可能重名,所以它只有一个码 Sno,且只有一个函数依赖 Sno→Sname Ssex Sage Sdept,符合 BCNF 的条件,所以关系 Student 满足 BCNF。

第 2 个关系模式中,假设课程名具有唯一性,因此该关系中有两个码,分别为 Cno 和 Cname,而且函数依赖集为 Cno→Cname,Cno→Ccredit,Cname→Cno 和 Cname→Ccredit,不难验证,关系 Course 满足 BCNF。

第 3 个关系模式中,码为(Sno,Cno),函数依赖集为 Sno Cno→Grade,因此关系 SC 也满足 BCNF。

由 BCNF 的定义可以得到结论:一个满足 BCNF 的关系模式具备以下条件。

(1)所有非主属性对每一个码都是完全函数依赖。

(2)所有的主属性对每一个不包含它的码也是完全函数依赖。

(3)没有任何属性完全函数依赖于非码的任何一组属性。

从定义可以看出,BCNF 既检查非主属性,又检查主属性,显然比 3NF 限制更严格。当只检查非主属性而不检查主属性时,就成了 3NF。因此,可以说任何满足 BCNF 的关系都必然满足 3NF。

下面用几个例子说明属于 3NF 的关系模式有的属于 BCNF,有的不属于 BCNF。

【例 3.7】 考察关系模式 C(Cno,Cname,Pcno),它只有一个码 Cno,这里没有任何属性对 Cno 部分依赖或传递依赖,所以 C∈3NF。同时 C 中 Cno 是唯一的决定因素,所以 C∈BCNF。对于关系模式如 SC(Sno,Cno,Grade)可作同样分析。

【例 3.8】 关系模式 S(Sno,Sname,Sdept,Sage)中,假定 Sname 也具有唯一性,那么 S 就有两个码,这两个码都由单个属性组成,彼此不相交。其他属性不存在对码的传递依赖与部分依赖,所以 S∈3NF。同时 S 中除 Sno、Sname 外没有其他决定因素,所以 S 属于 BCNF。

【例 3.9】 关系模式 SJP(S,J,P)中,S 表示学生,J 表示课程,P 表示名次。每一个学生选修每门课程的成绩有一定的名次,每门课程中每一名次只有一个学生(没有并列名次)。由语义可得到下面的函数依赖:

$$(S,J)→P,\quad (J,P)→S$$

所以(S,J)与(J,P)都可以作为候选码,这两个码各由两个属性组成,而且它们是相交的。这个关系模式中显然没有属性对码传递依赖或部分依赖。所以 SJP∈3NF 而且除

(S,J)与(J,P)以外没有其他决定因素,故 SJP∈BCNF。

【例 3.10】 关系模式 STC(S,T,C)中,S 表示学生,T 表示教师,C 表示课程。语义假设是,每一位教师只教授一门课程;每门课由多个教师讲授;某一学生选定某门课程,就对应一个固定的教师。由语义可得到如下函数依赖:

$$(S,C) \rightarrow T, \quad (S,T) \rightarrow C, \quad T \rightarrow C$$

函数依赖图如图 3.6 所示,这里(S,C)、(S,T)都是候选码。

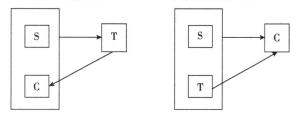

图 3.6 STC 中的函数依赖

STC 是 3NF,因为 STC 中不存在非主属性,也就不可能存在非主属性对码的传递依赖或部分依赖。但分析 STC 的一个关系实例(表 3.3),仍存在以下问题。

表 3.3 关系 STC

S	T	C
李刚	T1	数据库
郝枚	T1	数据库
梁栋	T2	数据库
杨一	T2	数据库
杨一	T3	数据结构
杨一	T4	离散数学

(1)数据冗余。虽然每个教师只讲授一门课程,但每个选修该教师该门课程的学生元组都要记录这一信息。

(2)插入异常。某门课程本学期不开设,自然就没有学生选修。因为主属性不能为空,讲授该门课程的教师信息就无法插入。同样的原因,如果学生刚入校,尚未选课,其他有关信息也不能输入。

(3)删除异常。如果选修某门课程的学生全部毕业,删除学生记录的同时,把开设该门课程的教师信息也删除了。

(4)更新异常。当某个教师开设的某门课程改名后,所有选修该教师该门课程的学生元组都要进行修改,如果漏改某个数据,则破坏了数据的完整性。

出现上述问题的原因在于主属性部分依赖于码,即(S,T)$\xrightarrow{P}$C,因此关系模式还应继续分解,转换成更高一级的范式 BCNF,以消除数据库操作中的异常现象。

将 STC 分解为两个关系模式 ST(S,T),TC(T,C),消除上述部分函数依赖,这样 ST∈BCNF,TC∈BCNF。

3NF 和 BCNF 是在函数依赖的条件下对模式分解所能达到的分离程度的测度。一个模式中的关系模式如果都属于 BCNF,那么在函数依赖范畴,它已实现了彻底分离,已消除了插入和删除异常。3NF的"不彻底"性表现在可能存在主属性对码的部分依赖和传递依赖。

前面所介绍的规范化都是建立在函数依赖的基础上的,函数依赖表示的是关系模式中属性间的一对一或一对多联系,但它并不能表示属性间的多对多联系。那么属于BCNF的关系模式是否就很完美了呢?下面来看一个例子。

【例3.11】 假设学校中一门课程可以由多名教师讲授,教学中他们使用相同的一套参考书,每个教师可以讲授多门课程,每种参考书可以供多门课程使用。这样我们可以用如表3.4所示的非规范化的关系来表示教师T、课程C和参考书B之间的关系。

表3.4 非规范化关系CTB

课程C	教师T	参考书B
物理	李刚 王军	普通物理学 光学原理 物理习题集
数学	李刚 张平	数学分析 微分方程 高等代数
计算数学	张平 周峰	数学分析 … …

如果把表3.4的关系转换成规范化的关系,如表3.5所示。可以看出,规范化后的关系模式CTB的码是(C,T,B),即全码,因而CTB∈BCNF。

表3.5 规范化关系CTB

课程C	教师T	参考书B
物理	李刚	普通物理学
物理	李刚	光学原理
物理	李刚	物理习题集
物理	王军	普通物理学
物理	王军	光学原理
物理	王军	物理习题集
数学	李刚	数学分析
数学	李刚	微分方程
数学	李刚	高等代数
数学	张平	数学分析
数学	张平	微分方程
数学	张平	高等代数
…	…	…

但是进一步分析可以看出CTB还存在如下弊端。

(1)数据冗余大。课程、教师和参考书都被多次存储。

(2)插入异常。例如,当某一课程(如物理)增加一名讲课教师(如周英)时,必须插入多个(这里是 3 个)元组:(物理,周英,普通物理学)、(物理,周英,光学原理)、(物理,周英,物理习题集)。

(3)删除异常。若某一门课(如数学)要去掉一本参考书(如微分方程),则必须删除多个(这里是两个)元组:(数学,李刚,微分方程)和(数学,张平,微分方程)。

(4)更新异常。若要更改参考书的名字,有几个授课教师,就得更新几次。

产生以上弊端的原因主要有以下两方面。

(1)对于关系 CTB 中 C 的一个具体值来说,有多个 T 值与其相对应;同样,C 与 B 间也存在着类似的联系。

(2)对于关系 CTB 中的一个确定的 C 值,它所对应的一组 T 值与 B 值无关。

仔细考察这类关系模式,发现它具有一种称为多值依赖(multi-valued dependency, MVD)的数据依赖。

多值依赖是指两个属性或属性集相互独立。这种情况是函数依赖概念的广义形式,意味着每个函数依赖都包含一个相应的多值依赖。然而,涉及属性集独立性的某些情况不能解释为函数依赖。本节将寻找产生多值依赖的原因,介绍如何把多值依赖用于数据库模式设计。

首先来看多值依赖的定义。

定义 3.10　设有关系模式 R(U),U 是属性全集。X、Y 和 Z 是 U 的子集,并且 Z＝U−X−Y,如果对于 R 的任一关系 r,对于 X 的一个确定值,存在 Y 的一组值与之对应,且 Y 的这组值仅仅决定于 X 的值而与 Z 值无关,此时称 Y 多值依赖于 X,或 X 多值决定 Y,记为 X→→Y。

在多值依赖中,若 X→→Y,而 Z＝U−X−Y＝φ,即 Z 为空,则称 X→→Y 为平凡的多值依赖,否则称为非平凡的多值依赖。

例如,在关系模式 CTB 中,对于一个(物理,光学原理)有一组 T 值(李刚,王军),这组值仅仅决定于课程 C 上的值(物理)。也就是说,对于另一个(物理,普通物理学)它对应的一组 T 值仍是(李刚,王军),尽管这时参考书 B 的值已经改变了。因此 T 多值依赖于 C,即 C→→T。

下面再举一个具有多值依赖的关系模式的例子。

【例 3.12】　关系模式 WSC(W,S,C)中,W 表示仓库,S 表示保管员,C 表示商品。假设每个仓库有若干保管员,有若干种商品。每个保管员保管所在的仓库的所有商品,每种商品被所有保管员保管。列出关系如表 3.6 所示。

表 3.6　关系模式 WSC

W	S	C
W_1	S_1	C_1
W_1	S_1	C_2
W_1	S_1	C_3
W_1	S_2	C_1

续表

W	S	C
W_1	S_2	C_2
W_1	S_2	C_3
W_2	S_3	C_4
W_2	S_3	C_5
W_2	S_4	C_4
W_2	S_4	C_5

按照语义对于 W 的每一个值 W_i，S 有一个完整的集合与之对应而不问 C 取何值。如果用图 3.7 来表示这种对应，则对应 W 的某一个值 W_i 的全部 S 值记为 $\{S\}_{W_i}$（表示在此仓库工作的全部保管员），全部 C 值记为 $\{C\}_{W_i}$（表示在此仓库中存放的所有商品）。应当有 $\{S\}_{W_i}$ 中的每一个值和 $\{C\}_{W_i}$ 中的每一个 C 值对应。于是 $\{S\}_{W_i}$ 与 $\{C\}_{W_i}$ 之间正好形成一个完全二分图，因而 $W \rightarrow\rightarrow S$。

由于 C 与 S 的完全对称性，必然有 $W \rightarrow\rightarrow C$ 成立。

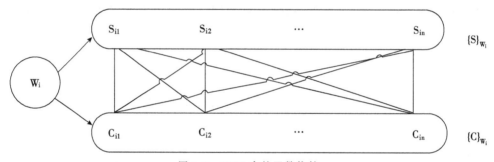

图 3.7　WSC 中的函数依赖

1. 多值依赖与函数依赖的区别

(1)在关系模式 R 中，函数依赖 $X \rightarrow Y$ 的有效性仅仅决定于 X 和 Y 这两个属性集，不涉及第三个属性集；而在多值依赖中，$X \rightarrow\rightarrow Y$ 在属性集 $U(U=X+Y+Z)$ 上是否成立，不仅要检查属性集 X、Y 上的值，还要检查属性集 U 的其余属性 Z 上的值。因此，$X \rightarrow\rightarrow Y$ 在属性集 $W(W \subset U)$ 上成立，但在属性集 U 上不一定成立，所以多值依赖的有效性与属性集的范围有关。

一般地，如果在 R(U) 上有 $X \rightarrow\rightarrow Y$ 在 $W(W \subset U)$ 上成立，则称 $X \rightarrow\rightarrow Y$ 为 R(U) 的嵌入型多值依赖。

(2)如果在关系模式 R 上存在函数依赖 $X \rightarrow Y$，则对于任何 $Y' \subset Y$ 均有 $X \rightarrow Y'$ 成立，而多值依赖 $X \rightarrow\rightarrow Y$ 在 R 上成立，却不能断言对于任何 $Y' \subset Y$ 有 $X \rightarrow\rightarrow Y'$ 成立。

2. 多值依赖的性质

(1)多值依赖具有对称性。即若 $X \rightarrow\rightarrow Y$，则 $X \rightarrow\rightarrow Z$，其中 $Z=U-X-Y$。

从例 3.12 容易看出，因为每个保管员保管所有商品，同时每种商品被所有保管员保管，显然若 $W \rightarrow\rightarrow S$，必然有 $W \rightarrow\rightarrow C$。

(2)多值依赖具有传递性。即若 $X \rightarrow\rightarrow Y$，$Y \rightarrow\rightarrow Z$，则 $X \rightarrow\rightarrow Z-Y$。

（3）函数依赖可以看作多值依赖的特殊情况。即若 X→Y,则 X→→Y。

（4）多值依赖的合并性。即若 X→→Y,X→→Z,则 X→→YZ。

（5）多值依赖的分解性。即若 X→→Y,X→→Z,则 X→→Y∩Z,X→→Y−Z,X→→Z−Y。这说明,如果两个相交的属性子集均多值依赖于另一个属性子集,则这两个属性子集因相交而分割成的三部分也都多值依赖于该属性子集。

3.3.5　第四范式

3.3.4 节已经分析了关系模式 CTB 虽然属于 BC 范式,但还存在着数据冗余、插入异常和删除异常的弊端,究其原因是 CTB 中存在非平凡的多值依赖,而决定因素 C 并不是码。因而必须将 CTB 继续分解,如果分解成两个关系模式 CT(C,T) 和 CB(C,B),则它们的冗余度会明显下降。从多值依赖的定义分析 CT 和 CB,它们的属性间各有一个平凡的多值依赖。因此,在含有多值依赖的关系模式中,减少数据冗余和操作异常的常用方法是将关系模式分解为仅有平凡的多值依赖的关系模式。

定义 3.11　关系模式 R<U,F>∈1NF,如果对于 R 的每个非平凡多值依赖 X→→Y(Y⊄X),X 都含有候选码,则称 R 属于第四范式,记为 R<U,F>∈4NF。

4NF 就是限制关系模式的属性之间不允许有非平凡且非函数依赖的多值依赖。因为根据定义,对于每一个非平凡的多值依赖 X→→Y,X 都含有候选码,于是有 X→Y,所以 4NF 所允许的非平凡多值依赖实际上就是函数依赖。

在前面讨论的关系模式 CTB 中,分解后产生 CT(C,T) 和 CB(C,B),因为 C→→T,C→→B,它们都是平凡多值依赖,因此 CT、CB 都是 4NF。

一个关系模式如果已达到了 BCNF 但不是 4NF,这样的关系模式仍然具有不好的性质。以 WSC 为例,WSC∉4NF,但是 WSC∈BCNF。对于 WSC 的某个关系,若某一仓库 W_i 有 n 个保管员,存放 m 件物品,则关系中分量为 W_i 的元组数目一定有 m・n 个。每个保管员重复存储 m 次,每种物品重复存储 n 次,数据的冗余度太大,因此应该继续规范化使关系模式 WSC 达到 4NF。

把一个关系模式分解为 4NF 的方法与分解为 BCNF 的方法类似,这里可以用投影分解的方法把 WSC 分解为 WS(W,S),WC(W,C)。在 WS 中虽然有 W→→S,但这是平凡的多值依赖。WS 中已不存在非平凡的非函数依赖的多值依赖。所以 WS∈4NF,同理 WC∈4NF。

经过上面的分析可知,一个 BCNF 的关系模式不一定是 4NF,而如果一个关系模式是 4NF,则它必为 BCNF。

函数依赖和多值依赖是两种最重要的数据依赖。如果只考虑函数依赖,则属于 BCNF 的关系模式规范化程度已经是最高的了。如果考虑多值依赖,则属于 4NF 的关系模式规范化程度是最高的。事实上,数据依赖中除函数依赖和多值依赖之外,还有其他数据依赖。函数依赖是多值依赖的一种特殊情况,而多值依赖实际上又是连接依赖的一种特殊情况。但连接依赖不像函数依赖和多值依赖可由语义直接导出,而是在关系进行连接运算时才反映出来。存在连接依赖的关系模式仍可能遇到数据冗余及插入、修改、删除异常等问题。如果消除了属于 4NF 的关系模式中存在的连接依赖,则可以进一步达到 5NF 的关系模式。

3.4　规范化小结

到目前为止,规范化理论已经提出了六类范式。一个低一级范式的关系模式通过模式分解转化为若干个高一级范式的关系模式的集合,这个分解过程称为关系模式的规范化。

1. 规范化的目的

在关系数据库中,对关系模式的基本要求是满足第一范式。这样的关系模式就是合法的、允许的。但是人们发现有些关系模式存在插入和删除异常、修改复杂、数据冗余等问题。人们寻求解决这些问题的方法,这就是规范化的目的。

2. 关系模式规范化的原则

一个关系只要其分量都是可分的数据项,就可以称它为规范化的关系,但这只是最基本的规范化。规范化的目的就是使结构合理,消除存储异常,使数据冗余尽量小,便于插入、删除和更新。

规范化的基本思想是逐步消除数据依赖中不合理的部分,使模式中的各关系模式达到某种程度的"分离",即"一事一地"的模式设计原则。让一个关系只描述一个实体或者实体间的联系。若多于一个实体,就把它"分离"出来。因此,所谓规范化,实质上是概念的单一化。

3. 关系模式规范化的步骤

人们从认识非主属性的部分函数依赖的危害开始,2NF、3NF、BCNF、4NF 的提出是这个认识过程逐步深化的标志。具体可以分为以下几步。

(1)对 1NF 关系进行投影,消除原关系中非主属性对码的部分函数依赖,将 1NF 关系转换成若干个 2NF 关系。

(2)对 2NF 关系进行投影,消除原关系中非主属性对码的传递函数依赖,将 2NF 关系转换成若干个 3NF 关系。

(3)对 3NF 关系进行投影,消除原关系中主属性对码的部分函数依赖和传递函数依赖,得到一组 BCNF 关系。

(4)对 BCNF 关系进行投影,消除原关系中的非平凡且非函数依赖的多值依赖,得到一组 4NF 关系。

图 3.8 可以概括这个过程。

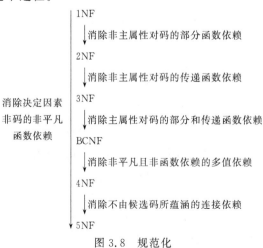

图 3.8　规范化

关系模式的规范化过程是通过对关系模式的分解来实现的,把低一级的关系模式分解为若干个高一级的关系模式。但分解不是唯一的,在分解时要全面衡量,综合考虑,视实际情况而定。对于那些只要求查询而不要求插入、删除等操作的系统,几种异常现象的存在并不影响数据库的操作。这时便不宜过度分解,否则当对系统进行整体查询时,需要更多的多表连接操作,这有可能得不偿失。在实际应用中,通常分解到 3NF 就足够了。

下面将进一步讨论分解后的关系模式与原关系模式"等价"的问题以及分解的算法。

3.5　模式的分解

3.5.1　模式分解中的一些问题

所谓模式分解是指根据规范化理论将一个结构复杂的关系分解为几个结构简单的关系的过程。

在对一个关系模式进行分解时要非常小心,不然会引起更多的问题。在分解过程中,要考虑以下两个问题。

(1)是否需要分解一个关系?

(2)给定一个关系的分解,它会导致什么问题?

针对第一个问题,人们已经提出了几种范式。如果一个关系模式满足某种范式,那么在分解过程中,一些特定的问题就不会出现。使用范式来考察给定的关系,有助于决定是否应该进行进一步分解。如果决定进一步分解,就必须选择一种特定的分解,也就是用特定的更小的关系集合来代替给定的关系。

通过对第二个问题的考虑,我们发现模式分解有两个很有趣的性质。第一个性质是无损连接性(不增减信息),它能够通过连接分解所得到的较小关系来恢复被分解关系的所有实例。第二个性质是保持函数依赖性(不破坏属性间存在的依赖关系),它能将被分解关系上的所有依赖在这些较小的关系上得以保留。也就是说,不需要将这些关系进行连接,以检测是否违反了原关系的约束。

分解的一个最大的缺点在于,对于原关系的查询可能需要对分解所得到的关系进行连接。如果经常发生这样的查询,那么分解所导致的性能上的损失可能很大,这是我们不可接受的。在这种情况下,我们可能会选择保留一定的冗余而不进行分解。要特别注意这种冗余所产生的潜在问题,并设法避免。如果多数查询和更新都只涉及分解后的关系中的一个,则关系分解可以提高性能,因为分解后的关系比原来的关系小。

3.5.2　模式分解的要求

关系模式的规范化过程是通过对关系模式的投影分解来实现的,但是投影分解方法不是唯一的,不同的投影分解会得到不同的结果。在这些分解方法中,只有能够保证分解后的关系模式与原关系模式等价的方法才是有意义的,下面先给出几个定义。

定义 3.12　投影:关系模式 $R<U,F>$ 的一个分解是指 $\rho=\{R_1<U_1,F_1>,R_2<U_2,$

$F_2>,\cdots,R_n<U_n,F_n>$,其中,$U=\overset{n}{\underset{i=1}{\cup}}U_i$,并且没有 $U_i\subseteq U_j$,$1\leqslant i,j\leqslant n$,$F_i$ 是 F 在 U_i 上的投影。

定义 3.13 无损连接性(lossless join):设关系模式 R<U,F>被分解为若干个关系模式 $R_1<U_1,F_1>,R_2<U_2,F_2>,\cdots,R_n<U_n,F_n>$,其中,$U=U_1\cup U_2\cup\cdots\cup U_n$,并且没有 $U_i\subseteq U_j$,F_i 为 F 在 U_i 上的投影,如果 R 与 $R_1,R_2,\cdots,R_n$ 自然连接的结果相等,则称关系模式 R 的分解具有无损连接性。

定义 3.14 函数依赖保持性(preserve functional dependency):设关系模式 R<U,F>被分解为若干个关系模式 $R_1<U_1,F_1>,R_2<U_2,F_2>,\cdots,R_n<U_n,F_n>$,其中,$U=U_1\cup U_2\cup\cdots\cup U_n$,并且没有 $U_i\subseteq U_j$,F_i 为 F 在 U_i 上的投影,如果 F 所蕴涵的函数依赖一定也由分解得到的某个关系模式中的函数依赖 F_i 所蕴涵,则称关系模式 R 的分解具有函数依赖保持性。

判断对关系模式的一个分解是否与原关系模式等价有三个不同的标准。

(1)分解具有无损连接性。

(2)分解要保持函数依赖。

(3)分解既要保持函数依赖,又要具有无损连接性。

这 3 个定义是实行分解的 3 条不同的准则。按照不同的分解准则,模式所能达到的分离程度各不相同,各种范式就是对分离程度的测度。

一个关系分解为多个关系,相应地,原来存储在一张二维表内的数据就要分散存储到多张二维表中,要使这个分解有意义,起码的要求是后者不能丢失前者的信息。

【**例 3.13**】 已知关系模式 R<U,F>,其中 U＝{Sno,Sdept,Mname},F＝{Sno→Sdept,Sdept→Mname}。R<U,F>的元组语义是学生 Sno 正在 Sdept 系学习,其系主任是 Mname。并且一个学生(Sno)只在一个系学习,一个系只有一名系主任。R 的一个关系如表 3.7 所示。

由于 R 中存在传递函数依赖 Sno→Mname,它会发生更新异常。例如,如果 S4 毕业,则 D3 系的系主任是王一的信息也就丢掉了。反过来,如果一个系 D5 尚无在校学生,那么这个系的系主任是赵某的信息也无法存入。于是进行了如下分解:

$$\rho_1=\{R_1<Sno,\phi>,R_2<Sdept,\phi>,R_3<Mname,\phi>\}$$

表 3.7　R 的一个关系

Sno	Sdept	Mname
S1	D1	张五
S2	D1	张五
S3	D2	李四
S4	D3	王一

分解后各个 R_i 的关系 r_i 是 R 在 U_i 上的投影,即 $r_i=R[U_i]$,且 $r_1=\{S1,S2,S3,S4\}$,$r_2=\{D1,D2,D3\}$,$r_3=\{$张五,李四,王一$\}$。

对于分解后的数据库,要回答"S1 在哪个系学习"也不可能了,这样的分解是无意义的。

　　我们希望分解后的数据库能够恢复到原来的情况,即能达到不丢失信息的要求。R_1 向 R 的恢复是通过自然连接来实现的,这就产生了无损连接性的概念。显然,本例的分解所产生的诸关系自然连接的结果实际上是它们的笛卡儿积,在元组增加的同时信息丢失了。

　　于是对 R 进行另一种分解:

　　$\rho_2 = \{R_1 < \{Sno, Sdept\}, \{Sno \rightarrow Sdept\} >, R_2 < \{Sno, Mname\}, \{Sno \rightarrow Mname\} > \}$

　　在接下来的学习中我们可以证明 ρ_2 对 R 的分解是可恢复的,但是前面提到的插入和删除异常问题仍然没有解决,原因在于原来在 R 中存在的函数依赖 Sdept$\rightarrow$Mname,现在在 R_1 和 R_2 中都不再存在了。因此,人们又要求分解具有保持函数依赖的特性。

　　最后对 R 进行了以下分解:

　　$\rho_3 = \{R_1 < \{Sno, Sdept\}, \{Sno \rightarrow Sdept\} >, R_2 < \{Sdept, Mname\}, \{Sdept \rightarrow Mname\} > \}$

　　可以证明分解 ρ_3 既具有无损连接性,又保持函数依赖。它解决了更新异常问题,又没有丢失原数据库的信息,这是所希望的分解。

3.5.3　模式分解的理论基础

　　模式分解的理论涉及逻辑蕴涵、Armstrong 公理体系、闭包的计算、函数依赖集的等价和覆盖、函数依赖集的最小化等,下面分别加以说明。

1. 函数依赖的逻辑蕴涵

定义 3.15　对于满足一组函数依赖 F 的关系模式 R<U,F>,对于其任何一个关系 r,若函数依赖 X$\rightarrow$Y 都成立,(对于 r 中任意两个元组 t、s,若 t[X]=s[X],则 t[Y]=s[Y]),则称 F 逻辑蕴涵 X$\rightarrow$Y。

2. Armstrong 公理体系

　　Armstrong 公理体系是用来推导函数依赖 F 是否逻辑蕴涵 X$\rightarrow$Y 的。它包括 Armstrong 公理系统、Armstrong 公理的推理规则、Armstrong 公理系统的有效性和完备性,具体说明如下。

　　1)Armstrong 公理系统(Armstrong's axiom)

　　设 U 为属性集总体,F 是 U 上的一组函数依赖,于是有关系模式 R<U,F>。对 R<U,F>来说有以下规则成立。

　　自反律(reflexivity rule):若 $Y \subseteq X \subseteq U$,则 X$\rightarrow$Y 为 F 所蕴涵。

　　增广律(augmentation rule):若 X$\rightarrow$Y 为 F 所蕴涵,且 $Z \subseteq U$,则 $X \cup Z \rightarrow Y \cup Z$ 为 F 所蕴涵。

　　传递律(transitivity rule):若 X$\rightarrow$Y 及 Y$\rightarrow$Z 为 F 所蕴涵,则 X$\rightarrow$Z 为 F 所蕴涵。

　　定理 3.1　Armstrong 推理规则是正确的。

　　下面从定义出发证明推理规则的正确性。

　　证明:(1)设 $Y \subseteq X \subseteq U$。

　　对 R<U,F>的任一关系 r 中的任意两个元组 t 和 s:若 t[X]=s[X],由于 $Y \subseteq X$,有 t[Y]=s[Y],所以 X$\rightarrow$Y 成立,自反律得证。

　　(2)设 X$\rightarrow$Y 为 F 所蕴涵,且 $Z \subseteq U$。

　　设 R<U,F>的任一关系 r 中的任意两个元组 t 和 s:若 $t[X \cup Z] = s[X \cup Z]$,则有

t[X]＝s[X]和 t[Z]＝s[Z]；由 X→Y,于是有 t[Y]＝s[Y],所以 t[Y∪Z]＝s[Y∪Z],所以 X∪Z→Y∪Z 为 F 所蕴涵,增广律得证。

(3)设 X→Y 及 Y→Z 为 F 所蕴涵。

对 R<U,F>的任一关系 r 中的任意两个元组 t 和 s:若 t[X]＝s[X],由于 X→Y,有 t[Y]＝s[Y];再由 Y→Z,有 t[Z]＝s[Z],所以 X→Z 为 F 所蕴涵,传递律得证。

2)Armstrong 公理的推理规则

根据自反律、增广律和传递律这三条规则可以得到下面三条推理规则。

(1)合并规则(union rule):由 X→Y,X→Z,有 X→Y∪Z。

已知 X→Z,由增广律知 X∪Y→Y∪Z,因为 X→Y,可得 X∪X→X∪Y→Y∪Z,根据传递律得 X→Y∪Z。

(2)伪传递规则(pseudo transitivity rule):由 X→Y,W∪Y→Z,有 X∪W→Z。

已知 X→Y,根据增广律得 X∪W→W∪Y,因为 W∪Y→Z,所以 X∪W→W∪Y→Z,通过传递律可知 X∪W→Z。

(3)分解规则(union rule):由 X→Y 及 Z⊆Y,有 X→Z。

已知 Z⊆Y,根据自反律知 Y→Z,因为 X→Y,所以由传递律可得 X→Z。

根据合并规则和分解规则,很容易得到这样一个重要事实。

引理 3.1 X→$A_1 A_2 \cdots A_k$ 成立的充分必要条件是 X→A_i(i＝1,2,…,k)成立。

3)Armstrong 公理系统的有效性和完备性

人们把自反律、传递律和增广律称为 Armstrong 公理系统。Armstrong 公理系统是有效的、完备的。Armstrong 公理的有效性指的是:由 F 出发根据 Armstrong 公理推导出来的每一个函数依赖一定在 F^+ 中(F^+ 是 F 所逻辑蕴涵的函数依赖的全体,即 F 的闭包);完备性指的是 F^+ 中的每一个函数依赖,必定可以由 F 出发根据 Armstrong 公理推导出来。

3. 属性集的闭包

要证明完备性,首先要解决如何判定一个函数依赖是否属于由 F 根据 Armstrong 公理推导出来的函数依赖的集合,为此引入了闭包的概念。

1)闭包的定义

定义 3.16 设 F 为属性集 U 上的一组函数依赖,X⊆U,X_F^+＝{A|X→A 能由 F 根据 Armstrong 公理导出},X_F^+ 称为属性集 X 关于函数依赖集 F 的闭包。

2)闭包的计算

算法 3.1 求属性集 X(X⊆U)关于 U 上的函数依赖集 F 的闭包 X_F^+。

输入:X、F。

输出:X_F^+。

算法步骤如下。

(1)令 $X^{(0)}$＝X,i＝0。

(2)求 B,这里 B＝{A|(∃V)(∃W)(V→W∈F∧V⊆$X^{(i)}$∧A∈W)}。

(3)$X^{(i+1)}$＝B∪$X^{(i)}$。

(4)判断 $X^{(i+1)}$＝$x^{(i)}$ 是否成立。

(5)若相等或 $X^{(i)}$＝U,则 $X^{(i)}$ 就是 X_F^+,算法终止。

(6)否则 i＝i＋1,返回第(2)步。

【例 3.14】 已知关系模式 R<U,F>,其中 U＝{A,B,C,D,E};F＝{AB→C,B→D, C→E,EC→B,AC→B}。求(AB)$_F^+$。

解:由算法 3.1,设 X$^{(0)}$＝AB;计算 X$^{(1)}$;逐一扫描 F 集合中各个函数依赖,找出左部为 A、B 或 AB 的函数依赖。得到 AB→C,B→D。于是 X$^{(1)}$＝AB∪CD＝ABCD。

因为 X$^{(0)}$≠X$^{(1)}$,所以再找出左部为 ABCD 子集的函数依赖,又得到 C→E,AC→B,于是 X$^{(2)}$＝X$^{(1)}$∪BE＝ABCDE。

因为 X$^{(2)}$ 已等于全部属性集合,所以(AB)$_F^+$＝ABCDE。

【例 3.15】 已知关系模式 R<U,F>,其中 U＝{A,B,C,G,H,I};F＝{A→B,A→C, CG→H,CG→I,B→H},计算(AG)$_F^+$。

解:由算法 3.1,设 X$^{(0)}$＝AG,则

$$X^{(1)}＝X^{(0)}∪B＝AGB;(A→B)$$
$$X^{(2)}＝X^{(1)}∪C＝AGBC;(A→C)$$
$$X^{(3)}＝X^{(2)}∪H＝AGBCH;(B→H)$$
$$X^{(4)}＝X^{(3)}∪I＝AGBCHI;(CG→I)$$

所以(AG)$_F^+$＝AGBCHI。

由引理 3.1 可以得出引理 3.2,具体内容如下。

引理 3.2 设 F 为属性集 U 上的一组函数依赖,X,Y⊆U,X→Y 能由 F 根据 Armstrong 公理导出的充分必要条件是 Y⊆X$_F^+$。

这样,判定 X→Y 是否能由 F 根据 Armstrong 公理导出的问题就转化为求出 X$_F^+$,判定 Y 是否为 X$_F^+$ 的子集的问题。而 X$_F^+$ 可以由算法 3.1 求得。

【例 3.16】 已知关系模式 R<U,F>,其中 U＝{A,B,C,D,E};F＝{AB→C,B→D, C→E,EC→B,AC→B}。判定 AB→DE 能否由 Armstrong 公理导出。

解:判定 AB→DE 能否由 Armstrong 公理导出,可以转化为先求出(AB)$_F^+$,然后判定 DE 是否为(AB)$_F^+$ 的子集。在例 3.14 中我们已经求得(AB)$_F^+$＝ABCDE,DE⊆ABCDE,所以 AB→DE 可以由 Armstrong 公理导出。

定理 3.2 Armstrong 公理系统是有效的、完备的。

Armstrong 公理系统的有效性可由定理 3.1 得到证明,这里给出完备性的证明。

证明完备性的逆否命题,即若函数依赖 X→Y 不能由 F 从 Armstrong 公理导出,那么它必然不为 F 所蕴涵,它的证明分为三步。

(1)若 V→W 成立,且 V⊆X$_F^+$,则 W⊆X$_F^+$。

证明:因为 V⊆X$_F^+$,所以有 X→V 成立;于是 X→W 成立(因为 X→V,V→W),所以 W⊆X$_F^+$。

(2)构造一张二维表 r,它由下列两个元组构成,可以证明 r 必是 R(U,F)的一个关系,即 F 中的全部函数依赖在 r 上成立。

X_F^+	$U-X_F^+$
11…1	00…0
11…1	11…1

若 r 不是 R<U,F>的关系,则必由 F 中有某一个函数依赖 V→W 在 r 上不成立所致。由 r 的构成可知,V 必定是 X_F^+ 的子集,而 W 不是 X_F^+ 的子集,可是由第(1)步知,W⊆ X_F^+,矛盾。所以 R 必是 R<U,F>的一个关系。

(3)若 X→Y 不能由 F 从 Armstrong 公理导出,则 Y 不是 X_F^+ 的子集,因此必有 Y 的子集 Y'满足 Y'⊆U− X_F^+,则 X→Y 在 r 中不成立,即 X→Y 必不为 R<U,F>蕴涵。

Armstrong 公理的完备性及有效性说明了"导出"与"蕴涵"是两个完全等价的概念,于是 F^+ 也可以说成是由 F 出发借助 Armstrong 公理导出的函数依赖的集合。

4. 函数依赖的等价和覆盖

定义 3.16 若 $G^+=F^+$,则称函数依赖集 F 覆盖 G(F 是 G 的覆盖,或 G 是 F 的覆盖),即 F 与 G 等价。

引理 3.3 $F^+=G^+$ 的充分必要条件是 F⊆ G^+ 和 G⊆ F^+。

证明:必要性显然,只证充分性。

(1)若 F⊆ G^+,则 $X_F^+ ⊆ X_G^+$。

(2)任取 X→Y∈ F^+,则有 Y⊆ $X_F^+ ⊆ X_G^+$。

所以 X→Y∈ $(G^+)^+=G^+$,即 $F^+⊆G^+$。

(3)同理可证 $G^+⊆F^+$,所以 $F^+=G^+$。

而要判定 F⊆ G^+,只需逐一对 F 中的函数依赖 X→Y,考察 Y 是否属于 X_G^+ 即可。因此,引理 3.3 给出了判断两个函数依赖集等价的可行算法。

5. 最小函数依赖集(最小覆盖)

定义 3.17 如果函数依赖集 F 满足下列条件,则称 F 为一个极小函数依赖集,又称为最小依赖集或最小覆盖。

单属性化:F 中任一函数依赖的右部仅含有一个属性。

无冗余化:F 中不存在这样的函数依赖 X→A,使得 F 与 F−{X→A}等价。

既约化:F 中不存在这样的函数依赖 X→A,在 X 有真子集 Z,使得 F−{X→A}∪{Z→A} 与 F 等价。

定理 3.3 每一个函数依赖集 F 均等价于一个极小函数依赖集 F_m,此 F_m 称为 F 的最小依赖集。

基于函数依赖集等价的理论,求函数依赖集 F 的最小依赖集 F_m 的算法如下。

算法 3.2 求函数依赖集 F 的最小依赖集 F_m。

输入:函数依赖集 F。

输出:最小函数依赖集 F_m。

算法步骤如下。

(1)单属性化:逐一检查 F 中各函数依赖 FD_i:X→Y,若 $Y=A_1 A_2 \cdots A_k$,k>2,则用 X→ A_j 来取代 Y。

(2)无冗余化:逐一检查 F 中各函数依赖 FD_i:X→A,令 G=F−{X→A},若 A∈ X_G^+,则从 F 中去掉此函数依赖(因为 F 与 G 等价的充要条件是 A∈ X_G^+)。

(3)集约化:逐一检查 F 中各函数依赖 FD_i:X→A,设 $X=B_1 B_2 \cdots B_m$,逐一考查 B_i(i=1,

$2,\cdots,m$），若 $A\in(X-B_i)_F^+$，则以 $X-B_i$ 取代 X（因为 F 与 $F-\{X\to A\}\cup\{Z\to A\}$ 等价的充要条件是 $A\in Z_F^+$，其中 $Z=X-B$）。

（4）最后剩下的 F 就一定是极小依赖集，并且与原来的 F 等价。

【例 3.17】　$F=\{A\to B,B\to A,A\to C,B\to C\}$，求 F_m。

解：根据算法 3.2，具体求解步骤如下。

单属性化：所有函数依赖中的 Y 已经是单属性的。

无冗余化：检查 $A\to B$，$G=F-\{A\to B\}=\{B\to A,A\to C,B\to C\}$，$A_G^+=\{A,C\}$，$B\notin\{A,C\}$；

　　　　　　检查 $A\to C$，$G=F-\{A\to C\}=\{A\to B,B\to A,B\to C\}$，$A_G^+=\{A,B,C\}$，$C\in\{A,B,C\}$；

　　　　　　从 F 中删除 $A\to C$。

集约化：所有函数依赖中的 X 是单属性的，该步骤可略。

故有 $F_m=\{A\to B,B\to A,B\to C\}$ 或者 $F_m=\{A\to B,B\to A,A\to C\}$。

应当指出，F 的最小依赖集 F_m 不一定是唯一的，它与对各函数依赖、FD_i 及 $X\to A$ 中 X 各属性的处置顺序有关。

【例 3.18】　$F=\{A\to B,B\to A,B\to C,A\to C,C\to A\}$

　　　　　　$F_{m1}=\{A\to B,B\to C,C\to A\}$

　　　　　　$F_{m2}=\{A\to B,B\to A,A\to C,C\to A\}$

这里给出了 F 的两个最小依赖集 F_{m1}、F_{m2}。

若改造后的 F 与原来的 F 相同，则说明 F 本身就是一个最小依赖集，因此定理 3.3 的证明给出的极小化过程也可以看成检验 F 是否为极小依赖集的一个算法。

两个关系模式 $R_1<U,F>$，$R_2<U,G>$，如果 F 与 G 等价，那么 R_1 的关系一定是 R_2 的关系。反过来，R_2 的关系也一定是 R_1 的关系。所以在 $R<U,F>$ 中用与 F 等价的依赖集 G 来取代 F 是允许的。

3.5.4　模式分解的方法

关系模式分解的基础是码和函数依赖。当我们对关系模式中属性之间的内在联系进行了深入、准确的分析，确定了码和函数依赖之后，模式分解应有章（规则）可循、有法（方法）可依而显得简单明了。

下面以模式分解的两个规则为基础，3 种方法为线索，具体讨论范式的逐步升级。

1. 公共属性共享

要把分解后的模式连接起来，公共属性是基础。若分解时模式之间未保留公共属性，则只能通过笛卡儿积相连，导致元组数量膨胀，真实信息丢失，结果失去价值。保留公共属性，进行自然连接是分解后的模式实现无损连接的必要条件。

若存在对码的部分依赖，则作为决定因素的码的真子集就应作为公共属性，用来把分别存在部分依赖（指在原来关系）和完全依赖的两个模式自然连接在一起。

若存在对码的传递依赖，那么传递链的中间属性就应作为公共属性，用来把构成传递链的两个基本链所组成的模式自然连接在一起。

2. 相关属性合一

把以函数依赖的形式联系在一起的相关属性放在一个模式中,从而使原有的函数依赖得以保持。这是分解后的模式实现保持依赖的充分条件。然而,对于存在部分依赖或传递依赖的相关属性则不应放在一个模式中,因为这正是导致数据冗余和更新异常的根源,从而也正是模式分解所要解决的问题。

如果关系模式中属性之间的联系错综复杂并交织在一起,难解难分,顾此失彼,也难免会出现分解后函数依赖丢失的现象,这时也只能权衡主次,决定取舍。

分解后的两个模式 R_1 和 R_2 能实现无损连接的充分必要条件如下:

$$(R_1 \cap R_2) \rightarrow (R_1 - R_2) \quad 或 \quad (R_1 \cap R_2) \rightarrow (R_2 - R_1)$$

上式表明:若分解后的两个模式的交集函数决定两个模式的差集之一,则必能实现无损连接。当我们按上述两个规则对模式进行分解时,两个模式的交集为公共属性,而两个模式的差集之一为某个函数依赖的右边,因此必然函数依赖于公共属性,从而满足无损连接的充分必要条件。

模式分解的 3 种方法如下。

方法 1：部分依赖归子集，完全依赖随码。

要使不属于 2NF 的关系模式"升级",就要消除非主属性对码的部分依赖。解决的办法就是对原有模式进行分解,分解的关键在于:找出对码部分依赖的非主属性所依赖的码的真子集,然后把这个真子集与所有相应的非主属性组合成一个新的模式;对码完全依赖的所有非主属性则与码组合成另一个新模式。

下面看另一种学生选课关系模式 SC(Sno,Sname,Ssex,Sage,Cno,Cname,Grade),其中七个属性分别为学生的学号、姓名、性别、年龄、课程号、课程名和成绩。假设学生有重名,而课程名也可能有重名,如几个老师同时给几个班上英语课,则用课程号相区别。键码为(Sno,Cno),函数依赖集如下:

$$Sno \rightarrow Sname, Ssex, Sage$$

$$Cno \rightarrow Cname$$

$$Sno, Cno \xrightarrow{F} Grade$$

$$Sno, Cno \xrightarrow{P} Sname, Ssex, Sage$$

$$Sno, Cno \xrightarrow{P} Cname$$

按照完全依赖和部分依赖的概念,可以看出 Grade 完全依赖于(Sno,Cno);Sname、Ssex、Sage 函数依赖于 Sno,而对于(Sno,Cno)只是部分依赖;同样,Cname 对于(Sno,Cno)也是部分依赖。

找出部分依赖及所依赖的真子集以后,对模式进行分解已是水到渠成。本例中有两个部分依赖和一个完全依赖,结果原来的模式一分为三:

$$SC_1(Sno, Sname, Ssex, Sage)$$

$$SC_2(Cno, Cname)$$

$$SC_3(Sno, Cno, Grade)$$

稍加分析就已明了:上面 3 个模式均属于 BCNF。实际上,在分解不太复杂的关系模式时,未必要"逐步升级",一步到位是常有的。

　　本例中的两个部分依赖分别对应码的两个真子集{Sno}和{Cno},真子集作为公共属性,可使 3 个模式实现自然连接。

　　方法 2:基本依赖为基础,中间属性作为桥梁。

　　要使不属于 3NF 的关系模式"升级",就要消除非主属性对码的传递依赖。解决的办法非常简单:以构成传递链的两个基本依赖为基础形成两个新的模式,这样既切断了传递链,又保持了两个基本依赖,同时有中间属性作为桥梁,跨接两个新的模式,从而实现无损的自然连接。

　　读者可能注意到,我们在前面遇到有关传递依赖的问题其实就是这样解决的,现在加以总结,思路会更加清晰。

　　在这里强调一点:上面介绍的解决部分依赖和传递依赖的模式分解方法均为既能无损连接,又能保持依赖的规范化方法。

　　方法 3:找违例自成一体,舍其右全集归一;若发现仍有违例,再回首如法炮制。

　　要使关系模式属于 BCNF,既要消除非主属性对码的部分依赖和传递依赖,又要消除主属性对码的部分依赖和传递依赖。

　　分解关系模式的基本方法就是:利用违背 BCNF 的函数依赖来指导分解过程。我们把违背 BCNF 的函数依赖称为 BCNF 的违例,简称违例。

　　既然关系模式 R 不属于 BCNF,就至少能找到一个违例。我们就以违例为基础,把该违例涉及的所有属性(包括该违例的决定因素以及可以加入该违例右边的所有属性)组合成一个新的模式;从属性全集中去掉违例的右边,也就是说,原来模式的属性全集与违例右边(包括可以加入该违例右边的所有属性)的差集组合成另一个新模式。

　　可以把关系模式分解成 BCNF 的方法归纳如下。

　　设关系模式为 R(A,B,C),其中 A、B、C 均为属性集,若存在违背 BCNF 的函数依赖 A→B,则可以以 BCNF 的违例为基础把关系模式分解为{A,B}{A,C}或{R−B}。

　　下面介绍如何利用 BCNF 的违例来分解关系模式 STC。在分析前面列出的函数依赖时,我们会发现如下函数依赖就是 BCNF 的违例:

$$Tname → Cname$$

　　由于决定因素 Tname 只函数决定 Cname 而无其他属性,所以该函数依赖(违例)右边并无属性可加。于是分解后的第 1 个关系模式就是:

$$\{Tname, Cname\}$$

　　另一个关系模式除含有 Tname 以外,还含有 Cname 以外的其他属性,也就是含有 Sname 和 Grade。于是得到分解后的第 2 个模式:

$$\{Tname, Sname, Grade\}$$

　　可以看出,这两个模式都属于 BCNF。当我们把两个关系以 Tname 为公共属性进行自然连接时,是否又会"白捡"一些元组?答案应该是否定的。

　　事实上,以 BCNF 的违例为基础进行模式分解,最终得到的属于 BCNF 的关系模式都能实现无损连接,但未必能保持函数依赖。

　　对于函数依赖关系较复杂的关系模式,分解一次后,可能仍有 BCNF 的违例,只要按上述方法继续分解,模式中的属性总是越分越少,最终少到只有两个属性,必然属于 BCNF。

如果用两个模式无损连接的充分必要条件来检验上述 3 种分解方法,就会注意到,这 3 种方法都保留了公共属性;都有一个模式所依据的函数依赖,其决定因素为公共属性,从而使充分必要条件得到满足。我们用上面的例子简单说明如下。

方法 1:

$$SC_1 \bigcap SC_3 = \{Sno\}$$
$$SC_1 - SC_3 = \{Sname, Ssex, Sage\}$$
$$Sno \rightarrow Sname, Ssex, Sage$$
$$SC_2 \bigcap SC_3 = \{Cno\}$$
$$SC_2 - SC_3 = \{Cname\}$$
$$Cno \rightarrow Cname$$

需要说明的是,原来分解时一步到位,直接分解成三个模式,而上述充分必要条件是对分解为两个模式的判断法则,此处按两两相连检验之。

方法 2:如{A→B,B→C},分解为{A,B}和{B,C},交集为 B,差集之一为 C,B→C 成立。

方法 3:分解为{Tname,Cname}和{Tname,Sname,Grade},交集为 Tname,差集之一为 Cname,Tname→Cname 成立。

通常,我们必须根据实际需要多次应用分解规则,直到所有的关系都属于 3NF 或 BCNF。

4NF 和 BCNF 都是以函数依赖为基础来衡量关系模式规范化的程度。

如果一个关系数据库中的所有关系模式都满足 3NF,则已在很大程度上消除了更新异常和信息冗余,但由于可能存在主属性对码的部分依赖和传递依赖,所以关系模式的分解仍不够彻底。

如果一个关系数据库中的所有关系模式都满足 BCNF,那么在函数依赖范畴内,它已实现了模式的彻底分解,达到了最高的规范化程度,消除了更新异常和信息冗余。

3.5.5　模式分解的算法

模式分解的基本要求是分解前后的关系模式必须等价,即分解必须具有无损连接性和函数依赖的保持性。因此,必须注意以下几个重要事实。

(1)若要求分解具有无损连接性,那么一定可达到 4NF。

(2)若要求分解保持函数依赖性,那么模式分离可以达到 3NF,但不一定能达到 BCNF。

(3)若要求分解既保持函数依赖,又具有无损连接性,那么分解可以达到 3NF,但不一定能达到 BCNF。

模式分解算法主要有三种:将关系模式转换为 3NF 的保持函数依赖的算法,将关系模式转换为 3NF 且既具有无损连接性又保持函数依赖的算法,以及将关系模式转换为 BCNF 的无损连接的算法。

1. 将关系模式转换为 3NF 的保持函数依赖的算法

1)分解的函数依赖的保持性

设 F 是关系模式 R<U,F>的函数依赖集,$\rho = \{R_1 < U_1, F_1 >, \cdots, R_k < U_k, F_k >\}$ 构成

R<U,F>的一个分解,且 $F_1,F_2,\cdots,F_k$ 分别是 $R_1<U_1,F_1>,R_2<U_2,F_2>,\cdots,R_k<U_k,F_k>$ 的函数依赖集。如果 $F_i=\pi_{R_i}(F)(i=1,2,\cdots,k)$ 的并集 $(F_1\cup F_2\cup\cdots\cup F_k)^+\equiv F^+$,则称分解 ρ 具有保持函数依赖的性质。

2)3NF 保持函数依赖分解算法

算法 3.3　3NF 保持函数依赖分解算法。

输入:关系模式 R<U,F>∈1NF,U 是属性集合,F 是函数依赖集,G 是 F 的最小函数依赖集。

输出:R<U,F>的保持函数依赖的分解 ρ,ρ 中每一个关系模式都满足 3NF。

算法步骤如下。

(1)对不出现在 F 中的任何一个函数依赖中的属性 A,构造一个关系模式R(A),并将 A 从关系模式 R<U,F>中消去。

(2)若 F 中有一个函数依赖 X→A,且 X∪A=U,则 ρ={R},即 R(U)不用分解,算法终止。

(3)否则对 F 中的每一个函数依赖 X→A,构造一个关系模式 R<X,A>。如果 X→A_1,X→A_2,$\cdots$,X→A_k 均属于 F,则构造一个关系模式 R(X,A_1,A_2,$\cdots$,A_n)。

【例 3.19】　将关系模式 R(课程 C,教师 T,时间 H,教室 R,学生 S,成绩 G)分解为一组保持函数依赖达到 3NF 的关系模式。函数依赖集 F 如下:

C→T:每门课程仅由一位教师教授

HT→R:在任一时间,一位教师只能在一个教室上课

HR→C:在任一时间,每个教室只能上一门课

HS→R:在任一时间,每个学生只能在一个教室听课

CS→G:每个学生学习一门课程只有一个成绩

解:根据算法 3.3 可知,输入 R<U,F>∈1NF,U=(C,T,H,R,S,G),最小函数依赖集 F={C→T,CS→G,HR→C,HS→R,HT→R}。具体步骤如下。

不存在不出现在任何一个函数依赖中的属性。

不存在 F 中有一个函数依赖 X→A,且 X∪A=U。

对 F 中的每一个函数依赖 X→A,构造一个关系模式 R<X,A>,这样 F 中共有 5 个函数依赖,所以该模式可以保持函数依赖地分解为如下一组 3NF 的关系模式:

$$\rho=\{CT,CGS,CHR,HRS,HRT\}$$

2. 关系模式转换为 3NF 且既具有无损连接性又保持函数依赖的算法

1)分解的无损连接性

定义 3.18　设 F 是关系模式 R<U,F>的函数依赖集,ρ={$R_1<U_1,F_1>$,$\cdots$,$R_k<U_k,F_k>$}是 R<U,F>的一个分解,且 $F_1,F_2,\cdots,F_k$ 分别是 $R_1<U_1,F_1>,R_2<U_2,F_2>,\cdots,R_k<U_k,F_k>$ 的函数依赖集。设 r 是 R 的一个关系实例,且有如下定义:

$$m_p(r)=\pi_{R_1}(r)\bowtie\pi_{R_2}(r)\bowtie\cdots\bowtie\pi_{R_k}(r)$$

如果对 R<U,F>的任何一个关系 r 均有 $r=m_p(r)$ 成立,则称分解 ρ 具有无损连接性,简称 ρ 为无损分解。

判断无损连接的方法:设 ρ={$R_1<U_1,F_1>$,$\cdots$,$R_k<U_k,F_k>$}是 R<U,F>的一个分

解,$U=\{A_1,\cdots,A_n\}$,$F=\{FD_1,FD_2,\cdots,FD_\rho\}$,不妨设 F 是一最小依赖集,记 FD_i 为 $X_i\rightarrow A_{l_i}$。

判定无损连接的算法如下。

(1)建立一张 n 列 k 行的表。每一列对应一个属性,每一行对应分解中的一个关系模式。若属性 $A_j\in U_i$,则在 j 列 i 行交叉处填上 a_j,否则填上 b_{ij}。

(2)对每一个 FD_i 做下列操作:找到 X_i 所对应的列中具有相同符号的那些行,考察这些行中 l_i 列的元素,若其中有 a_{li},则全部改为 a_{li},否则全部改为 b_{li};m 是这些行的行号最小值。

(3)如在某次更改之后,有一行为 $a_1,a_2,\cdots,a_n$,则算法终止。ρ 具有无损连接性,否则 ρ 不具有无损连接性。对 F 中 p 个 FD 逐一进行一次这样的处理,称为对 F 的一次扫描。

(4)比较扫描前后表有无变化。如有变化则返回第(2)步,否则算法终止。

定理 3.4 ρ 为无损连接分解的充分必要条件是,上述算法终止时,表中有一行为 $a_1,a_2,\cdots,a_n$。

2)3NF 具有无损连接性和保持函数依赖性的分解算法

算法 3.4 3NF 具有无损连接性和保持函数依赖性的分解算法。

输入:关系模式 R<U,F>,U 是属性集合,F 是函数依赖集。

输出:具有无损连接性和保持函数依赖性的分解 τ,τ 中每一个关系模式都满足 3NF。

算法步骤如下。

(1)调用算法 3.3 所示的 3NF 保持函数依赖分解算法,产生 R 的分解 $\rho=\{R_1<U_1,F_1>,\cdots,R_n<U_n,F_n>\}$。

(2)构造分解 $\tau=\{R_1<U_1,F_1>,\cdots,R_n<U_n,F_n>,R_k<U_k,F_k>\}$,其中 R_k 是由 R 的一个候选码 k 构成的关系。

(3)如果 $R_k\subseteq R_i(i=1,2,\cdots,n)$,则将 R_k 消去,得到 $\tau=(R_1,R_2,\cdots,R_n)$。

【例 3.20】 将例 3.19 的关系模式 R 分解为一组 3NF 的关系模式,要求分解同时具有无损连接性和保持函数依赖性。

解:根据算法 3.4,具体步骤如下。

根据算法 3.3 得到 $\rho=\{CT,CGS,CHR,HRS,HRT\}$,HS 是原模式的候选码,所以 $\tau=\{CT,CGS,CHR,HRS,HRT,HS\}$,又因为 HS 是 HRS 的一个子集,所以消去 HS,那么最后的分解{CT,CGS,CHR,HRS,HRT}就是具有无损连接性和保持函数依赖性的分解,其中所有模式都满足 3NF。

3. 将关系模式转换为 BCNF 的无损连接的算法

算法 3.5 具有无损连接性的 BCNF 分解算法。

输入:关系模式 R<U,F>,U 是属性集合,F 是函数依赖集。

输出:关系模式 R<U,F>的一个无损连接分解 ρ,ρ 中每一个关系模式都满足 BCNF。

算法步骤如下。

(1)设置初值,令 $\rho=\{R<U,F>\}$。

(2)检查 ρ 中各关系模式是否均属于 BCNF。若是,则算法终止,输出 ρ。

(3)在 ρ 中找不出属于 BCNF 的关系模式 S,那么必有 $X\rightarrow A\subseteq X_F^+$(A 不包含于 X),且 X 不是 S 的候选码。因此,XA 是 S 的真子集。将 S 分解为 $\{S_1,S_2\}$,其中 $S_1=XA$,$S_2=$

$(S-A)X$,以$\{S_1,S_2\}$代替 ρ 中的 S,返回第(2)步。

设有关系模式 $R<U,D>$,U 是属性总体集,D 是 U 上的一组数据依赖(函数依赖和多值依赖),对于包含函数依赖和多值依赖的数据依赖有一个有效且完备的公理系统。

(1)若 $Y\subseteq X\subseteq U$,则 $X\to Y$。

(2)若 $X\to Y$,且 $Z\subseteq U$,则 $XZ\to YZ$。

(3)若 $X\to Y$,$Y\to Z$,则 $X\to Z$。

(4)若 $X\to\to Y$,$V\subseteq W\subseteq U$,则 $WX\to\to YV$。

证明:设 $Z=U-X-Y$,已知 $X\to\to Y$,设 r 是 R 上的任一关系,$s,t\in r$,且 $t[X]=s[X]$,则存在元组 $p,q\in r$,使 $p[X]=q[X]=t[X]$,而 $p[Y]=t[Y]$,$p[Z]=s[Z]$,$q[Y]=s[Y]$,$q[Z]=t[Z]$。

设 $t[XW]=s[XW]$,我们以上构造的元组 p 和 q 是某部分属性在 s 和 t 上翻转而成的,所以 $p[W]=q[W]$,可知 $p[XW]=q[XW]$,同理 $p[YV]=t[YV]$(由 $V\subseteq W$ 知 $t[V]=s[V]$),$q[YV]=s[YV]$,$p[U-YV-XW]=s[U-YV-XW]$(因为 $U-YV-XW\subseteq Z$),$q[U-YV-XW]=t[U-YV-XW]$,所以,$WX\to\to YV$。

(5)若 $X\to\to Y$,则 $X\to\to U-X-Y$。

(6)若 $X\to\to Y$,$Y\to\to Z$,则 $X\to\to Z-Y$。

(7)若 $X\to Y$,则 $X\to\to Y$。

(8)若 $X\to\to Y$,$W\to Z$,$W\bigcap Y=\varphi$,$Z\subseteq Y$,则 $X\to Z$。

证明:设 r 是 R 上的任一关系,对任意 $s,t\in r$,若 $t[X]=s[X]$,设 $R_1=U-X-Y$,则根据 $X\to\to Y$ 知:存在元组 $p,q\in r$,使 $p[X]=q[X]=t[X]$,而 $p[Y]=t[Y]$,$p[R_1]=s[R_1]$,$q[Y]=s[Y]$,$q[R_1]=t[R_1]$。因为 $W\bigcap Y=\phi$,所以 $s[W]=p[W]$,又 $W\to Z$,所以 $s[Z]=p[Z]$;因为 $Z\subseteq Y$,且 $p[Y]=t[Y]$,所以 $p[Z]=t[Z]$;所以可得 $t[Z]=s[Z]$,即 $X\to Z$。

公理系统的有效性是指从 D 出发根据 8 条公理推导出的函数依赖或多值依赖一定为 D 蕴涵;完备性是指凡 D 所蕴涵的函数依赖或多值依赖均可以从 D 根据 8 条公理推导出来。也就是说,在函数依赖和多值依赖的条件下,"蕴涵"与"导出"仍是等价的。

由以上 8 条公理可得如下 4 条推理规则。

(1)合并规则:$X\to\to Y$,$X\to\to Z$,则 $X\to\to YZ$。

(2)伪传递规则:$X\to\to Y$,$WY\to\to Z$,则 $WX\to\to Z-WY$。

(3)混合伪传递规则:$X\to\to Y$,$XY\to Z$,则 $X\to Z-Y$。

(4)分解规则:$X\to\to Y$,$X\to\to Z$,则 $X\to\to Y\bigcap Z$,$X\to\to Y-Z$,$X\to\to Z-Y$。

3.6　小　　结

本章在函数依赖、多值依赖的范畴内讨论了关系模式的规范化,在整个讨论过程中,只采用了两种关系运算——投影和自然连接,并且总是从一个关系模式出发,而不是从一组关系模式出发实行分解。

关系模式在分解时应保持等价,有数据等价和语义等价两种,分别用无损连接性和函数依赖的保持性两个特征来衡量。前者能保持泛关系(假设分解前存在一个单一的关系模式,而非一组关系模式,在这样的假设下的关系称为泛关系)在投影连接以后仍能恢复,而后者能保证数据在投影或连接中其语义不会发生变化。

范式是衡量关系模式优劣的标准,范式表达了模式中数据依赖应满足的要求。需要强调的是,规范化理论主要为数据库设计提供了理论的指南和工具,但仅仅是指南和工具。并不是关系模式规范化程度越高,实际应用该关系模式就越好,实际上必须结合应用环境和现实世界的具体情况合理地选择数据库模式的范式等级。

· · · · · **本章知识结构图** · · · · · · · · · · · · ·

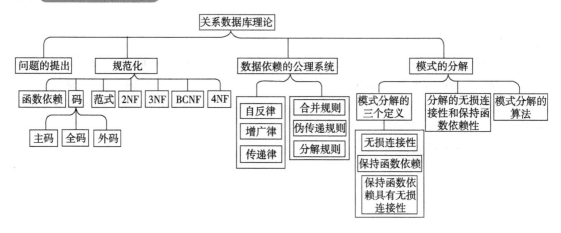

习　题

一、选择题

1.关系规范化中的删除操作异常是指(　　　),插入操作异常是指(　　　)。

A.不该删除的数据被删除

B.不该插入的数据被插入

C.应该删除的数据未被删除

D.应该插入的数据未被插入

2.根据关系数据库规范化理论,关系数据库中的关系要满足第一范式。下面的"部门"关系中,因(　　　)属性而使它不满足第一范式。

部门(部门号,部门名,部门成员,部门总经理)

A.部门总经理　　　　　　B.部门成员　　　　　　C.部门名　　　　　　D.部门号

3.消除了部分函数依赖的1NF的关系模式必定是(　　　)。

A.1NF　　　　　　　　B.2NF　　　　　　　　C.3NF　　　　　　　　D.4NF

4.若关系R的候选码都是由单属性构成的,则R的最高范式必定是(　　　)。

A.1NF　　　　　　　　B.2NF　　　　　　　　C.3NF　　　　　　　　D.无法确定

5.在关系模式R(A,B,C,D)中,有函数依赖集F={B→C,C→D,D→A},则R能达到(　　　)。

A.1NF　　　　　　　　B.2NF　　　　　　　　C.3NF　　　　　　　　D.以上三者都不行

6.设有关系W(工号,姓名,工种,定额),将其规范化到第三范式正确的答案是(　　　)。

A.W1(工号,姓名),W2(工种,定额)

B.W1(工号,工种,定额),W2(工号,姓名)

C. W1(工号,姓名,工种),W2(工种,定额)

D. 以上都不对

7. 有关系模式学生(学号,课程号,名次),若每一名学生每门课程有一定的名次,每门课程每一名次只有一名学生,则以下叙述错误的是(　　　)。

A. (学号,课程号)和(课程号,名次)都可以作为候选码

B. 只有(学号,课程号)能作为候选码

C. 关系模式属于第三范式

D. 关系模式属于 BCNF

8. 关系模式 STJ(S♯,T,J♯)中,存在函数依赖(S♯,J♯)→T,(S♯,T)→J♯,T→J♯,则(　　　)。

A. 关系 STJ 满足 1NF,但不满足 2NF

B. 关系 STJ 满足 2NF,但不满足 3NF

C. 关系 STJ 满足 3NF,但不满足 BCNF

D. 关系 STJ 满足 BCNF,但不满足 4NF

9. 能够消除多值依赖引起的冗余的是(　　　)。

A. 2NF　　　　　　　　B. 3NF　　　　　　　　C. 4NF　　　　　　　　D. BCNF

10. 当 B 属性函数依赖于 A 属性时,属性 B 与 A 的联系是(　　　)。

A. 一对多　　　　　　　B. 多对一　　　　　　　C. 多对多　　　　　　　D. 以上都不是

11. 在关系模式中,如果属性 A 和 B 存在一对一联系,则(　　　)。

A. A→B　　　　　　　B. B→A　　　　　　　C. A↔B　　　　　　　D. 以上都不是

12. 关系模式 R 中的属性全部是主属性,则 R 的最高范式必定是(　　　)。

A. 2NF　　　　　　　　B. 3NF　　　　　　　　C. BCNF　　　　　　　D. 以上都不是

13. 设计性能较优的关系模式称为规范化,规范化主要的理论依据是(　　　)。

A. 关系规范化理论　　B. 关系运算理论　　　　C. 关系代数理论　　　　D. 数理逻辑

14. 关系规范化一般应遵循的原则是(　　　)。

A. 将关系模式进行无损连接分解,在关系模式分解的过程中,数据不能丢失或增加,要保证数据的完整性

B. 合理地选择规范化的程度

C. 正确性和可实现性原则

D. 学生号→系名,即存在非主属性"系名"对候选关键字"学生号"的传递依赖

15. 设工厂里有一个记录职工每天日产量的关系模式 R(Num,Date,Qty,Shop_no,Director),其中,Num 为职工编号,Date 为日期,Qty 为日产量,Shop_no 为车间编号,Director 为车间主任。如果规定每个职工每天只有一个日产量,每个职工只能隶属于一个车间,每个车间只有一个车间主任,则下列选项正确的是(　　　)。

A. R 的主码为(职工编号,日期)　　　　　　　　B. R 属于 2NF

C. R 属于 3NF　　　　　　　　　　　　　　　　D. R 属于 BCNF

16. 若 R∈3NF,则每一个非主属性既不部分依赖于码也不传递依赖于码,(　　　)。

A. 每一非主属性都不传递依赖于码是 3NF 定义所要求的,因而也是显然的

B. 每一非主属性都不部分依赖于码

C. 若存在一非主属性 A 部分依赖于码 X,则必有 X 的一个真子集 X′X 且 X′A,于是有 X→X′,X′X,X′→A,AX′

D. 这与 3NF 定义相矛盾。一个 3NF 的关系模式必然是满足 2NF 的,因为它的每一非主属性都不部分依赖于码

17.属于 BCNF 的关系模式(　　)。

A.已消除了插入、删除异常

B.已消除了插入、删除异常和数据冗余

C.仍然存在插入、删除异常

D.在函数依赖范畴内,已消除了插入和删除异常

18.已知 R<U,F>,U=(A,B,C,G,H,I),F={A→B,A→C,CG→H,CG→I,B→H},那么 R 的主码是(　　)。

A. AG　　　　　　　B. ABC　　　　　　　C. ACG　　　　　　　D. AGB

19.若关系中的某一属性组的值能唯一标识一个元组,则称该属性组的最小属性组(　　)。

A.有丰富的语义表达能力　　　　　　　　B.在计算机中实现的效率高

C.易于向各种数据模型转换　　　　　　　D.易于交流和理解

20.如果 A→B,那么属性 A 和属性 B 的联系是(　　)。

A.一对多　　　　　　B.多对一　　　　　　C.多对多　　　　　　D.以上都不是

21.在 R(U)中 X→Y,并且对于 X 的任何一个真子集 X_i 都没有 X_i→Y,那么(　　)。

A.Y 对 X 完全函数依赖　　　　　　　　　B.Y 函数依赖于 X

C.X 为 U 的候选码　　　　　　　　　　　D.R 属于 2NF

22.已知关系模式 R(A,B,C,D,E)上的函数依赖集 F={A→BC,BCD→E,B→D,A→D,E→A},则 F 的最小函数依赖集是(　　)。

A.F_{min}={A→B,A→C,BC→E,B→D,E→A}

B.F_{min}={A→C,A→D,B→E,BC→D,E→A}

C.F_{min}={A→B,A→C,B→E,BC→D,E→A}

D.F_{min}={A→B,A→C,B→E,B→D,E→C}

23.规范化理论是关系数据库进行逻辑设计的理论依据,根据这个理论,关系数据库中的关系必须满足:每一个属性都(　　)。

A.长度不变的　　　　B.不可分解的　　　　C.互相关联的　　　　D.互不相关的

24.为了设计出性能较优的关系模式,必须进行规范化,规范化的主要理论依据是(　　)。

A.关系规范化理论　　　　　　　　　　　B.关系代数理论

C.数理逻辑　　　　　　　　　　　　　　D.关系运算理论

25.关系模式的组成部分包括(　　)。(多选)

A.关系名　　　　　　B.属性集合　　　　　C.域集合

D.属性向域的映像集　E.属性间数据的依赖关系集合

26.关系模式存在的问题包括(　　)。(多选)

A.数据冗余不大　　　B.更新异常　　　　　C.插入异常　　　　　D.删除异常

二、填空题

1.若关系为 1NF,且它的每一非主属性都_____候选码,则该关系为 2NF。

2.在关系的规范化过程中,通过_____运算把低一级范式的关系模式转换为若干个高一级范式的关系模式的集合。

3.根据函数依赖的分配性,若存在函数依赖 X→YZ,则必有_____。

4.在关系的规范化过程中,要求分解既具有_____,又保持函数依赖性。

5.有关系模式 R(A,B,C),F={A→C,AB→C},则 R 中存在_____函数依赖。

三、解答题

1.简述关系、关系模式、关系数据库、关系数据库模式的定义。

2.设有关系 R 和函数依赖 F:R(X,Y,Z),F={Y→Z,XZ→Y},试求下列问题。

(1)关系 R 属于第几范式?

(2)如果关系 R 不属于 BCNF,请将关系 R 逐步分解为 BCNF。

要求:写出达到每一级范式的分解过程,并指明消除什么类型的函数依赖。

3.理解并给出下列术语的定义:

函数依赖、候选码、主码、外码、3NF、BCNF、多值依赖、4NF

4.什么是模式分解? 模式分解的准则是什么?

5.建立一个关于系、学生、班级、学会等诸信息的关系数据库。

描述学生的属性有学号、姓名、出生年月、系名、班号、宿舍区。

描述班级的属性有班号、专业名、系名、人数、入校年份。

描述系的属性有系名、系号、系办公室地点、人数。

描述学会的属性有学会名、成立年份、地点、人数。

有关语义如下:一个系有若干专业,每个专业每年只招一个班,每个班有若干学生。一个系的学生住在同一宿舍区。每个学生可参加若干学会,每个学会有若干学生,学生参加某学会有一个入会年份。

请给出关系模式,写出每个关系模式的极小函数依赖集,指出是否存在传递函数依赖,对于函数依赖左部是多属性的情况讨论函数依赖是完全函数依赖还是部分函数依赖。

指出各关系的候选玛、外部码及有没有全码存在。

6.什么是关系模式的规范化? 关系模式规范化的目的是什么?

7.试举出 3 个多值依赖的实例。

8.试证明书上给出的关于 FD 和 MVD 公理系统的 A_4、A_6 和 A_8。

9.设关系模式为 R(U,F),若 $X_F^+ = X$,则称 X 相对于 F 是饱和的。定义饱和集 $\varphi_F = \{X|X = X_F^+\}$,试证明 $\varphi_F = \{X_F^+ | X \subseteq U\}$。

10.图 3.9 表示一个公司各部门的层次结构。

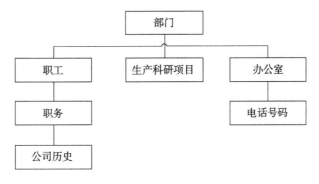

图 3.9　某公司的层次结构

对每个部门,数据库中包含部门号(唯一)D♯、预算费(BUGET)以及此部门领导人员的职工号 E♯ (唯一)信息。

对每一个部门,还存有关于此部门的全部职工、生产科研项目以及办公室的信息。

职工信息包括职工号、他所参加的生产科研项目号(J♯)、他所在办公室的电话号码(PHONE♯)。

生产科研项目包含项目号(唯一)、预算费。

办公室信息包含办公室房间号(唯一)、面积。

对每个职工,数据库中有他曾担任过的职务以及担任某一职务时的工资历史。

对每个办公室包含此办公室中全部电话号码的信息。

请给出你认为合理的数据依赖,把这个层次结构转换成一组规范化关系。

提示:此题可分步完成,第一步先转换成一组 1NF 的关系,然后逐步转换为 2NF,3NF,…。

11. 在一个订货系统的数据库中,存有顾客、货物和订货单的信息。

每个顾客包含顾客号(唯一)、收货地址(一个顾客可有几个地址)、赊购限额、余额以及折扣。

每个订货单包含顾客号、收货地址、订货日期、订货细则(每个订货单有若干条)、每条订货细则内容为货物号及订货数量。

每种货物包含货物号(唯一)、制造厂商、每个厂商的实际存货量、规定的最低存货量和货物描述。

由于处理上的要求,每个订货单的每一订货细则中还应有一个未发货量(此值初始时为订货数量,随着发货将减为零)。

为这些数据设计一个数据库,给出认为合理的数据依赖。

12. 设在第 11 题中实际上只有很少量的顾客(如 1%)有多个发货地址,由于这些少数的而又不能忽视的情形使得不能按一般的方式来处理问题。你能发现第 11 题答案中的问题吗? 能设法改进吗?

13. 下面的结论哪些是正确的? 哪些是错误的? 对于错误的请给一个反例说明之。

(1)任何一个二目关系是属于 3NF 的。

(2)任何一个二目关系是属于 BCNF 的。

(3)任何一个二目关系是属于 4NF 的。

(4)当且仅当函数依赖 A→B 在 R 上成立,关系 R(A,B,C)等于其投影 R_1(A,B)和 R_2(A,C)的连接。

(5)若 R.A→R.B,R.B→R.C,则 R.A→R.C。

(6)若 R.A→R.B,R.A→R.C,则 R.A→R.(B,C)。

(7)若 R.B→R.A,R.C→R.A,则 R.(B,C)→R.A。

(8)若 R.(B,C)→R.A,则 R.B→R.A,R.C→R.A。

本章参考文献

[1] 王珊,萨师煊. 数据库系统概论. 4 版. 北京:高等教育出版社,2006.

[2] Armstrong W W. Dependency structures of data base relationships. Proceedings of the IFIP Congress,1974:404-430.

[3] Maier D. The Theory of Relational Database. Rockville,MD:Computer Science Press,1983.

[4] Aho A V,Beeri C,Ullman J D. The theory of joins in relational database. ACM Transactions on Database Systems,1979: 297-314.

[5] Ullman J D. Principles of Database and Knowledge-Base Systems,Volume I. New York:Computer Science Press,1988.

[6] 张俊玲. 数据库原理与应用. 北京:清华大学出版社,2005.

[7] Ren Y G, et al. Detection splog algorithm based on features relation tree. 2012 Ninth Web Information Systems and Applications Conference,2012:1010-1014.

第4章 关系数据库标准语言 SQL

SQL(structured query language)的全称是结构化查询语言,是 1974 年 IBM 圣何塞研究实验室的 Boyce 和 Chamberlin 为关系数据库管理系统 SystemR 设计的一种查询语言。SQL 是一种通用的、功能极强的关系数据库语言。当前,几乎所有的关系数据库管理系统软件都支持 SQL,许多软件厂商对 SQL 基本命令集还进行了不同程度的扩充和修改。本章介绍关系数据库标准语言 SQL,主要讨论 SQL 的发展过程、基本特点等;详细介绍数据定义语言、数据操作语言和数据控制语言;重点介绍数据查询语言:数据的插入、删除、更新等。

4.1 SQL 概 述

4.1.1 SQL 的特点

SQL 是一种关系数据库语言,它综合统一,功能强大、简洁易学,是目前的国际标准数据库语言,并为用户和业界所接受,成为国际标准。SQL 集数据查询、数据操作、数据定义和数据控制功能于一体,主要特点如下。

1. 高度非过程化

非关系模型的数据操作语言是面向过程的语言,用过程化语言完成某项请求,必须指定存取路径。进行数据操作时,只要提出"做什么",而无须指明"怎么做",因此无须了解存取路径。存取路径的选择以及 SQL 的操作过程由系统自动完成。这不但大大减轻了用户负担,而且有利于提高数据独立性。

2. 以同一种语法结构提供多种使用方式

SQL 既是独立的语言,又是嵌入式语言。

作为独立的语言,它能够独立地用于联机交互的使用方式,用户可以在终端键盘上直接键入命令对数据库进行操作;作为嵌入式语言,SQL 语句能够嵌入高级语言程序中,供程序员设计程序时使用。而在两种不同的使用方式下,其语法结构基本上是一致的。这种以统一的语法结构提供多种不同使用方式的做法,提供了极大的灵活性与方便性。

3. 面向集合的操作方式

非关系模型采用的是面向记录的操作方式,操作对象是一条记录。例如,查询所有平均成绩在 80 分以上的学生姓名,用户必须一条一条地把满足条件的学生记录找出来(通常要说明具体处理过程,即按照哪条路径,如何循环等)。而 SQL 采用集合操作方式,不仅操作对象、查找结果可以是元组的集合,而且一次插入、删除、更新操作的对象也可以是元组的集合。

4.语言简洁,易学易用

SQL 功能极强,但由于设计巧妙,语言十分简洁,完成核心功能只用了 9 个动词:SELECT、CREATE、DROP、ALTER、INSERT、UPDATE、DELETE、GRANT、REVOKE。SQL 接近英语口语,因此容易学习,容易使用。

5.综合统一

数据库系统的主要功能是通过数据库支持的数据语言来实现的。

非关系模型(层次模型、网状模型)的数据语言一般都分为:模式数据定义语言、外模式数据定义语言、数据存储有关的描述语言、数据操作语言。

它们分别用于定义模式、外模式、内模式和进行数据的存取与处置。当用户数据库投入运行后,如果需要修改模式,则必须停止现有数据库的运行,转储数据,修改模式并编译后再重装数据库,十分麻烦。

SQL 集数据定义语言、数据操作语言、数据控制语言功能于一体,语言风格统一,可以独立完成数据库生命周期中的全部活动,包括以下功能。

(1)定义关系模式,插入数据,建立数据库。

(2)对数据库中的数据进行查询和更新。

(3)数据库重构和维护。

(4)数据库安全性、完整性控制。

这就为数据库应用系统的开发提供了良好的环境。特别是用户在数据库系统投入运行后,还可根据需要随时逐步地修改模式,并不影响数据库的运行,从而使系统具有良好的可扩展性。

另外,在关系模型中实体和实体间的联系均用关系表示,这种数据结构的单一性带来了数据操作符的统一性,查找、插入、删除、更新等每一种操作都只需一种操作符,从而克服了非关系系统由于信息表示方式的多样性带来的操作复杂性。例如,在 DBTG 中需要两种插入操作符:STORE 用来把记录存入数据库,CONNECT 用来把记录插入系值(系值是网状数据库中记录之间的一种联系方式),以建立数据之间的联系。

4.1.2 SQL 的基本概念

支持 SQL 的关系数据库同样支持关系数据库三级模式结构,如图 4.1 所示。其中外模式对应于视图和部分基本表,模式对应于基本表,内模式对应于存储文件。

用户可以用 SQL 对基本表和视图进行查询或其他操作,基本表和视图一样,都是关系。

基本表是本身独立存在的表,在 SQL 中一个关系对应一个基本表。一个(或多个)基本表对应一个存储文件,一个表可以带若干索引,索引也存放在存储文件中。

存储文件的逻辑结构组成了关系数据库的内模式。存储文件的物理结构可以是任意的,但它对用户是透明的,是不可见的。

视图是从一个或几个基本表导出的表。用视图可以方便地查询基本表中的数据,而又不对基本表造成破坏。它本身不独立存储在数据库中,即数据库中只存放视图的定义而不存放视图对应的数据,这些数据仍存放在导出视图的基本表中,因此视图是一个虚表。几个视图合起来可以重新构建新的视图。

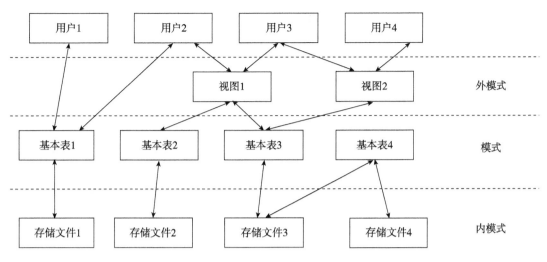

图 4.1　SQL 对关系数据库模式的支持

4.2　学生–课程数据库

在本章中用学生–课程数据库作为一个例子来讲解 SQL 的数据定义、数据操作、数据查询和数据控制语句的具体应用方法。

为此，首先要定义一个学生–课程模式 S-T。学生–课程数据库包括 3 个表：学生表、课程表、学生选课表。关系的主码加下划线表示。

学生表：Student(<u>Sno</u>,Sname,Ssex,Sage,Sdept)

课程表：Course(<u>Cno</u>,Cname,Cpno,Ccredit)

学生选课表：SC(<u>Sno</u>,<u>Cno</u>,Grade)

4.3　数 据 定 义

关系数据库系统支持三级模式结构，其模式、外模式和内模式中的基本对象有表、视图和索引。因此，SQL 的数据定义功能包括模式定义、表定义、视图和索引的定义，如表 4.1 所示。

表 4.1　SQL 的数据定义语句

操作对象	操作方式		
	创建	删除	修改
模式	CREATE SCHEMA	DROP SCHEMA	
表	CREATE TABLE	DROP TABLE	ALTER TABLE
视图	CREATE VIEW	DROP VIEW	
索引	CREATE INDEX	DROP INDEX	

SQL 通常不提供修改模式定义、修改视图定义和修改索引定义的操作。用户如果要修改这些对象，只能先将它们删除，再重建。

本节介绍如何定义模式、基本表和索引,视图的概念及其定义方法将在 4.6 节专门讨论。

4.3.1　模式的定义与删除

1.定义模式

在 SQL 中,模式定义语句如下:

CREATE SCHEMA <模式名> AUTHORIZATION <用户名>

如果没有指定<模式名>,那么<模式名>隐含为<用户名>。

要创建模式,调用该命令的用户必须拥有 DBA 权限,或者获得了 DBA 授予的 CREATE SCHEMA 的权限。

【例 4.1】 定义一个学生-课程模式。

CREATE SCHEMA"S-T" AUTHORIZATION WANG;

为用户 WANG 定义了一个模式 S-T。

【例 4.2】 CREATE SCHEMA AUTHORIZATION WANG;

该语句没有指定<模式名>,所以<模式名>隐含为用户名 WANG。

定义模式实际上定义了一个命名空间,在这个空间中可以进一步定义该模式包含的数据库对象,如基本表、视图、索引等。这些数据库对象可以用表 4.1 中相应的语句来定义。

目前,在 CREATE SCHEMA 中可以接受 CREATE TABLE、CREATE VIEW 和 GRANT 子句。也就是说,用户可以在创建模式的同时在这个模式定义中进一步创建基本表、视图,定义授权:

CREATE SCHEMA <模式名> AUTHOTIZATION <用户名> [<表定义子句> |<视图定义子句> |<授权定义子句>]

【例 4.3】 CREATE SCHEMA TEST AUTHORIZATION ZHANG

CREATE TABLE TAB1(COL1 SMALLINT,

COL2 INT,

COL3 CHAR(20),

COL4 NUMERIC(10,3),

COL5 DECIMAL(5,2)

);

该语句为用户 ZHANG 创建了一个模式 TEST,并且在其中定义了一个表 TAB1。

2.删除模式

在 SQL 中,删除模式的语句如下:

DROP SCHEMA <模式名> <CASCADE | RESTRICT>

其中,CASCADE 和 RESTRICT 两者必选其一。选择了 CASCADE(级联),表示在删除模式的同时把该模式中所有的数据库对象全部一起删除;选择了 RESTRICT(限制),表示如果该模式中已经定义了下属的数据库对象(如表、视图等),则拒绝该删除语句的执行。只有当该模式中没有任何下属的对象时才能执行 DROP SCHEMA 语句。

【例 4.4】 DROP SCHEMA ZHANG CASCADE;

该语句删除了模式 ZHANG。同时,该模式中已经定义的表 TAB1 也被删除了。

4.3.2 基本表的定义、修改与删除

1.定义基本表

创建了一个模式,就建立了一个数据库的命名空间,一个框架。在这个空间中首先要定义的是这种模式包含的数据库基本表。

SQL 使用 CREATE TABLE 语句定义基本表,其基本格式如下:

```
CREATE TABLE <表名> (<列名> <数据类型> [列级完整性约束条件]
                 [,<列名> <数据类型> [列级完整性约束条件]]
                 …[,<表级完整性约束条件>]);
```

建表的同时通常还可以定义与该表相关的完整件约束条件,这些完整性约束条件被存入系统的数据字典中,当用户操作表中数据时由关系数据库自动检查该操作是否违背这些完整性约束条件。如果完整性约束条件涉及该表的多个属性列,则必须定义在表级上,否则既可以定义在列级也可以定义在表级。

关系模型中一个很重要的概念是域。每一个属性来自一个域,它的取值必须是域中的值。

在 SQL 中域的概念用数据类型来实现。定义表的各个属性时需要指明其数据类型及长度。表 4.2 提供了一些主要数据类型。要注意,不同的关系数据库中支持的数据类型不完全相同。

一个属性选用哪种数据类型要根据实际情况来决定,一般要从两方面来考虑,一是取值范围,二是要做哪些运算。例如,对于年龄(Sage)属性,可以采用 CHAR(3)作为数据类型,但考虑到要在年龄上做算术运算(如求平均年龄),所以要采用整数作为数据类型,因为 CHAR(n)数据类型上不能进行算术运算。整数又有长整数和短整数两种,因为一个人的年龄最多在百岁左右,所以选用短整数作为年龄的数据类型。

表 4.2 数据类型

数据类型	含 义
CHAR(n)	长度为 n 的定长字符串
VARCHAR(n)	最大长度为 n 的变长字符串
INT	长整数(也可以写成 INTEGER)
SMALLINT	短整数
NUMERIC(p,d)	定点数,由 p 位数字(不包括符号、小数点)组成,小数点后面有 d 位数字
REAL	取决于机器精度的浮点数
Double Precision	取决于机器精度的双精度浮点数
FLOAT(n)	浮点数,精度至少为 n 位数字
DATE	日期,包含年、月、日,格式为 YYYY-MM-DD
TIME	时间,包含一日的时、分、秒,格式为 HH:MM:SS

当定义基本表时如何定义它所属的模式呢? 每一个基本表都属于某一个模式,一个模式包含多个基本表。方法可用于设置所属的模式,这样在创建表时表名中不必给出模式名。当用户创建基本表(其他数据库对象也一样)时若没有指定模式,系统根据搜索路径来确定

该对象所属的模式。

搜索路径包含一组模式列表,关系数据库会使用模式列表中第一个存在的模式作为数据库对象的模式名。若搜索路径中的模式名都不存在,则系统将给出错误提示信息。

使用下面的语句可以显示当前的搜索路径:

```
SHOW search_path
```

搜索路径的当前默认值是 $user,PUBLIC,它的含义是第一步搜索与用户名相同的模式名,若该模式名不存在,则使用 PUBLIC 模式。

DBA 用户也可以设置搜索路径,例如:

```
SET search_path TO"S-T",PUBLIC;
```

然后定义基本表:

```
CREATE TABLE Student(…)
```

实际结果是建立了 S-T. Student 基本表,这是因为关系数据库发现搜索路径中第一个模式名 S-T 存在,就把该模式作为基本表 Student 所属的模式。

2. 修改基本表

随着应用环境和应用需求的不断变化,有时需要修改已建立好的基本表,SQL 用 ALTER TABLE 语句修改基本表,其一般格式如下:

```
ALTER TABLE <表名>
[ADD <新列名> <数据类型> [完整性约束]
[DROP <完整性约束名>]
[ALTER COLUMN <列名> <数据类型>]
```

其中,<表名>是要修改的基本表,ADD 子句用于增加新列和新的完整性约束条件,DROP 子句用于删除指定的完整性约束条件,ALTER COLUMN 子句用于修改原有的列定义,包括修改列名和数据类型。

【例 4.5】　向 Student 表增加"学籍"列,其数据类型为整型。

```
ALTER TABLE Student ADD S_address tinyint;
```

不论基本表中原来是否已有数据,新增加的列一律为空值。

【例 4.6】　将性别的数据类型由字符型(假设原来的数据类型是字符型)改为整型。

```
ALTER TABLE Student ALTER COLUMN Ssex INT;
```

【例 4.7】　增加课程名称必须取唯一值的约束条件。

```
ALTER TABLE Couse ADD UNIQUE(Cname)
```

3. 删除基本表

当某个基本表不再需要时,可以使用 DROP TABLE 语句删除它,其一般格式如下:

```
DROP TABLE <表名> [RESTRICT|CASCADE];
```

若选择 RESTRICT 则该表的删除是有限制条件的,欲删除的基本表不能被其他表的约束所引用(如 CHECK、FOREIGN KEY 等约束),不能有视图,不能有触发器,不能有存储过程或函数等。如果存在这些依赖该表的对象,则此表不能被删除。

若选择 CASCADE 则该表的删除没有限制条件,只是在删除基本表的同时,相关的依赖对象,如视图都将被一起删除。

默认情况是 RESTRICT。

【例 4.8】　删除 Student 表。

```
DROP TABLE Student CASCADE
```

基本表定义一旦被删除，不仅表中的数据和此表的定义将被删除，而且此表上建立的索引、视图、触发器等有关对象一般也都被删除。因此，执行删除基本表的操作时一定要格外小心。

4.3.3　索引的建立与删除

建立索引是加快查询速度的有效手段。用户可以根据应用环境的需要，在基本表上建立一个或多个索引，以提供多种存取路径，加快查找速度。一般来说，建立与删除索引由数据库管理员或表的属主负责完成。系统在存取数据时会自动选择合适的索引作为存取路径，用户不必也不能显式地选择索引。

1. 建立索引

在 SQL 中，建立索引使用 CREATE INDEX 语句，其一般格式如下：

```
CREATE[UNIQUE][CLUSTER]INDEX <索引名>
ON <表名>（<列名> [<次序> ][,<列名> [<次序>]]…）;
```

其中，<表名>是要创建索引的基本表的名字。索引可以建立在该表的一列或多列上，各列名之间用逗号分隔。每个<列名>后面还可以用<次序>指定索引值的排列次序，可选 ASC(升序)或 DESC(降序)，默认值为 ASC。

UNIQUE 表明此索引的每一个索引值对应唯一的数据记录。

CLUSTER 表示要建立的索引是聚簇索引。所谓聚簇索引，是指索引项的顺序与表中记录的物理顺序一致的索引组织。

【例 4.9】　`CREATE CLUSTER INDEX Stusname ON Student(Sname);`

该语句将会在 Student 表的 Sname(姓名)列上建立一个聚簇索引，而且 Student 表中的记录将按照 Sname 值升序存放。

用户可以在最经常查询的列上建立聚簇索引，以提高查询效率。显然在一个基本表上最多只能建立一个聚簇索引。建立聚簇索引后，更新该索引列上的数据时，往往导致表中记录的物理顺序变更，代价较大，因此对于经常更新的列不宜建立聚簇索引。

【例 4.10】　为学生-课程数据库中的 Student、Course、SC 三个表建立索引。其中 Student 表按学号升序建唯一索引，Course 表按课程号升序建唯一索引，SC 表按学号升序和课程号降序建唯一索引。

```
CREATE UNIQUE INDEX Stusno ON Student(Sno);
CREATE UNIQUE INDEX Coucno ON Course(Cno);
CREATE UNIQUE INDEX SCno ON SC(Sno ASC,Cno DESC);
```

2. 删除索引

索引一经建立，就由系统使用和维护它，不需用户干预。建立索引是为了减少查询操作的时间，但如果数据增删改频繁，则系统会花费许多时间来维护索引，从而降低了查询效率。这时，可以删除一些不必要的索引。

在 SQL 中，删除索引使用 DROP INDEX 语句，其一般格式如下：

```
DROP INDEX <索引名>;
```

【例 4.11】 删除 Student 表的 Stusname 索引。

```
DROP INDEX Stusname;
```

删除索引时,系统会同时从数据字典中删去有关该索引的描述。

在关系数据库中索引一般采用 B+树、Hash 索引来实现。B+树索引具有动态平衡的优点,索引具有查找速度快的特点。索引是关系数据库的内部实现技术,属于内模式的范畴。

用户使用 CREATE INDEX 语句定义索引时,可以定义的索引是唯一索引、非唯一索引或聚簇索引。至于某一个索引是采用 B+树,还是 Hash 索引则由具体的关系数据库来决定。

4.4 数 据 查 询

4.4.1 单表查询

单表查询是指仅涉及一个表的查询。

1.选择表中的若干列

选择表中的全部列或部分列,这就是关系代数的投影运算。

1)查询指定列

在很多情况下,用户只对表中的一部分属性列感兴趣,这时可以通过在 SELECT 子句的<目标列表达式>中指定要查询的属性列。

【例 4.12】 查询全体学生的学号与姓名。

```
SELECT Sno,Sname
FROM Student;
```

该语句的执行过程可以是这样的:从 Student 表中取出一个元组,取出该元组在属性 Sno 和 Sname 上的值,形成一个新的元组作为输出。对 Student 表中的所有元组作相同的处理,最后形成一个结果关系作为输出。

2)查询全部列

将表中的所有属性列都选出来,有两种方法。一种方法就是在关键字后面列出所有列名。如果列的显示顺序与其在基表中的顺序相同,也可以简单地将<目标列表达式>指定为*。

【例 4.13】 查询全体学生的详细记录。

```
SELECT*
FROM Student;
```

3)查询经过计算的值

SELECT 子句的<目标列表达式>不仅可以是表中的属性列,也可以是表达式。

【例 4.14】 查询全体学生的姓名及其出生年份。

```
SELECT Sname,2015-Sage
```

FROM Student;

查询结果中第 2 列不是列名,而是一个计算表述式,是用当时的年份(假设为 2015 年)减去学生的年龄,所得的即是学生的出生年份。

2. 选择表中的若干元组

1) 消除取值重复的行

两个本来并不完全相同的元组,投影到指定的某些列上后,可能变成相同的行了,这时可以用 DISTINCT 取消它们。

【例 4.15】　查询选修了课程的学生学号。

SELECT Sno

FROM SC;

执行上面的语句后,结果如下:

Sno

201215121

201215121

201215121

201215122

201215122

该查询结果中包含了许多重复的行,如果想删去结果表中的重复行,必须指定 DISTINCT 关键词:

SELECT DISTINCT Sno

FROM SC;

执行结果如下:

Sno

201215121

201215122

2) 查询满足条件的元组

查询满足指定条件的元组可以通过 WHERE 子句实现。WHERE 子句常用的查询条件如表 4.3 所示。

表 4.3　WHERE 子句常用的查询条件

查询条件	谓词
比较	=,>,<,>=,<=,!=,<>,!>,!<,NOT+上述比较运算符
确定范围	BETWEEN…AND,NOT BETWEEN…AND
确定集合	IN,NOT IN
字符匹配	LIKE,NOT LIKE
空值	IS NULL,IS NOT NULL
多重条件(逻辑运算)	AND,OR,NOT

(1) 比较大小。

用于进行比较的运算符一般包括=、>、<、>=、<=、!=、!>、!<。

【例 4.16】 查询计算机科学系全体学生的名单。

```
SELECT Sname
FROM Student
WHERE Sdept= 'CS';
```

关系数据库执行该查询的一种可能过程是:对 Student 表进行全表扫描,取出一个元组,检查该元组在 Sdept 列的值是否等于 CS。如果相等,则取出 Sname 列的值形成一个新的元组输出,否则跳过该元组,取下一个元组。

如果全校有数万个学生,计算机科学系的学生人数是全校学生的 5% 左右,可以在 Student 表的 Sdept 列上建立索引,系统会利用该索引找出 Sdept=′CS′ 的元组,从中取出 Sname 列值形成结果关系。这就避免了对 Student 表的全表扫描,加快了查询速度。注意如果学生较少,索引查找不一定能提高查询效率,系统仍会使用全表扫描。这由查询优化器按照某些规则或估计执行代价来作出选择。

【例 4.17】 查询所有年龄在 20 岁以下的学生姓名及其年龄。

```
SELECT Sname,Sage
FROM Student
WHERE Sage< 20;
```

(2)确定范围。

谓词 BETWEEN…AND 和 NOT BETWEEN…AND 可以用来查找属性值在(或不在)指定范围内的元组,其中 BETWEEN 后是范围的下限(低值),AND 后是范围的上限(高值)。

【例 4.18】 查询年龄在 20～23 岁(包括 20 岁和 23 岁)的学生的姓名、系别和年龄。

```
SELECT Sname,Sdept,Sage
FROM Student
WHERE Sage BETWEEN 20 AND 23;
```

与 BETWEEN…AND 相对的谓词是 NOT BETWEEN…AND。

(3)确定集合。

谓词 IN 可以用来查找属性值属于指定集合的元组。

【例 4.19】 查询计算机科学系(CS)、数学系(MA)和信息系(IS)学生的姓名和性别。

```
SELECT Sname,Ssex
FROM Student
WHERE Sdept IN('CS','MA','IS');
```

与 IN 相对的谓词是 NOT IN,用于查找属性值不属于指定集合的元组。

(4)字符匹配。

谓词 LIKE 可以用来进行字符串的匹配,其一般语法格式如下:

```
[NOT]LIKE '<匹配项> '[ESCAPE '<换码字符> ']
```

其含义是查找指定的属性列值与<匹配串>相匹配的元组。<匹配串>可以是一个完整的字符串,也可以含有通配符%和_。其中,_(下横线)代表任意单个字符。

例如,a_b 表示以 a 开头,以 b 结尾的长度为 3 的任意字符串,如 acb、afb 等都满足该匹配串。

【例 4.20】　查询学号为 201215121 的学生的详细情况。

```
SELECT *
FROM Student
WHERE Sno LIKE '201215121';
```

如果 LIKE 后面的匹配串中不含通配符,则可以用＝(等于)运算符取代 LIKE 谓词,用!＝或＜＞(不等于)运算符取代 NOT LIKE 谓词。

【例 4.21】　查询以"DB_"开头,且倒数第 3 个字符为 i 的课程的详细情况。

```
SELECT *
FROM Course
WHERE Cname LIKE'DB\_% i_ _'ESCAPE'\';
```

这里的匹配串为"DB_%i_ _"。第一个_前面有转义字符\,所以它被转义为普通的_字符。而 i 后面的两个_的前面均没有转义字符\,所以它们仍作为通配符。

(5)涉及空值的查询。

【例 4.22】　某些学生选修课程后没有参加考试,所以有选课记录,但没有考试成绩,查询缺少成绩的学生的学号和相应的课程号。

```
SELECT Sno,Cno
FROM SC
WHERE Grade IS NULL;
```

注意,这里的"IS"不能用等号(＝)代替。

(6)多重条件查询。

逻辑运算符 AND 和 OR 可用来连接多个查询条件。AND 的优先级高于 OR,但用户可以用括号改变优先级。

【例 4.23】　查询计算机科学系年龄在 20 岁以下的学生姓名。

```
SELECT Sname
FROM Student
WHERE Sdept= 'CS' AND Sage< 20;
```

3. ORDER BY 子句

用户可以用 ORDER BY 子句对查询结果按照一个或多个属性列的升序或降序排列,默认值为升序。

【例 4.24】　查询选修了 3 号课程的学生的学号及成绩,查询结果按分数降序排列。

```
SELECT Sno,Grade
FROM SC
WHERE Cno= '3'
ORDER BY Grade DESC;
```

对于空值,若按升序排列,则含空值的元组将最后显示。若按降序排列,则空值的元组将最先显示。

4. 聚集函数

为了进一步方便用户,增强检索功能,SQL 提供了许多聚集函数,主要有 COUNT、SUM、AVG、MAX、MIN 等。如果指定 DISTINCT 短语,则表示在计算时要取消指定列中的重复值。如果不指定 DISTINCT 短语或指定 ALL 短语(ALL 为缺省值),则表示不取消重复值。

【例 4. 25】 查询选修了课程的学生人数。

```
SELECT COUNT(DISTINCT Sno)
FROM SC;
```

学生每选修一门课,在 SC 中都有一条相应的记录。一个学生要选修多门课程,为避免重复计算学生人数,必须在 COUNT 函数中用 DISTINCT 短语。

【例 4. 26】 计算 1 号课程的学生平均成绩。

```
SELECT AVG(Grade)
FROM SC;
WHERE Cno= '1';
```

在聚集函数遇到空值时,除 COUNT(*)外,都跳过空值而只处理非空值。注意,WHERE 子句中是不能用聚集函数作为条件表达式的。

5. GROUP BY 子句

GROUP BY 子句将查询结果按某一列或多列的值分组,值相等的为一组。

对查询结果分组的目的是细化聚集函数的作用对象。如果未对查询结果分组,则聚集函数将作用于整个查询结果。分组后聚集函数将作用于每一个组,即每一组都有一个函数值。

【例 4. 27】 求各个课程号及相应的选课人数。

```
SELECT Cno,COUNT(Sno)
FROM SC
GROUP BY Cno;
```

该语句对查询结果按 Cno 的值分组,所有具有相同 Cno 值的元组为一组,然后对每一组用聚集函数 COUNT 计算,以求得该组的学生人数。

查询结果如下:

Cno	COUNT(Sno)
1	22
2	32
3	42
4	30
5	39

如果分组后还要求按一定的条件对这些组进行筛选,最终只输出满足指定条件的组,则可以使用 HAVING 短语指定筛选条件。

4.4.2 连接查询

前面的查询都是针对一个表进行的。若一个查询同时涉及两个或两个以上的表,则称为连接查询。连接查询是关系数据库中最主要的查询,包括等值连接查询、自然连接查询、非等值连接查询、自身连接查询、外连接查询和复合条件连接查询等。

1. 等值与非等值连接查询

连接查询的子句中用来连接两个表的条件称为**连接条件**或**连接谓词**,其一般格式如下:

[<表名 1>.]<列名 1> <比较运算符> [<表名 2>.]<列名 2>

其中,比较运算符主要有＝、＞、＜、＞＝、＜＝、!＝等。

此外,连接谓词还可以使用下面的形式:

[<表名 1>.]<列名 1> BETWEEN[<表名 2>.]<列名 2> AND[<表名 2>.]<列名 3>

当连接运算符为＝时,称为**等值连接**。使用其他运算符称为非等值连接。

连接谓词中的列名称为连接字段。连接条件中的各连接字段类型必须是可比的,但名字不必相同。

【例 4.28】　查询每个学生及其选修课程的情况。学生情况存放在 Student 中,学生选课情况存放在 SC 表中,所以本查询实际上涉及 Student 和 SC 两个表,这两个表之间的联系是通过公共属性 Sno 实现的。

```
SELECT Student.* ,SC.*
FROM Student,SC
WHERE Student.Sno= SC.Sno;
```

本例中,SELECT 子句与 WHERE 子句中的属性名前都加上了表名前缀,这是为了避免混淆。如果属性名在参加连接的各表中是唯一的,则可以省略表名前缀。

若在等值连接中将重复的属性列去掉则为自然连接。

2. 自身连接

连接操作不仅可以在两个表之间进行,也可以是一个表与其自己进行连接,称为表的自身连接。

【例 4.29】　查询每一门课的间接先修课(先修课的先修课)。在 Course 表中,只有每门课的直接先修课信息,而没有先修课的先修课。要得到这个信息,必须先找到一门课的先修课,再按此先修课的课程号查找它的先修课程。这就要将 Course 表与其自身连接。

为此,要为 Course 表取两个别名,一个是 FIRST,另一个是 SECOND,如表 4.4 和表 4.5 所示。

表 4.4　FIRST 表(Course 表)				表 4.5　SECOND 表(Course 表)			
Cno	Cname	Cpno	Ccredit	Cno	Cname	Cpno	Ccredit
1	数据库	5	4	1	数据库	5	4
2	数学		2	2	数学		2
3	信息系统	1	4	3	信息系统	1	4
4	操作系统	6	3	4	操作系统	6	3
5	数据结构	7	4	5	数据结构	7	4
6	数据处理		2	6	数据处理		2
7	PASCAL 语言	6	4	7	PASCAL 语言	6	4

完成该查询的 SQL 语句如下:

```
SELECT FIRST.Cno,SECOND.Cpno
```

```
FROM Course FIRST,Course SECOND
WHERE FIRST.Cpno= SECOND.Cno;
```

4.4.3　嵌套查询

在 SQL 中,一个 SELECT…FROM…WHERE 语句称为一个查询块。将一个查询块嵌套在另一个查询块的 WHERE 子句或 HAVING 短语的条件中的查询称为嵌套查询。例如:

```
SELECT Sname
FROM Student
WHERE Sno IN
    (SELECT Sno
     FROM  SC
     WHERE Cno= '2')
```

本例中,下层查询块 SELECT Sno FROM SC WHERE Cno=′2′是嵌套在上层查询块条件中的。上层查询块称为外层查询或父查询,下层查询块称为内层查询或子查询。

SQL 允许多层嵌套查询,即一个子查询中还可以嵌套其他子查询。需要特别指出的是,子查询的 SELECT 语句中不能使用 ORDER BY 子句,ORDER BY 子句只能对最终查询结果排序。

嵌套查询使我们可以用多个简单查询构成复杂的查询,从而增强 SQL 的查询能力。以层层嵌套的方式来构造程序正是 SQL 中"结构化"的含义所在。

1. 带有 IN 谓词的子查询

在嵌套查询中,子查询的结果往往是一个集合,所以谓词 IN 是嵌套查询中最常用的谓词。

【例 4.30】　查询与刘晨在同一个系学习的学生。

构造嵌套查询如下:

```
SELECT Sno,Sname,Sdept
FROM Student
WHERE Sdept IN
    (SELECT Sdept
     FROM Student
     WHERE Sname= '刘晨');
```

本例中,子查询的查询条件不依赖于父查询,称为不相关子查询。一种求解方法是由里向外处理,即先执行子查询,子查询的结果用于建立其父查询的查找条件。

2. 带有比较运算符的子查询

带有比较运算符的子查询是指父查询与子查询之间用比较运算符进行连接。当用户能确切知道内层查询返回的单值时,可以用比较运算符。

【例 4.31】　找出每个学生超过他选修课程平均成绩的课程号。

```
SELECT Sno,Cno
FROM SC x
```

```
WHRER Grade> = (SELECT AVG(Grade)
FROM SC y
WHERE y.Sno= x.Sno);
```

其中,x 是表 SC 的别名,又称为元组变量,可以用来表示 SC 的一个元组。内层查询是求一个学生所有选修课程平均成绩的,至于是哪个学生的平均成绩要看参数 x. Sno 的值,而该值是与父查询相关的,因此这类查询称为**相关子查询**。

3. 带有 ANY(SOME)或 ALL 谓词的子查询

子查询返回单值时可以用比较运算符,但返回多值时要用 ANY(有的系统用 SOME)或 ALL 谓词修饰符。而使用 ANY 或 ALL 谓词时必须同时使用比较运算符。

【例 4. 32】 查询其他系中比计算机科学系某一学生年龄小的学生姓名和年龄。

```
SELECT Sname,Sage
FROM Student
WHERE Sage<ANY(SELECT Sage
               FROM Student
               WHERE Sdept= 'CS')
AND Sdept< > 'CS';
```

查询结果如下:

Sname	Sage
王敏	18
张立	19

关系数据库执行此查询时,首先处理子查询,找出 CS 系中所有学生的年龄,构成一个集合(20,19)。然后处理父查询,找出所有不是 CS 系且年龄小于 20 或 19 的学生。

4. 带有 EXISTS 谓词的子查询

EXISTS 代表存在量词。带有 EXISTS 谓词的子查询不返回任何数据,只产生逻辑真值或逻辑假值。

可以利用 EXISTS 来判断 $x \in S$、$S \subseteq R$、$S = R$、$S \cap R$ 非空等是否成立。

【例 4. 33】 查询所有选修了 1 号课程的学生姓名。

```
SELECT Sname
FROM Student
WHERE EXISTS
    (SELECT *
     FROM SC
     WHERE Sno= Student.Sno AND Cno= '1');
```

使用存在量词 EXISTS 后,若内层查询结果非空,则外层的子句返回真值,否则返回假值。

由 EXISTS 引出的子查询,其目标列表达式通常都用*,因为带 EXISTS 的子查询只返回真值或假值,给出列名无实际意义。

本例中子查询的查询条件依赖于外层父查询的某个属性值(在本例中是 Student 的

Sno 值),因此也是相关子查询。这个相关子查询的处理过程是:首先取外层查询中 Student 表的第一个元组,根据它与内层查询相关的属性值(Sno 值)处理内层查询,若 WHERE 子句返回值为真,则取外层查询中该元组的 Sname 放入结果表;然后取 Student 表的下一个元组;重复这一过程,直至外层(Student 表)全部检查完为止。

本例中的查询也可以用连接运算来实现,读者可以参照有关例子自己给出相应的 SQL 语句。

与 EXISTS 谓词相对应的是 NOT EXISTS 谓词。使用存在量词 NOT EXISTS 后,若内层查询结果为空,则外层的 WHERE 子句返回真值,否则返回假值。

4.4.4　集合查询

SELECT 语句的查询结果是元组的集合,所以多个 SELECT 语句的结果可进行集合操作。集合操作主要包括并操作 UNION、交操作 INTERSECT 和差操作 EXCEPT。注意,参与集合操作的各查询结果的列数必须相同,对应项的数据类型也必须相同。

【例 4.34】　查询计算机科学系的学生及年龄不大于 19 岁的学生。

```
SELECT *
FROM Student
WHERE Sdept= 'CS'
UNION
SELECT *
FROM Student
WHERE Sage <= 19;
```

本查询实际上是求计算机科学系的所有学生与年龄不大于 19 岁的学生的并集。使用 UNION 将多个查询结果合并起来时,系统会自动去掉重复元组。如果要保留重复元组则可用 UNION ALL 操作符。

4.5　数　据　更　新

数据更新操作有 3 种:向表中添加若干行数据、修改表中的数据和删除表中的若干行数据。在 SQL 中有相应的三类语句。

4.5.1　插入数据

SQL 的数据插入语句 INSERT 通常有两种形式:一种是插入一个元组,另一种是插入子查询结果。后者可以一次插入多个元组。

1.插入元组

插入元组的 INSERT 语句的语法格式如下:

```
INSERT
INTO <表名> [(<属性列 1> [,<属性列 2> …)]
VALUE(<常量 1> [,<常量 2> ]…);
```

其功能是将新元组插入指定表中。其中,新元组的属性列 1 的值为常量 1,属性列 2 的值为常量 2……INTO 子句中没有出现的属性列,新元组在这些列上将取空值。但必须注意的是,在表定义时说明了 NOT NULL 的属性列不能取空值,否则会出错。

　　如果 INTO 子句中没有指明任何属性列名,则新插入的元组必须在每个属性列上均有值。

　　【例 4.35】　将一个新学生元组(学号:201215126;姓名:宋科元;性别:男;所在系:IS;年龄:18 岁)插入到 Student 表中。

```
INSERT
INTO Student(Sno,Sname,Ssex,Sdept,Sage)
VALUES('201215126','宋科元','男','IS','18');
```

　　在 INTO 子句中指出了表名 Student,指出了新增加的元组在哪些属性上要赋值,属性的顺序可以与 CREATE TABLE 中的顺序不一样。子句对新元组的各属性赋值,字符串常数要用单引号(英文符号)括起来。

　　2. 插入子查询结果

　　子查询不仅可以嵌套在 SELECT 语句中,用以构造父查询的条件,也可以嵌套在 INSERT 语句中,用以生成要插入的批量数据。

　　插入子查询结果的 INSERT 语句的格式如下:

```
INSERT
INTO <表名> [(<属性列 1> [,<属性列 2> ,…)]
子查询;
```

　　【例 4.36】　求每一个系学生的平均年龄,并把结果存入数据库。

　　首先在数据库中建立一个新表,其中一列存放系名,另一列存放相应的学生平均年龄。

```
CREATE TABLE Dept_age
(Sdept CHAR(15)
Avg_age SMALLINT);
```

　　然后对 Student 表按系分组求平均年龄,再把系名和平均年龄存入新表中。

```
INSERT
INTO Dept_age(Sdept,Avg_age)
SELECT Sdept,AVG(Sage)
FROM Student
GROUP BY Sdept;
```

4.5.2　修改数据

　　修改操作又称为更新操作,其语句的一般格式如下:

```
UPDATE <表名>
SET <列名> = <表达式> [,<列名> = <表达式> ]…
[WHERE <条件>];
```

　　其功能是修改指定表中满足 WHERE 子句条件的元组。其中 SET 子句给出<表达式>的值用于取代相应的属性列值。如果省略 WHERE 子句,则表示要修改表中的所有元组。

【例 4.37】　将学号为 201315121 的学生的年龄改为 22 岁。

```
UPDATE Student
SET Sage= 22
WHERE Sno= '201315121';
```

4.5.3　删除数据

删除语句的一般格式如下：

```
DELETE
FROM <表名>
[WHERE <条件> ];
```

DELETE 语句的功能是从指定表中删除满足 WHERE 子句条件的所有元组。如果省略 WHERE 子句，则表示删除表中全部元组，但表的定义仍在数据字典中。也就是说，DELETE 语句删除的是表中的数据，而不是关于表的定义。

【例 4.38】　删除学号为 201315128 的学生记录。

```
DELET
FROM Student
WHERE Sno= '201315128';
```

4.6　视　　图

视图是从一个或几个基本表（或视图）导出的表。它与基本表不同，是一个虚表。数据库中只存放视图的定义，而不存放视图对应的数据，这些数据仍存放在原来的基本表中。所以基本表中的数据发生变化，从视图中查询出的数据也就随之改变了。从这个意义上讲，视图就像一个窗口，透过它可以看到数据库中自己感兴趣的数据及其变化。

视图一经定义，就可以和基本表一样被查询、删除了，也可以在一个视图之上再定义新的视图，但对视图的更新（增、删、改）操作有一定的限制。

本节专门讨论视图的定义、操作及作用。

4.6.1　定义视图

1.建立视图

SQL 用 CREATE VIEW 命令建立视图，其一般格式如下：

```
CREATE VIEW <视图名> [(<列名> [,<列名> ]…)]
AS <子查询>
[WITH CHECK OPTION]
```

其中，子查询可以是任意复杂的语句，但通常不允许含有 ORDER BY 子句和 DISTINCT。

WITH CHECK OPTION 表示对视图进行 UPDATE、INSERT 和 DELETE 操作时要保证更新、插入或删除的行满足视图定义中的谓词条件（子查询中的条件表达式）。

组成视图的属性列名或者全部省略或者全部指定，没有第三种选择。如果省略视图的各个属性列名,则隐含该视图由子查询中 SELECT 子句目标列中的诸字段组成。但在下列三种情况下必须明确指定组成视图的所有列名。

(1)某个目标列不是单纯的属性名,而是聚集函数或列表达式。

(2)多表连接时选出了几个同名列作为视图的字段。

(3)需要在视图中为某个列启用新的更合适的名字。

【例 4.39】 建立信息系学生的视图。

```
CREATE VIEW IS_Student
AS
SELECT Sno,Sname,Sage
FROM Student
WHERE Sdept= 'IS';
```

本例中省略了视图 IS_Student 的列名,隐含由子查询中 SELECT 子句中的三个列名组成。

关系数据库执行 CREATE VIEW 语句的结果只是把视图的定义存入数据字典,并不执行其中的语句。只是在对视图进行查询时,才按视图的定义从基本表中将数据查出。

【例 4.40】 建立信息系选修了 1 号课程且成绩在 90 分以上(含 90 分)的学生的视图。

```
CREATE VIEW IS_S2
AS
SELECT Sno,Sname,Grade
FROM IS_S1
WHERE Grade>= 90;
```

这里的 IS_S2 视图就是建立在视图 IS_S1 之上的。

定义基本表时,为了减少数据库中的冗余数据,表中只存放基本数据,由基本数据经过各种计算派生出的数据一般是不存储的。但由于视图中的数据并不实际存储,所以定义视图时可以根据应用的需要,设置一些派生属性列。这些派生属性由于在基本表中并不实际存在,所以也称为**虚拟列**。带虚拟列的视图也称为**带表达式的视图**。

2. 删除视图

删除视图语句的格式如下:

```
DROP VIEW <视图名> [CASCADE];
```

视图删除后视图的定义将从数据字典中删除。如果该视图上还导出了其他视图,则使用级联删除语句,把该视图和由它导出的所有视图一起删除。

基本表删除后,由该基本表导出的所有视图(定义)没有被删除,但均已无法使用了。删除这些视图(定义)需要显式地使用 DROP VIEW 语句。

【例 4.41】 删除视图 IS_S1。

```
DROP VIEW IS_S1;
```

执行此语句时由于 IS_S1 视图上还导出了 IS_S2 视图,所以该语句被拒绝执行。如果确定要删除,则使用级联删除语句:

```
DROP VIEW IS_S1 CASCADE;
```

4.6.2　查询视图

视图定义后,用户就可以像对基本表一样对视图进行查询了。

【例 4.42】　在信息系学生的视图中找出年龄小于 20 岁的学生。

```
SELECT Sno,Sage
FROM IS_Student
WHERE Sage < 20;
```

关系数据库执行对视图的查询时,首先进行有效性检查。检查查询中涉及的表、视图等是否存在。如果存在,则从数据字典中取出视图的定义,把定义中的子查询和用户的查询结合起来,转换成等价的对基本表的查询,然后执行修正了的查询。这一转换过程称为**视图消解**。

4.6.3　更新视图

更新视图是指通过视图来插入、删除和修改数据。由于视图是不实际存储数据的虚表,所以对视图的更新最终要转换为对基本表的更新。像查询视图那样,对视图的更新操作也是通过视图消解,转换为对基本表的更新操作。

为防止用户通过视图对数据进行添加、删除、修改时,有意无意地对不属于视图范围内的基本表数据进行操作,可在定义视图时加上 WITH CHECK OPTION 子句,这样在视图上增、删、改数据时,关系数据库会检查视图定义中的条件,若不满足条件,则拒绝执行该操作。

【例 4.43】　将信息系学生视图 IS_Student 中学号为 201315122 的学生姓名改为刘晨。

```
UPDATE IS_Student
SET Sname= '刘晨'
WHERE Sno= '201315122';
```

【例 4.44】　向信息系学生视图 IS_Student 中插入一个新的学生记录,其中学号为 201315129,姓名为赵新,年龄为 20 岁。

```
INSERT
INTO IS_Student
VALUES('201315129','赵新',20)
```

【例 4.45】　删除信息系学生视图 IS_Student 中学号为 201315129 的记录。

```
DELETE
FROM IS_Student
WHERE Sno= '201315129';
```

在关系数据库中,并不是所有的视图都是可更新的,因为有些视图的更新不能唯一地有意义地转换成对相应基本表的更新。

一般地,行列子集视图是可更新的。除行列子集视图外,还有些视图理论上是可更新的,但它们的确切特征还是尚待研究的课题,还有些视图从理论上讲就是不可更新的。

目前各个关系数据库系统一般都只允许对行列子集视图进行更新,而且各个系统对视图的更新有更进一步的规定,由于各系统实现方法上的差异,这些规定也不尽相同。

4.6.4　视图的作用

视图最终是定义在基本表之上的,对视图的一切操作最终也要转换为对基本表的操作。而且对非行列子集视图进行查询或更新时还有可能出现问题。既然如此,为什么还要定义视图呢? 这是因为合理使用视图能够带来许多好处。

1. 视图能够简化用户的操作

视图机制使用户可以将注意力集中在所关心的数据上。如果这些数据不是直接来自基本表,则可以通过定义视图,使数据库看起来结构简单、清晰,并且可以简化用户的数据查询操作。例如,那些定义了若干表连接的视图,就将表与表之间的连接操作对用户隐蔽起来了。换句话说,用户所做的只是对一个虚表的简单查询,而这个虚表是怎样得来的,用户无须了解。

2. 视图使用户能以多种角度看待同一数据

视图机制能使不同的用户以不同的方式看待同一数据,当许多不同种类的用户共享同一个数据库时,这种灵活性是非常重要的。

3. 视图对重构数据库提供了一定程度的逻辑独立性

第 1 章中已经介绍过数据的物理独立性与逻辑独立性的概念。数据的物理独立性是指用户的应用程序不依赖于数据库的物理结构。数据的逻辑独立性是指当数据库重构时,增加新的关系或对原有关系增加新的字段等,用户的应用程序不会受到影响。层次数据库和网状数据库一般能较好地支持数据的物理独立性,而对于逻辑独立性则不能完全支持。

当然,视图只能在一定程度上提供数据的逻辑独立性,由于对视图的更新是有条件的,所以应用程序中修改数据的语句可能仍会因基本表结构的改变而改变。

4. 视图能够对机密数据提供安全保护

有了视图机制,就可以在设计数据库应用系统时,对不同的用户定义不同的视图,使机密数据不出现在不应看到这些数据的用户视图中。这样视图机制就自动提供了对机密数据的安全保护功能。例如,Student 表涉及全校 15 个院系的学生数据,可以在其上定义 15 个视图,每个视图只包含一个院系的学生数据,并只允许每个院系的主任查询和修改自己系的学生视图。

4.7　小　　结

SQL 可以分为数据定义、数据查询、数据更新、数据控制四大部分。人们有时把数据更新称为数据操作,或把数据查询与数据更新合称为数据操作。本章系统而详尽地讲解了前面三部分的内容。

在讲解的同时进一步介绍了关系数据库系统的基本概念,使这些概念更加具体、更加丰富。

SQL 是关系数据库语言的工业标准。目前,大部分数据库管理系统产品都支持 SQL92,但是许多数据库系统只支持 SQL99 的部分特征,至今尚没有一个数据库系统能够完全支持 SQL99。

SQL 的数据查询功能是最丰富,也是最复杂的,读者应加强实验练习。

本章知识结构图 ....

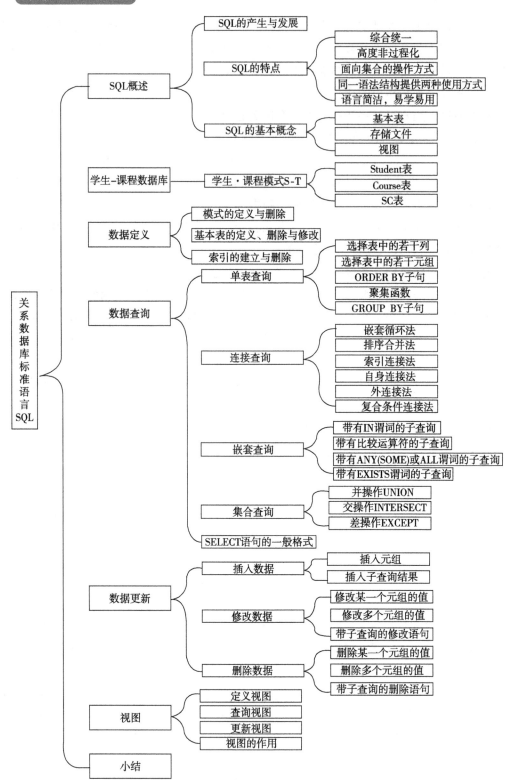

习　题

一、选择题

1. SQL 的逻辑与运算符是(　　)。

A. AND.　　　　　　　　B. ^　　　　　　　　C. AND　　　　　　　　D. &.

2. 通过 SQL 语句建立表时,希望将某属性定义为主关键字,则应使用子句(　　)。

A. CHECK　　　　　　B. FREE　　　　　　C. PRIMARY KEY　　　D. UNIQUE

3. SQL 中用于修改表结构的命令是(　　)。

A. MODIFY TABLE　　　　　　　　　　B. MODIFY STRUCTURE

C. ALTER TABLE　　　　　　　　　　D. ALTER STRUCTURE

4. 下面的选项中,(　　)不属于 SQL 的数据定义功能的内容。

A. 定义数据库　　　　　　　　　　　B. 定义视图

C. 定义索引　　　　　　　　　　　　D. 定义参照完整性

5. 建立视图的 SQL 命令是(　　)。

A. CREATE TABLE　　　　　　　　　B. CREATE VIEW

C. CREATE INDEX　　　　　　　　　D. CREATE CURSOR

6. 在命令窗口执行 SQL 命令时,若命令要占用多行,续行符是(　　)。

A. 冒号(:)　　　　B. 分号(;)　　　　C. 逗号(,)　　　　D. 连字符(-)

7. SQL 中的命令(　　)。

A. 必须是大写的字母　　　　　　　　B. 必须是小写的字母

C. 大小写字母均可　　　　　　　　　D. 大小写字母不能混合使用

8. SQL 中用于删除表的命令是(　　)。

A. NEW　　　　　　B. CREATE　　　　　C. UPDATE　　　　　D. DROP

9. SQL 语句中,用于删除表的命令是(　　)。

A. DELETE TABLE　　　　　　　　　B. ERASE TABLE

C. DROP TABLE　　　　　　　　　　D. REMOVE TABLE

10. SQL 中的数据定义命令不包括(　　)。

A. CREATE　　　　　B. DROP　　　　　C. ALTER　　　　　D. UPDATE

二、填空题

1. SQL 支持集合的并运算,其运算符是_____。

2. 结构化查询语言的缩写是_____。

3. SQL 语句中用于计算平均值查询的函数是_____,用于计数查询的函数是_____。

4. SQL 有两种执行方式,一种是_____,另一种是_____。

5. 将查询结果存放到临时表中,使用_____。

6. SQL 中的"不等于"用_____表示。

7. 在 SQL 语句中,将查询结果存入数据表的短语是_____。

8. SQL 中 BETWEEN a AND b 的意义是_____。

9. 在 SQL 查询语句中可以包含一些统计函数,这些函数包括_____、_____、_____、MAX 和 MIN。

10. 在 SQL 查询语句的 ORDER BY 子句中,DESC 表示按_____输出;省略 DESC 代表按_____输出。

11.在 Visual FoxPro 支持的 SQL 语句中,可以向表中输入记录的命令是_____;可以查询表中内容的命令是_____。

12.将查询结果存放到永久表中,应使用_____短语。

13.在 SQL 查询语句中,将查询结果按指定字段值排序输出的短语是_____;将查询结果分组输出的短语是_____。

14.在 SQL 语句中,空值用_____表示。

15.SQL 中取消查询结果中重复值的短语是_____。

本章参考文献

[1] Jarke M,Koch J. Query optimization in database systems. ACM Computing Surveys,1974,16:2.

[2] Hammer M,Sarin S. Efficient monitoring of database assertions. SIGMOD,1978.

[3] Database Language SQL. ISO/IEC 9075:1992 and ANSI X3. 135-1992,1992.

[4] Cochrane R J,Pirahesh H,Mattos N. Integrating triggers and declarative constraints in SQL database systems. Intl. Conf. on Very Large Database Systems,1996:567-579.

[5] Smith J M,Chang P Y T. Optimizing the performance of a relation algebra database interface. CACM 17,1975,10:242-282.

[6] Kim W. On Optimizing an SQL-like nested query. TODS,1972,3:3.

[7] Yao S B. Optimizing of query evaluation algorithms. ACM TODS,1977,4:2.

[8] Ren Y G, et al. An algorithm for predicting frequent patterns over data streams based on associated matrix. 2012 Ninth Web Information Systems and Applications Conference,2012:1015-1019.

第 5 章　数据库安全性

········ **本章要点** ··

　　数据库安全涉及多方面的问题,本章侧重从用户对数据库的访问权限的角度进行讨论。初步学习建立、授予和取消权限的方法。访问控制是对用户访问数据库各种资源(包括基本表、视图、各种目录以及实用程序等)的权限(包括建立、撤销、查询、增、删、改等)的控制,这是保证数据库安全的基本手段。

　　关键概念:安全性,GRANT,REVOKE,密钥,统计数据库。

　　随着社会信息化的不断深化,各种数据库的使用也越来越广泛。例如,一个企业管理信息系统的全部数据、国家机构的事务管理信息、国防情报机密信息、基于 Web 动态发布的网上购物信息等,它们都集中或分布式地存放在大大小小的数据库中。众所周知,数据库系统中的数据是由 DBMS 统一进行管理和控制的。为了适应和满足数据共享的环境和要求,DBMS 要保证数据库及整个系统正常运转,防止数据意外丢失和不一致数据的产生,以及当数据库遭受破坏后能迅速恢复正常,这就是数据库的安全保护。

　　本章组织如下:5.1 节在讨论数据库的安全性之前首先讨论计算机系统安全性。5.2 节介绍数据库安全性控制,讨论与数据库有关的用户标识、鉴定、存取控制。5.3 节~5.6 节简单介绍视图和密码存储等安全技术。

5.1　安　全　性

5.1.1　安全性控制概述

　　数据库的安全性是指保护数据库,以防止不合法的使用所造成的数据泄露、更改或破坏。安全性问题包括许多方面。

　　(1)法律、社会和伦理方面,如请求查询信息的人是否有合法的权利。

　　(2)物理控制方面,如计算机机房或终端是否应该加锁或用其他方法加以保护。

　　(3)政策方面,确定存取原则,允许哪些用户存取哪些数据。

　　(4)运行与技术方面,使用口令时,如何使口令保持秘密。

　　(5)硬件控制方面,CPU 是否提供任何安全性能方面的功能,诸如存储保护键或特权工作方式。

　　(6)操作系统安全性方面,在主存储器和数据文件用过以后,操作系统是否把它们的内容清除掉。

　　(7)数据库系统本身安全性方面。

　　安全性问题不是数据库系统所独有的,所有计算机系统都存在这个问题。只是在数据库系统中大量数据集中存放,而且为许多最终用户直接共享,从而使安全性问题更为突出。系统安全保护措施是否有效是数据库系统的主要技术指标之一。

本书主要讨论数据库系统级的安全性问题,数据库的安全性问题和计算机系统的安全性是紧密相关的,计算机系统在安全性方面规定了保密性、完整性、可用性三方面。保密性可避免信息泄露;完整性可避免对数据信息进行破坏性操作;可用性保证合法的访问可以正常进行,而不正当的访问被拒绝。这些安全目标均与数据库管理系统相关,因此,数据库系统在安全性控制方面,应在数据库管理系统的统一管理和控制下,分层次逐级设置,只允许合法用户访问授权的数据资源。

5.1.2　安全标准简介

该标准是信息安全技术要求系列标准的重要组成部分,用以指导设计者如何设计和实现具有所需要的安全等级的数据库管理系统,主要从对数据库管理系统的安全保护等级进行划分的角度来说明其技术要求,即主要说明为实现 GB17859—1999 中每一个保护等级的安全要求对数据库管理系统应采取的安全技术措施,以及各安全技术要求在不同安全等级中具体实现上的差异。

众所周知,数据库管理系统是信息系统的重要组成部分,特别是对于存储和管理数据资源的数据服务器是必不可少的。数据库管理系统的主要功能是对数据信息进行结构化组织与管理,并提供方便的检索和使用。当前,常见的数据库结构为关系模式,多以表结构的形式表示。数据库管理系统安全就是要对数据库中存储的数据信息进行安全保护,使其免遭受由于人为的和自然的原因所造成的泄露、破坏和不可用的情况。大多数数据库管理系统是以操作系统文件作为建库的基础,所以操作系统安全,特别是文件系统的安全便成为数据库管理系统安全的基础,当然还有安全的硬件环境(物理安全)也是必不可少的。这些显然不在数据库管理系统安全之列。数据库管理系统的安全既要考虑数据库管理系统的安全运行保护,也要考虑对数据库管理系统中所存储、传输和处理的数据信息的保护(包括以库结构形式存储的用户数据信息和以其他形式存储的由数据库管理系统使用的数据信息)。由于攻击和威胁既可能是针对数据库管理系统运行,也可能是针对数据库管理系统中所存储、传输和处理的数据信息的保密性、完整性和可用性,所以对数据库管理系统的安全保护的功能要求,需要从系统安全运行和信息安全保护两方面综合进行考虑。根据 GB17859—1999 所列安全要素及 GA/T20271—2006 关于信息系统安全功能要素的描述,该标准从身份鉴别、自主访问控制、标记和强制访问控制、数据流控制、安全审计、数据完整性、数据保密性、可信路径、推理控制等方面对数据库管理系统的安全功能要求进行更加具体的描述。通过推理从数据库中的已知数据获取未知数据是对数据库的保密性进行攻击的一种特有方法。推理控制是对这种推理方法的对抗。本标准对较高安全等级的数据库管理系统提出了推理控制的要求,将其作为一个安全要素。为了确保安全功能要素达到所确定的安全性要求,需要通过一定的安全保证机制来实现,根据 GA/T20271—2006 关于信息系统安全保证要素的描述,该标准从数据库管理系统的 SSODB 自身安全保护、数据库管理系统 SSODB 的设计和实现以及数据库管理系统 SSODB 的安全管理等方面,对数据库管理系统的安全保证要求进行更加具体的描述。该标准按照 GB17859—1999 的五个安全等级的划分,对每一个安全等级的安全功能技术要求和安全保证技术要求作详细的描述。

计算机以及信息安全技术方面有一系列的安全标准,最有影响力的当推 TCSEC 和 CC 这两个标准。

TCSEC 是指 1985 年美国国防部(DoD)正式颁布的《DoD 可信计算机系统评估准则》(Trusted Computer System Evaluation Criteria,TCSEC 或 DoD85)。

在 TCSEC 推出后的十年里,不同的国家都开始启动开发建立在 TCSEC 概念上的评估准则,如欧洲的信息技术安全评估准则(ITSEC)、加拿大的可信计算机产品评估准则(CTCPEC)、美国信息技术安全联邦标准(FC)草案等。这些准则比 TCSEC 更加灵活,适应了信息技术的发展。

为满足全球信息技术市场上互认标准化安全评估结果的需要,CTCPEC、FC、TCSEC 和 ITSEC 的发起组织于 1993 年起开始联合行动,解决原标准中概念和技术上的差异,将各自独立的准则集合成一组单一的、能被广泛使用的信息技术安全准则,这一行动被称为 CC(Common Criteria)项目。项目发起组织的代表建立了专门的委员会来开发 CC 通用准则,历经多次讨论和修订,CC V2.1 版本于 1999 年被 ISO 采用为国际标准,2001 年被我国采用为国家标准。目前 CC 已经基本取代了 TCSEC,成为评估信息产品安全性的主要标准。

上述一系列标准的发展历史如图 5.1 所示。本节简要介绍 TCSEC 和 CC V2.1 的基本内容。

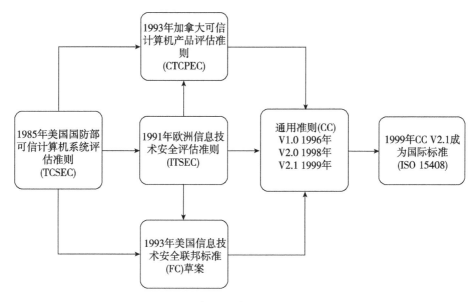

图 5.1　信息安全标准的发展历史

TCSEC 又称橘皮书,1991 年 4 月美国国家计算机安全中心(NCSC)颁布了《可信计算机系统评估准则关于可信数据库系统的解释》(Trusted Database Interpretation,TDI,紫皮书),将 TCSEC 扩展到数据库管理系统。TDI 定义了数据库管理系统的设计与实现中需满足和用以进行安全性级别评估的标准。

TCSEC/TDI 从以下四方面来描述安全性级别划分的指标:安全策略、责任、保证和文档。每个方面又细分为若干项。

根据计算机系统对各项指标的支持情况,TCSEC(TDI)将系统划分为四组(division)七个等级,依次是 D、C(C1,C2)、B(B1,B2,B3)、A(A1),按系统可靠或可信程度逐渐增高,如表 5.1 所示。

表 5.1 TCSEC/TDI 安全级别划分

安全级别	定义
A1	验证设计(verified design)
B3	安全域(security domain)
B2	结构化保护(structural protection)
B1	标记安全保护(labeled security protection)
C2	受控的存取保护(controlled access protection)
C1	自主安全保护(discretionary security protection)
D	最小保护(minimal protection)

D 级 D 级是最低级别。保留 D 级的目的是将一切不符合更高标准的系统都归于 D 组。DOS 就是操作系统中安全标准为 D 的典型例子,它具有操作系统的基本功能,如文件系统、进程调度等,但在安全性方面几乎没有什么专门的机制来保障。

C1 级 只提供了非常初级的自主安全保护。能够实现对用户和数据的分离,进行自主存取控制(DAC),保护或限制用户权限的传播。现有的商业系统往往稍作改进即可满足要求。

C2 级 实际上是安全产品的最低档次,提供受控的存取保护,即将 C1 级的 DAC 进一步细化,以个人身份注册负责,并实施审计和资源隔离。达到 C2 级的产品在其名称中往往不突出"安全"这一特色,如操作系统中的 Windows 2000、数据库产品中的 Oracle 7 等。

B1 级 标记安全保护。对系统的数据加以标记,并对标记的主体和客体实施强制存取控制(MAC)以及审计等安全机制。B1 级别的产品才认为是真正意义上的安全产品,满足此级别的产品一般多冠以"安全"(security)或"可信"(trusted)的字样,作为区别于普通产品的安全产品出售。例如,操作系统方面有惠普公司的 HP-UX BLS Release 9.0.9+等,数据库方面则有 Oracle 公司的 Trusted Oracle 7,Sybase 公司的 Secure SQL Server 11.0.6 等。

B2 级 结构化保护。建立形式化的安全策略模型,并对系统内的所有主体和客体实施 DAC 和 MAC。

B3 级 安全域。该级的 TCB 必须满足访问监控器的要求,审计跟踪能力更强,并提供系统恢复过程。

A1 级 验证设计,即提供 B3 级保护的同时给出系统的形式化设计说明和验证,以确信各级安全保护真正实现。

CC 是在上述各评估准则及具体实践的基础上,通过相互总结和互补发展而来的。和早期的评估准则相比,CC 具有结构开放、表达方式通用等特点。CC 提出了目前国际上公认的表述信息技术安全性的结构,即把对信息产品的安全要求分为安全功能要求和安全保证要求。安全功能要求用以规范产品和系统的安全行为,安全保证要求解决如何正确有效地实施这些功能的问题。安全功能要求和安全保证要求都以"类-子类-组件"的结构表述,组件是安全要求的最小构件块。

CC 的文本由三部分组成,三个部分相互依存,缺一不可。

第一部分是"简介和一般模型",介绍 CC 中的有关术语、基本概念、一般模型以及与评估有关的一些框架,CC 的附录部分主要介绍"保护轮廓"(protection profile,PP)和"安全目标"(security target,ST)的基本内容。

第二部分是安全功能要求,列出了一系列功能组件、子类和类。具体来说有 11 类,分别是安全审计(FAU)、通信(FCO)、密码支持(FCS)、用户数据保护(FDP)、标识和鉴别(FIA)、安全管理(FMT)、隐私(FPR)、TSF 保护(FPT)、资源利用(FRU)、TOE 访问(FTA)、可信路径和信道(FTP)。这 11 大类分为 66 个子类,由 135 个组件构成。

第三部分是安全保证要求,列出了一系列保证组件、子类和类,包括 7 个类,分别是配置管理(ACM)、交付和运行(ADO)、开发(ADV)、指导性文档(AGD)、生命周期支持(ALC)、测试(ATE)、脆弱性评定(AVA)。这 7 大类分为 26 个子类,由 74 个组件构成。另外,第三部分中根据系统对安全保证要求的支持情况提出了评估保证级(evaluation assurance level,EAL),并定义了保护轮廓和安全目标的评估准则,用于对 PP 和 ST 的评估。

这三部分的有机结合具体体现在 PP 和 ST 中,CC 提出的安全功能要求和安全保证要求都可以在具体的 PP 和 ST 中进一步细化和扩展,这种开放式的结构更适应信息安全技术的发展。CC 的具体应用也是通过 PP 和 ST 这两种结构来实现的。

PP 用于表达一类产品或系统的用户需求,是 CC 在某一领域的具体化。CC 针对不同领域产品的评估,就体现在开发该类产品的 PP 上,例如,针对操作系统产品的 PP(OS PP)、针对数据库产品的 PP(DBMS PP)等。CC 并没有专门针对 DBMS 的解释。DBMS PP 是 CC 在 DBMS 领域的具体化,相当于是对 DBMS 的解释。换句话说,CC 的 DBMS PP 就相当于 TCSEC 的 TDI。CC 中规定了 PP 应包含的基本内容和格式,例如,必须指明该 PP 符合哪一种评估保证级别,目前国外已开发多种不同 EAL 的 DBMS PP。ST 是对特定的一种产品进行描述,参加 CC 评估的产品必须提供自己的 ST。

PP 的编制有助于提高安全保护的针对性和有效性。ST 在 PP 的基础上,将安全要求进一步具体化,解决安全要求的具体实现。通过 PP 和 ST 这两种结构,能够方便地将 CC 的安全性要求具体应用到信息产品的开发、生产、测试、评估和信息系统的集成、运行、评估、管理中。

除了 PP 和 ST 之外,还有一个重要的结构是包。包是组件的特定组合,用来描述一组特定的安全功能和保证要求。EAL 是在 CC 第三部分中预先定义的由保证组件组成的保证包,每一保证包描述了一组特定的保证要求,对应着一种评估保证级别。EAL1～EAL7 共分为七级,按保证程度逐渐增高,如表 5.2 所示。

表 5.2　CC 评估保证级划分

评估保证级	定义	TCSEC 安全级别(近似相当)
EAL1	功能测试(functionally tested)	
EAL2	结构测试(structurally tested)	C1
EAL3	系统地测试和检查(methodically tested and checked)	C2
EAL4	系统地设计、测试和复查(methodically designed,tested and reviewed)	B1

评估保证级	定义	TCSEC 安全级别（近似相当）
EAL5	半形式化设计和测试(semiformally designed and tested)	B2
EAL6	半形式化验证的设计和测试(semiformally verified design and tested)	B3
EAL7	形式化验证的设计和测试(formally verified design and tested)	A1

粗略而言，TCSEC 的 C1 和 C2 级分别相当于 EAL2 和 EAL3；B1、B2 和 B3 级分别相当于 EAL4、EAL5 和 EAL6；A1 级对应于 EAL7。

目前有许多信息产品，操作系统如 Windows 2000、Sun Solaris 8 等，数据库管理系统如 Oracle 9i、DB2 V8.2 Sybase Adaptive Server Enterprise V12.5.2 等，都已通过了 CC 的 EAL4。

有关 CC 的具体要求这里就不详细展开了，有兴趣的读者请参阅本章参考文献[2]和文献[3]。

5.2 安全性控制的一般方法

安全性控制是指要尽可能地杜绝所有可能的数据库非法访问。用户非法使用数据库可以有很多种情况，例如，编写合法的程序绕过 DBMS 授权机制，通过操作系统直接存取、修改或备份有关数据。用户访问非法数据，无论它们是有意的还是无意的，都应该严格加以控制，因此，系统还要考虑数据信息的流动问题并加以控制，否则有潜在的危险性，因为数据的流动可能使无权访问的用户获得访问权力。

例如，甲用户可以访问表 T1，但无权访问表 T2，如果乙用户把表 T2 的所有记录添加到表 T1 中之后，则由于乙用户的操作，使甲用户获得了对表 T2 中记录的访问权。此外，用户可以多次利用允许的访问结果，经过逻辑推理得到他无权访问的数据。

为防止这一点，访问的许可权还要结合过去访问的情况而定。可见安全性的实施是要花费一定代价，并需缜密考虑的。安全保护策略就是要以最小的代价来最大程度地防止对数据的非法访问，通常需要层层设置安全措施。

数据库在安全性设置方面分为 4 个控制层次，如图 5.2 所示。

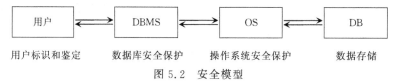

图 5.2 安全模型

在图 5.2 所示的安全模型中，第一层是用户级访问控制，当用户要求进入计算机系统时，系统首先根据输入的用户标识进行用户身份鉴定，只有合法的用户才准许进入计算机系统；第二层是 DBMS 级访问(存取)控制，DBMS 一方面为已进入系统的不同用户设定不同的权限，使数据库得到最大限度的保护，另一方面增加了限制级数据存取的视图，在数据库和用户之间建立起一道屏障；第三层是操作系统级安全性控制，是基于用户访问权限的访问控制;第四层是数据库级控制,对加入数据库中的数据可以进行加密、保存处理。

数据库常见的安全控制方法有用户标识和鉴别、存取控制、定义视图、审计和密码存储等。

5.2.1　用户标识和鉴别

用户标识和鉴别(identification & authentication)是系统提供的最外层安全保护措施,其方法是由系统提供一定的方式让用户标识自己的名字或身份。每次用户要求进入系统时,由系统进行核对,通过鉴定后才提供机器使用权。对于获准进入系统的用户在访问数据库时 DBMS 还要再次进行用户标识和鉴定。

用户标识和鉴定的方法有很多种,而且在一个系统中常常是多种方法并举,以获得更强的安全性。常见的有下列 3 种方法。

1. 利用只有用户知道的信息鉴别用户

最广泛应用的是口令,其次是由被鉴别的用户与系统对话,问题答对了,就证实了用户的身份。

例如,让用户记住一个表达式,如 $4X+3Y+4$,系统将告诉用户 $X=3,Y=5$,如果用户回答 31,就证实了该用户的身份。

当然,这是一个简单的例子,在实际使用中,还可以设计较复杂的表达式,甚至可以加进与环境有关的参数,如用户的年龄、当时的日期和时间等。这种方法比起口令有个优点,就是不怕别人偷看。系统每次提供不同的 X、Y 值,其他人看了用户的回答也没有用,因为猜出这个表达式是困难的。

2. 利用只有用户具有的物品鉴别用户

钥匙就是属于这种性质的鉴别物。在计算机系统中常用磁性卡片作为用户身份的凭证,但系统必须有阅读磁卡的装置,而且磁卡也有丢失或被盗的危险。

3. 利用用户的个人特征鉴别用户

签名、指纹、声波纹等是用户的个人特征,利用这些用户个人特征来鉴别用户非常可靠,但需要昂贵的特殊的鉴别装置,因而影响了它们的推广和使用。

目前的商品化 DBMS 几乎都是用口令识别用户。口令一般由用户选择,既要便于记忆,又要不易被别人猜出。口令一般有 5~16 个字符,字符越多,可用字符越广,就越不容易被别人猜出,但也越难记忆。有些系统鼓励用户在口令中加一些非打印字符或在口令的头尾加一些字符,万一口令被显示和打印,别人也猜不到整个口令,有利于保密。

口令使用时间长了,容易泄露,DBA 应督促用户经常更换口令。为了防止有人尝试猜出口令,对于多次(如 3 次)尝试进入系统而不成功的用户,系统应中断其尝试,并记录在案,报告 DBA。用户在输入口令时,为了避免别人看到,一般不回显或打印口令。

系统中保留一张表,记录用户的口令。为了防止熟悉系统的人偷阅这张表,口令宜用密码保存,而且最好采用不可逆加密方法(只能加密,不能解密)。因为口令没有必要解密,用户输入口令后,系统用同一算法对其进行加密处理,再与系统中存储的加密口令比较,即可判断口令是否正确。

5.2.2 存取控制(access control)

用户标识和鉴别解决了用户合法性的问题,但合法用户的权利应该有所区别,任何合法用户都应该只能执行被授予权限的操作,访问有权访问的数据库数据。存取控制的目的就是要解决合法用户的权限问题。

存取控制是 DBMS 级的安全措施,也是杜绝对数据库进行非法访问的主要措施。通过存取控制机制确保只授权给有资格的用户访问数据库的权限,限定不同的用户有不同的访问模式,同时令所有未被授权的人员无法操作数据。

1. 数据库用户的种类

数据库用户按其访问权限的大小,一般可分为以下三类。

1)一般数据库用户

在 SQL 中,这种用户称为具有 CONNECT 权限的用户。这种用户可以与数据库连接,并具有下列权限。

(1)按照权限可以查询或更新数据库中的数据。

(2)可以建立视图或定义数据的别名。

2)具有支配部分数据库资源权限的数据库用户

在 SQL 中,这种用户称为具有 RESOURSE 权限的用户,除具有一般数据库用户所拥有的权限外,还有下列权限。

(1)可以建立表和索引。

(2)可以授予或收回其他数据库用户对其所建立的数据对象的访问权。

(3)有权对其所建立的数据对象进行跟踪审查。

3)具有 DBA 权限的数据库用户

DBA 拥有支配整个数据库资源的特权,这种用户除具有上述两种用户所拥有的一切权限外,还有下列特权。

(1)有权访问数据库中的任何数据。

(2)不但可以授予或收回数据库用户对数据对象的访问权,还可以批准或收回数据库用户。

(3)可以为所有用户的总称 PUBLIC 定义别名。

(4)有权对数据库进行调整、重组或重构。

(5)有权控制整个数据库的跟踪审查。

由于 DBA 对数据库拥有最大的权限,因而也对数据库负有特别的责任。

综上所述,不同的用户对数据库有不同的访问权。DBMS 就是按照用户的访问权限来控制其访问的,即根据用户所拥有的权限来判断其每次数据库操作是否合法。

2. 存取机制的构成

存取控制机制主要包括以下两方面内容。

1)授权

授权是定义用户权限,并将用户权限登记到数据字典中的过程。其中用户对某一数据对象的操作权称为权限。在数据库系统中要预先定义用户的存取权限,以保证数据只能被有权限的用户访问,这些存取权限定义经过编译后存放在数据字典里,称为安全规则或授权规则。用户权限定义指明了用户可操作的数据对象及操作类型。

2)合法权限检查

当用户提出存取数据库的操作请求时,系统进行权限检查,拒绝用户的非法操作。存取权限的检查实质上是检查用户执行数据库操作的合法性,即根据其存取权限定义对用户的各种操作请求进行控制,确保用户只执行合法操作。

授权和合法权限检查机制一起组成了 DBMS 的安全子系统。

目前 DBMS 支持的存取机制有自主存取控制(discretionary access control,DAC)和强制存取控制(mandatory access control,MAC)两种。

下面详细介绍这两种存取控制方法。

(1)自主存取控制方法。自主存取控制通过授权形式实现。对于不同的数据库对象,不同用户可以授予不同的存取权限;对同一对象不同的用户也可有不同的权限。而且具有某种权限的用户还可以将其拥有的存取权限转授给其他用户。因此自主存取控制非常灵活,大型数据库管理系统几乎都支持自主存取控制。

用户权限是由两个要素组成的:数据库对象和操作类型。定义一个用户的存取权限就是要定义这个用户可以在哪些数据库对象上进行哪些类型的操作。表 5.3 列出了关系数据库系统中主要的存取权限。

表 5.3　关系数据库系统中的存取权限

对象类型	对象	操作类型
数据库	模式	CREATE SCHEMA
模式	基本表	CREATE TABLE,ALTER CREATE
	视图	CREATE VIEW
	索引	CREATE INDEX
数据	基本表和视图	SELECT,INSERT,UPDATE,DELETE,REFERENCES,ALL PRIVILEGES
	属性列	SELECT,INSERT,UPDATE,REFERENCES,ALL PRIVILEGES

在非关系系统中,用户只能对数据进行操作,存取控制的数据库对象也仅限于数据本身。

自主存取控制能够通过授权机制有效地控制其他用户对敏感数据的存取操作,但这种机制仅仅通过对数据的存取权限来进行安全控制,而数据本身并无安全性标记,因此系统无法有效地控制权限的授予状况,因而可能造成数据的无意泄露。例如,甲将自己权限范围内的某些数据存取权限授权给乙,甲的意图是只允许乙本人操作这些数据,但甲的这种安全性要求并不能得到保证,因为乙一旦获得了对数据的权限,就可以将数据备份,获得自身权限内的副本,并在不征得甲同意的前提下传播副本。为了解决这个问题,需要对系统控制下的所有主客体实施强制存取控制策略。

(2)强制存取控制方法。有些数据库系统的数据要求很高的保密性,如军事部门或政府部门。强制存取控制是指系统为了保证更高程度的安全性,按照 TDI/TCSEC 标准中安全策略的要求,所采取的强制存取检查手段,用户不能直接感知或进行控制。这种方法的基本思想在于,为每一个数据对象(客体)标以一定的秘级(如绝密、机密、秘密、一般)。每个用户

(主体)也具有相应的级别,称为许可证级别。强制存取控制就是通过比较主体和客体的级别来确定主体是否能够存取客体。

其中主体是系统中的活动实体,既包括 DBMS 所管理的实际用户,也包括代表用户的各进程。客体是系统中的被动实体,是受主体操作的,包括文件、基本表、索引、视图等。

在系统运行时,要求主体对任何客体的存取必须遵循如下两条规则:

①仅当主体的许可证级别大于或等于客体的密级时,该主体才能读取相应的客体;

②仅当主体的许可证级别等于客体的密级时,该主体才能写相应的客体。

这两种规则的共同点在于它们均禁止了拥有高许可证级别的主体更新低密级的数据对象,从而防止了敏感数据的泄露。

强制存取控制是一种独立于值的控制方法,它的优点在于系统能执行信息流控制,只有符合密级标记要求的用户才可以操作数据,从而提供了更高级别的安全性。

(3)由 DAC 和 MAC 共同构成的安全机制。前面已经提到,较高安全性级别提供的安全保护要包含较低级别的所有保护,因此 DBMS 在执行安全性检查时,首先要进行 DAC 检查,然后对通过检查的且具有访问许可的数据对象进行 MAC 检查。只有通过 MAC 检查的数据库对象才可以进行访问。因此,在实现 MAC 之前要先实现 DAC,即 DAC 与 MAC 共同构成了 DBMS 的安全机制。DAC＋MAC 安全检查示意图如图 5.3 所示。

图 5.3　DAC＋MAC 安全检查示意图

5.2.3　授权

在数据库系统中,定义存取权限称为授权(authorization),授权是安全控制的一个重要方式。

不同的用户身份对数据库对象拥有不同的权限,如 DBA 拥有对数据库中所有对象的所有权限,并可以根据需要将不同的权限授予不同的用户,而用户仅能根据自己所拥有的权限来操作数据库中的数据。

系统授权是将指定操作对象的指定操作权限授予指定的用户,其语法格式如下:

GRANT <权限> [,<权限>]…ON <对象类型> <对象名> [,<对象类型> <对象名>]…

　　TO <用户> [,<用户>]…PUBLIC[WITH GRANT OPTION];

发出该 GRANT 语句的可以是 DBA,也可以是该数据库对象创建者(属主 owner),还可以是已经拥有该权限的用户。接受授权的用户可以是一个或多个具体用户,也可以是

PUBLIC,即全体用户。

　　WITH GRANT OPTION 子句表示获得权限的用户还能够传递权限,即可以把权限传递给其他用户。

　　SQL 标准允许具有 WITH GRANT OPTION 的用户把相应权限或其子集传递授予其他用户,但不允许循环授权,即被授权者不能把权限再授回给授权者或其祖先,如图 5.4 所示。

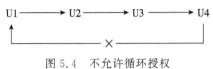

图 5.4　不允许循环授权

　　【例 5.1】　把查询 Student 表的权限授予用户 U1。

```
GRANT SELECT
ON TABLE Student
TO U1;
```

　　【例 5.2】　把对 Student 表和 Course 表的全部操作权限授予用户 li,并允许 li 将该权限授予他人。

```
GRANT ALL PRIVILEGES
ON TABLE Student,Course
TO li WITH GRANT OPTION;
```

　　【例 5.3】　把对表 SC 的查询权限授予所有用户。

```
GRANT SELECT
ON TABLE SC
TO PUBLIC;
```

　　【例 5.4】　把查询 Student 表和修改学生学号的权限授予用户 U4。

```
GRANT UPDATE (Sno),SELECT
ON TABLE Student
TO U4;
```

　　这里实际上要授予 U4 用户的是对基本表 Student 的查询权限和对属性列 Sno 的更新权限。对属性列授权时必须明确指出相应属性列名。

　　【例 5.5】　把对表 SC 的插入权限授予 U5 用户,并允许将此权限再授予其他用户。

```
GRANT INSERT
ON TABLE SC
TO U5
WITH GRANT OPTION;
```

　　执行此 SQL 语句后,U5 不仅拥有了对表 SC 的插入权限,还可以传播此权限,即由 U5 用户发送上述 GRANT 命令给其他用户。例如,U5 可以将此权限授予 U6。

　　【例 5.6】

```
GRANT INSERT
ON TABLE SC
TO U6
WITH GRANT OPTION;
```

同样,U6 还可以将此权限授予 U7。

【例 5.7】　GRANT INSERT

ON TABLE SC

TO U7;

因为 U6 未授予 U7 传播的权限,故 U7 不能再传播此权限。

由上面的例子可以看到,GRANT 语句可以一次向一个用户授权,如例 5.1 所示,这是最简单的一种授权操作;也可以一次向多个用户授权,如例 5.2、例 5.3 等所示;还可以一次传播多个同类对象的权限,如例 5.2 所示;甚至一次可以完成对基本表和属性列这些不同对象的授权,如例 5.4 所示。表 5.4 是执行了例 5.1～例 5.7 的语句后学生-课程数据库中的用户权限定义表。

表 5.4　用户权限定义示例

授权用户名	被授权用户名	数据库对象名	允许的操作类型	能否转授权
DBA	U1	关系 Student	SELECT	不能
DBA	U2	关系 Student	ALL	不能
DBA	U2	关系 Course	ALL	不能
DBA	U3	关系 Student	ALL	不能
DBA	U3	关系 Course	ALL	不能
DBA	PUBLIC	关系 SC	SELECT	不能
DBA	U4	关系 Student	SELECT	不能
DBA	U4	属性列 Student. Sno	UPDATE	不能
DBA	U5	关系 SC	INSERT	能
U5	U6	关系 SC	INSERT	能
U6	U7	关系 SC	INSERT	不能

5.2.4　权限回收

向用户授予的权限可以由 DBA 或其他授权者通过 REVOKE 语句收回,REVOKE 语句的一般格式如下:

REVOKE <权限> [,<权限>]…ON <对象类型> <对象名> [,<对象类型> <对象名>]…

FROM <用户> [,<用户>]… [CASCADE|RESTRICT];

这里 CASCADE 表示级联回收已经转授的权限;RESTRICT 表示当存在转授给其他用户权限的情况时,拒绝回收权限。

【例 5.8】　把用户 U4 修改学生学号的权限收回。

REVOKE UPDATE (Sno)

ON TABLE Student

FROM U4;

【例 5.9】　收回所有用户对表 SC 的查询权限。

REVOKE SELECT

ON TABLE SC

FROM PUBLIC;

【例 5.10】 把用户 U5 对 SC 表的 INSERT 权限收回。

```
REVOKE INSERT
ON TABLE SC
FROM U5 CASCADE;
```

将用户 U5 的 INSERT 权限收回的时候必须级联收回,不然系统将拒绝执行该命令。因为在例 5.6 中,U5 将对 SC 表的 INSERT 权限授予了 U6,而 U6 又将其授予了 U7(例 5.7)。

表 5.5 是执行了例 5.8 例 5.10 的语句后学生-课程数据库中的用户权限定义表。

表 5.5　用户权限定义表

授权用户名	被授权用户名	数据库对象名	允许的操作类型	能否转授权
DBA	U1	关系 Student	SELECT	不能
DBA	U2	关系 Student	ALL	不能
DBA	U2	关系 Course	ALL	不能
DBA	U3	关系 Student	ALL	不能
DBA	U3	关系 Course	ALL	不能
DBA	U4	关系 Student	SELECT	不能

SQL 提供了非常灵活的授权机制。DBA 拥有对数据库中所有对象的所有权限,并可以根据实际情况将不同的权限授予不同的用户;用户对自己建立的基本表和视图拥有全部的操作权限,并且可以用 GRANT 语句把其中某些权限授予其他用户,被授权的用户如果有"继续授权"的许可,还可以把获得的权限再授予其他用户;所有授予的权力在必要时又都可以用 REVOKE 语句收回。

5.2.5　安全性级别

用户必须获得对数据库对象的操作权限,才能在规定的权限之内操作数据库。按用户权限的大小,一般新创建的数据库用户有三种权限:DBA、RESOURSE 和 CONNECT。

1. 拥有 DBA 权限的用户

DBA 拥有对所有数据库对象的存取权限,其中包括以下权限。

(1)访问数据库的任何数据。

(2)数据库的调整、重构和重组。

(3)创建新的用户、创建模式、创建基本表和视图。

(4)把权限授予一般用户。

(5)控制整个数据库运行和跟踪审查。

(6)数据库备份和恢复等。

2. 拥有 RESOURSE 权限的用户

拥有 RESOURSE 权限的用户能创建基本表和视图,成为所创建对象的属主,但是不能创建模式,不能创建新的用户。拥有 RESOURSE 权限的用户拥有这些数据对象上的所有操作和控制的权限,具体如下。

(1)创建表、索引和聚簇的权限。

（2）可以授予或回收其他用户对其所创建的数据对象的所有访问权限。

（3）可以对其所创建的数据对象跟踪审查的权限。

3. 拥有 CONNECT 权限的用户

CREATE USER 命令中如果没有指定创建的新用户的权限，默认该用户拥有 CON-NECT 权限。拥有 CONNECT 权限的用户不能创建新用户，不能创建模式，也不能创建基本表，只能登录数据库。然后由 DBA 或其他用户授予他应有的权限，根据获得的授权情况可以对数据库对象进行权限范围内的操作，其主要权限如下。

（1）能够按照所获得的权限查询或更新数据库中的数据。

（2）可以创建视图或定义数据的别名等特权。

上述三类用户的权限级别说明可以用表 5.6 来总结。

表 5.6　权限与可执行的操作对照表

拥有的权限	可否执行的操作			
	CREATE USER	CREATE SCHEMA	CREATE TABLE	登录数据库 执行数据查询和操作
DBA	可以	可以	可以	可以
RESOURSE	不可以	不可以	可以	可以
CONNECT	不可以	不可以	不可以	可以,但必须拥有相应权限

一个 DBA 用户除了拥有下面两级用户的权限之外，还包括注册、授权等多种特权；一个 RESOURSE 用户除了拥有一般用户的权限之外，还有管理所拥有数据库资源的所有权限，包括授予和回收其他用户访问它的资源的权限。三类用户的权限范围是一种包含关系。

5.2.6　数据库角色

在 SQL 中是通过权限和视图实现安全性控制的。为了避免对多个具有相同权限的用户进行多次授权和回收权限的烦琐操作，可以为一组具有相同权限的用户创建一个角色，例如，在学校中定义教师角色、学生角色和管理者角色等。数据库角色是被命名的一组与数据库操作相关的权限，角色是权限的集合。使用角色来管理数据库权限可以简化授权的过程。

在 SQL 中首先用 CREATE ROLE 语句创建角色，然后用 GRANT 语句给角色授权。

1. 角色的创建

```
CREATE ROLE <角色名>
```

2. 给角色授权

```
GRANT <权限> [,<权限>]…
ON <对象类型> <对象名>
TO <角色> [,<角色>]…
```

DBA 用户可以利用 GRANT 语句将权限授予某一个或几个角色。

3. 将一个角色授予其他角色或用户

```
GRANT <角色 1> [,<角色 2>]…
TO <角色 3> [,<用户 1>]…
[WITH ADMIN OPTION]
```

该语句把角色授予某用户,或授予另一个角色。这样,一个角色所拥有的权限就是授予它的全部角色所包含的权限的总和。

授予者或者是角色的创建者,或者拥有在这个角色上的 ADMIN OPTION 权限。

如果指定了 WITH ADMIN OPTION 子句,则获得某种权限的角色或用户还可以把这种权限再授予其他角色。

一个角色包含的权限包括直接授予这个角色的全部权限加上其他角色授予这个角色的全部权限。

4. 角色权限的回收

```
REVOKE <权限> [,<权限>]…
ON <对象类型> <对象名>
FROM <角色> [,<角色>]…
```

用户可以回收角色的权限,从而修改角色拥有的权限。

REVOKE 动作的执行者或者是角色的创建者,或者拥有在这个角色上的 ADMIN OPTION权限。

【例 5.11】　通过角色来实现将一组权限授予一个用户的步骤如下。

(1)创建一个角色 R1:

```
CREATE ROLE R1;
```

(2)使用 GRANT 语句,使角色 R1 拥有 Student 表的查询、更新、插入权限:

```
GRANT SELECT,UPDATE,INSERT
ON TABLE Student
TO R1;
```

(3)将这个角色授予王平、张明、赵玲,使他们具有角色 R1 所包含的全部权限:

```
GRANT R1
TO 王平,张明,赵玲;
```

(4)一次性地通过 R1 来回收王平的这 3 种权限:

```
REVOKE R1
FROM 王平;
```

【例 5.12】　角色的权限修改。

```
GRANT DELETE
ON TABLE Student
TO R1;
```

使角色 R1 在原来的基础上增加了 Student 表的 DELETE 权限。

【例 5.13】　回收 R1 对 Student 表的查询权限。

```
REVOKE SELECT
ON TABLE Student
FROM R1;
```

可以看出,通过角色的使用可以使自主授权的执行更加灵活、方便。

5.3　定　义　视　图

我们可以为不同的用户定义不同的视图。视图是从一个或几个基本表导出的虚拟表,是对数据库中原始数据的一种变换表示。视图定义以后可以像基本表一样进行查询和删除操作,但更新操作(添加、删除、修改)会受到限制。

视图机制把用户可使用的数据定义在视图中,使用户不能访问视图定义范围以外的数据,从而把要保密的数据对无权限的用户隐藏起来,给数据提供了一定程度的安全保护。进行存取权限控制时为不同用户定义不同的视图,就可以把数据对象限制在一定的访问范围内。

【例 5.14】 建立计算机系学生的视图,把对该视图的 SELECT 权限授予王平,把该视图上的所有操作权限授予张明。

```
CREATE VIEW CS_Student
AS
SELECT *
FROM Student
WHERE Sdept= 'CS';
GRANT SELECT ON CS_Student TO 王平;
GRANT ALL PRIVILEGES ON CS_Student TO 张明;
```

但视图机制的安全保护功能不太精细,往往不能达到应用系统的要求,其主要功能在于提供数据库的逻辑独立性。在实际应用中,通常将视图机制与授权机制结合起来使用,首先用视图机制屏蔽一部分保密数据,然后在视图上进一步定义存取权限。

5.4　审　　计

审计(auditing)是一种监视措施,用于跟踪和记录所选用户对数据库的操作。通过审计可以跟踪、记录可疑的数据库操作,并将跟踪的结果记录在审计日志(audit log)中。审计日志中的记录一般包括下列内容:操作类型(如查询、修改等)、操作终端标识与操作员标识、操作日期和时间、操作的数据对象及数据修改前后的值。根据审计日志记录可对非法访问进行事后分析和调查,重现导致数据库现有状况的一系列事件,找出非法存取数据的人、时间和内容等。

使用审计功能会大大增加系统的开销,所以 DBMS 一般都将其作为可选设置,允许数据库管理员根据应用对安全性的要求灵活地打开或关闭审计功能。审计功能一般主要用于安全性要求较高的部门。

审计一般可以分为用户级审计和系统级审计。用户级审计是任何用户可设置的审计,主要是用户针对自己创建的数据库表或视图进行审计,记录所有用户对这些表或视图的一切成功和(或)不成功的访问要求以及各种类型的 SQL 操作。

我们可以使用如下 SQL 语句打开对 SC 表的审计功能,对表 SC 的每次成功的添加、删除、修改操作都进行审计追踪:

```
AUDIT INSERT,DELETE,UPDATE ONS WHENERE SUCCESSFUL;
```

要关闭对表 SC 的审计功能可以使用如下语句:

```
NO AUDIT ALL ON SC;
```

AUDIT 语句用来设置审计功能,NO AUDIT 语句用来取消审计功能。

【例 5.15】 对修改 SC 表结构或修改 SC 表数据的操作进行审计。

```
AUDIT ALTER,UPDATE
ON SC;
```

【例 5.16】 取消对 SC 表的一切审计。

```
NO AUDIT ALTER,UPDATE
ON SC;
```

审计设置以及审计内容一般都存放在数据字典中,必须把审计开关打开(把系统参数 audit_trail 设为 TRUE),才可以在系统表 SYS_AUDITTRAIL 中查看审计信息。

5.5 数 据 加 密

对于高度敏感性数据,如财务数据、军事数据、国家机密,除以上安全性措施外,还可以采用数据加密技术。

数据加密是防止数据库中的数据在存储和传输过程中被窃取的有效手段。加密的基本思想是根据一定的算法将原始数据(明文,plain text)变换为不可直接识别的格式(密文,cipher text),从而使得不知道解密算法的人无法获知数据的内容。加密过程如图 5.5 所示。

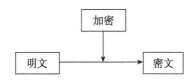

图 5.5 数据加密过程

加密方法主要有两种,一种是替换方法,该方法使用密钥(encryption key)将明文中的每一个字符转换为密文中的一个字符。另一种是置换方法,该方法仅将明文的字符按不同的顺序重新排列。单独使用这两种方法的任意一种都是不够安全的,但是将这两种方法结合起来就能提供相当高的安全程度。美国 1977 年制定的官方加密标准——数据加密标准(data encryption standard,DES)就是采用了这种结合算法。

数据加密后,对于不知道解密算法的人,即使利用系统安全措施的漏洞非法访问数据,也只能看到一些无法辨认的二进制代码。合法的用户检索数据时,首先提供密钥,由系统进行译码后,才能得到可识别的数据。

目前不少数据库产品提供了数据加密例行程序,用户可根据要求自己进行加密处理。还有一些未提供加密程序的数据库也提供了相应的接口,允许用户用其他厂商的加密程序对数据加密。实际上,有些系统也支持用户自己设计加/解密程序,只是这样对用户提出了更高的要求。

用密码存储数据,在存入时需加密,在查询时需解密,这个过程会占用大量系统资源,降低了数据库的性能。因此数据加密功能通常也作为可选特征,允许用户自由选择,一般只有那些保密要求特别高的数据才值得采用此方法。

5.6　统计数据库安全性

有一类数据库称为统计数据库,如民意调查数据库,它包含大量的记录,但其目的只是向公众提供统计、汇总信息,而不是提供单个记录的内容。也就是说,查询的仅仅是某些记录的统计值(如合计、平均值等)。例如,查询程序员的平均工资是合法的,但是查询程序员张勇的工资就不允许。

在统计数据库中,虽然不允许用户查询单个记录的信息,但是用户可以通过处理足够多的汇总信息来分析出单个记录的信息,这就给统计数据库的安全性带来了严重的威胁。

在统计数据库中存在着特殊的安全性问题,即可能存在着隐蔽的信息通道,使得可以从合法的查询中推导出不合法的信息。例如,下面两个查询都是合法的:

本公司共有多少女性高级程序员?

本公司女性高级程序员的工资总额是多少?

如果第 1 个查询的结果是 1,那么第 2 个查询的结果显然就是这个程序员的工资数。这样统计数据库的安全性机制就失效了。为了解决这个问题,可以规定任何查询至少要涉及 N(N 足够大)个以上的记录。即使这样,还是存在另外的泄密途径。

例如,某用户张某想窃取另一用户王某的工资数目,张某可以通过下面两步合法查询获取。

(1)用 SELECT 命令查找张某自己和其他 N-1 个人的工资总额 A。

(2)用 SELECT 命令查找王某和上述同样的 N-1 个人的工资总额 B。

随后用户张某可以很轻松地通过下式得到王某的工资数目:

$$B-A+\text{“用户张某自己的工资数”}$$

上述问题产生的原因是两个查询之间有很多重复的数据项(两个查询的“交”),系统应对用户查询得到的记录数加以控制。

因此在统计数据库中,对查询应作下列限制。

(1)一个查询查到的记录个数至少是 N。

(2)两个查询的相交数据项不能超过 M 个。

系统可以适当调整 N 和 M 的值,使用户很难在统计数据库中获取其他个别记录的信息,但要完全杜绝是不可能的。因此,应限制用户计算和、个数、平均值的能力。可以证明,在上述两条规定下,如果一个破坏者只知道自己的数据,那么他想获知其他个别用户的信息,至少需要进行 $1+(N-2)/M$ 次查询,因而系统应限制任一用户的查询次数不能超过 $1+(N-2)/M$,但是这种方法还不能防止两个破坏者联手查询导致的数据泄露。

另外还有其他一些方法用于解决统计数据库的安全性问题,如数据污染,也就是在回答查询时,提供一些偏离正确值的数据,以免数据泄露。但是无论采用什么安全性机制,都要在不破坏统计数据的前提下进行。此时,系统应该在准确性和安全性之间作出权衡。当安全性遭到威胁时,只能降低准确性的标准。

5.7 小　结

随着计算机,特别是计算机网络的发展,数据的共享日益加强,数据的安全保密越来越重要。为了适应和满足数据共享的环境和要求,DBMS 要保证数据库及整个系统的正常运转,防止数据意外丢失和不一致数据的产生,以及当数据库遭受破坏后能迅速恢复正常,这就是数据库的安全保护。数据库安全涉及多方面的问题,本章从用户对数据库的访问权限的角度进行讨论,介绍了建立、授予和回收权限的方法,以及保证数据库安全的基本手段。其中最重要的是存取控制技术、视图技术和审计技术。自主存取控制功能一般是通过 SQL 的 GRANT 语句和 REVOKE 语句来实现的。数据库角色是一组权限的集合,使用角色来管理数据库权限可以简化授权过程。在 SQL 中用 CREATE ROLE 语句创建角色,用 GRANT 语句给角色授权。

⋯⋯ **本章知识结构图** ⋯⋯⋯⋯⋯⋯⋯⋯⋯⋯⋯⋯⋯⋯⋯⋯⋯⋯⋯⋯

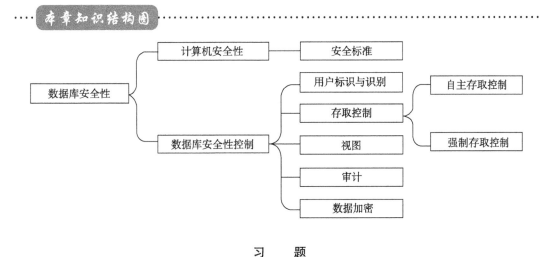

习　　题

一、选择题

1. 以下选项中(　　　)不属于实现数据库系统安全性的主要技术和方法。

A. 存取控制技术　　　　　　　　　　　　　B. 视图技术

C. 审计技术　　　　　　　　　　　　　　　D. 出入机房登记和加锁

2. SQL 中的视图提高了数据库系统的(　　　)。

A. 完整性　　　　　　B. 并发控制　　　　　　C. 隔离性　　　　　　D. 安全性

3. SQL 的 GRANT 和 REVOKE 语句主要是用来维护数据库的(　　　)。

A. 完整性　　　　　　B. 可靠性　　　　　　　C. 安全性　　　　　　D. 一致性

4. 在数据库的安全性控制中,授权的数据对象的(　　　),授权子系统就越灵活。

A. 范围越小　　　　　　　　　　　　　　　B. 约束越细致

C. 范围越大　　　　　　　　　　　　　　　D. 约束范围越大

5. 安全性控制的防范对象是(　　　),防止其对数据库数据的存取。

A. 不合语义的数据　　　　　　　　　　　　B. 非法用户

C. 不正确的数据　　　　　　　　　　　　　D. 非法操作

二、填空题

1.保护数据库，防止未经授权的或不合法的使用造成的数据泄露、更改和破坏，这是指数据的_____。

2.计算机系统有三类安全性问题，即_____、_____和_____。

3.用户权限是由两个要素组成的，即_____和_____。

4.在数据库的安全性控制中，为了保证用户只能存取它有权存取的数据，在授权的定义中，数据对象_____，授权子系统就越灵活。

5.保护数据安全性的一般方法是_____。

6.用户标识和鉴别的方法有很多种，而且在一个系统中往往是多种方法并举，以获得更强的安全性。常用的方法有通过输入_____和_____来鉴别用户。

7.当前大型 DBMS 一般都支持_____，有些 DBMS 还支持_____。

三、解答题

1.什么是数据库的安全性？

2.数据库安全性和计算机系统的安全性有什么关系？

3.试述信息安全标准的发展历史，试述 TDI/TCSEC 和 CC V2.1 标准的基本内容。

4.简述数据库系统中视图的作用。

5.试述数据库系统安全性控制的常用方法。

6.什么是数据库中的自主存取控制方法和强制存取控制方法？

7.SQL 中提供了哪些数据控制（自主存取控制）的语句？试举几例说明它们的使用方法。

8.今有两个关系模式：

职工（职工号，姓名，年龄，职务，工资，部门号）

部门（部门号，名称，经理名，地址，电话号）

请用 SQL 的 GRANT 和 REVOKE 语句（加上视图机制）完成以下授权定义或存取控制功能。

(1)用户王明对两个表有查询权限。

(2)用户李刚对两个表有插入和删除权限。

(3)每个职工只对自己的记录有查询权限。

(4)用户刘星对职工表有查询权限，对工资字段具有更新权限。

(5)用户张新具有修改这两个表的结构的权限。

(6)用户周平具有对两个表所有权限（读、插、改、删数据），并具有给其他用户授权的权限。

(7)用户杨兰具有从每个部门职工中查询最高工资、最低工资、平均工资的权限，但她不能查看每个人的工资。

9.针对习题 8 中(1)～(7)的每一种情况，撤销各用户所授予的权限。

10.为什么说强制存取控制提供了更高级别的数据库安全性？

11.理解并解释 MAC 机制中主体、客体、敏感度标记的含义。

12.举例说明 MAC 机制如何确定主体能否存取客体。

13.什么是数据库的审计功能？为什么要提供审计功能？

14.统计数据库中存在何种特殊的安全性问题？

本章参考文献

[1] Fernfandez E B，Summers R C，Wood C. Database Security and Integrity. Reading Mass：Addison-Wesley，1981.

［2］ 王珊,萨师煊. 数据库系统概论.4 版.北京:高等教育出版社,2006.

［3］ 刘启原. 数据库与信息系统的安全.北京:科学出版社,1999.

［4］ 张孝.可信 COBASE 的系统强制存取控制的设计与实现.北京:中国人民大学,1998.

［5］ 文继荣,张孝,罗立,等. 可信 COBASE 的设计策略:数据强制存取控制机制及其实现.第 14 届全国数据库学术会议论文集,1997.

［6］ 张俊,彭朝晖,肖艳芹,等. DBMS 安全性评估保护轮廓 PP 的研究与开发.第 22 届全国数据库学术会议论文集,2005.

［7］ Abiteboul S, et al. The Lowell database research self-assessment. Comm. ACM,2005,48(5):111-118.

［8］ Abiteboul S,Hull R,Vianu V. Foundations of Databases. Reading MA:Addison-Wesley,1995.

［9］ 任永功,尹明飞.基于组合特征的动态垃圾博客过滤算法.计算机科学,2012,39(5):177-179.

第6章 数据库完整性

本章要点

数据库的完整性是指数据的正确性和相容性。本章要求掌握 DBMS 完整性控制机制的三方面,即完整性约束条件的定义、完整性约束条件的检查和违约处理。学会用 SQL 定义关系模式的完整性约束条件,包括定义每个模式的主码,定义参照完整性,定义与应用有关的完整性。了解触发器是一种特殊类型的存储过程,它在指定的表中的数据发生变化时自动生效。

关键概念:完整性,约束条件,违约处理,触发器。

数据库的完整性是为了保证数据库中存储的数据是正确的。所谓正确是指符合现实世界语义。本章讲解了 RDBMS 完整性实现的机制,包括完整性约束定义机制、完整性检查机制和违背完整性约束条件时 RDBMS 应采取的动作等。

本章的组织如下:6.1~6.3 节分别从实体完整性、参照完整性和用户自定义完整性三类完整性约束的概念入手,讲解了 SQL 中实现这些完整性控制功能的方法;6.4 节和 6.5 节通过举例说明,介绍了完整性约束命名子句以及域中的完整性限制等相关内容;6.6 节从触发器的定义、激活以及删除三方面出发,来介绍触发器这一特殊类型的存储过程。

数据的完整性是为了保证数据库中存储的数据的正确性,包括数据的合法性(如本科学生年龄的取值范围为 14~50 的整数,居民身份证号码必须唯一等)、有效性(数据是否在有效范围内,如月份只能取 1~12 的整数)和相容性(表示同一个事实的两个数据应该一致,如一个人的性别只能是男或女)三方面。

数据库完整性约束可通过 DBMS 来实现,为了维护数据库的完整性,DBMS 必须能够提供完整性约束定义机制、完整性检查机制和违约处理机制。

为维护数据库的完整性,DBMS 必须提供一种机制来检查数据库中数据的完整性。对数据库中的数据设置一些约束条件,这些加在数据库数据上的语义约束条件称为数据库完整性约束条件,DBMS 中检查数据是否满足完整性约束条件的机制称为完整性检查。DBMS 若发现用户的操作违背了完整性约束条件,就会采取一定的动作,如拒绝(NO ACTION)执行该操作或级联(CASCADE)执行其他操作进行违约处理,以保证数据的完整性。

目前许多商用的 DBMS 产品都提供了定义和检查实体完整性、参照完整性、用户自定义完整性的功能。下面讲解 SQL 中实现这些完整性控制功能的方法。

6.1　实体完整性

6.1.1　实体完整性规则

实体完整性规则强调关系的主属性不允许为空值(NULL)。此外,关系模型的实体完整性在 CREATE TABLE 中用 PRIMARY KEY 定义。对单属性构成的码有两种说明方法,一种是定义为列级约束条件,另一种是定义为表级约束条件。对多个属性构成的码只有一种说明方法,即定义为表级约束条件。

【例 6.1】　将 Student 表中的 Sno 属性定义为码。

```
CREATE TABLE Student
    (Sno CHAR(9) PRIMARY KEY,             /*在列级定义主码*/
    Sname CHAR(20) NOT NULL,
    Ssex CHAR(2),
    Sage SMALLINT,
    Sdept CHAR(20)
    );
```

或者

```
CREATE TABLE Student
    (Sno CHAR(9),
    Sname CHAR(20) NOT NULL,
    Ssex CHAR(2),
    Sage SMALLINT,
    Sdept CHAR(20),
    PRIMARY KEY(Sno)                      /*在表级定义主码*/
    );
```

【例 6.2】　有课程关系 C(CNO,CNAME),主码为课程号 CNO,规定课程名 CNAME 必须唯一。

```
CREATE TABLE C
    (CNO CHAR (8) NOT NULL,
    CNAME CHAR (20) UNIQUE,
    PRIMARY KEY (CNO)
    );
```

实体完整性规则能够保证实体的唯一性。实体完整性规则是针对基本表而言的,一个基本表通常对应现实世界的一个实体集,而现实世界的实体具有某种唯一的标识。相应的关系模型中以主码作为唯一性标识。此外,实体完整性规则能够保证实体的可区分性。主码中的属性不能取空值,如果主属性取空值,就说明存在某个不可区分的实体,这不符合现实世界的情况。

6.1.2 实体完整性检查和违约处理

用 PRIMARY KEY 短语定义了关系的主码后,每当用户程序对基本表插入一条记录或者对主码列进行更新操作时,RDBMS 自动进行检查,从而保证了实体完整性。

(1)检查主码值是否唯一,如果不唯一则拒绝插入或修改。

(2)检查主码的各个属性是否为空,只要有一个为空就拒绝插入或修改。

检查记录中主码值是否唯一的一种方法是进行全表扫描。依次判断表中每一条记录的主码值与将插入记录上的主码值(或者修改的新主码值)是否相同,如图 6.1 所示。

待插入记录

Keyi	F2i	F3i	F4i	F5i

基本表

Key1	F21	F31	F41	F51
Key2	F22	F32	F42	F52
Key3	F23	F33	F43	F53
⋮				

图 6.1 用全表扫描的方法检查主码唯一性

全表扫描是十分耗时的。为了避免对基本表进行全表扫描,RDBMS 核心一般都在主码上自动建立一个索引,见图 6.2 的 B+树索引。通过索引查找基本表中是否已经存在新的主码值,将大大提高效率。例如,如果新插入记录的主码值是 25,通过主码索引,从 B+树的根节点开始查找,只要读取 3 个节点就可以知道该主码值已经存在,所以不能插入这条记录。这 3 个节点是根节点(51)、中间节点(12 30)、叶节点(15 20 25)。如果新插入记录的主码值是 86,也只要查找 3 个节点就可以知道该主码值不存在,所以可以插入该记录。

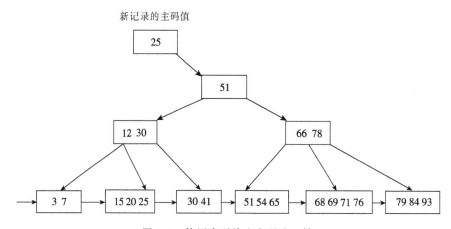

图 6.2 使用索引检查主码唯一性

6.2　参照完整性

6.2.1　参照完整性规则

参照完整性约束外码的值必须是另一个关系中主码的有效值或空值。关系模型的参照完整性在 CREATE TABLE 中,通常用 FOREIGN KEY 子句定义哪些列为外码,用 REFERENCES 短语指明这些外码参照哪些表的主码。

例如,关系 SC 中一个元组表示一个学生选修的某门课程的成绩,(Sno,Cno)是主码。Sno、Cno 分别参照引用 Student 表的主码和 Course 表的主码。

【例 6.3】　有选修关系 SC(SNO,CNO,GRADE),其中主码为(SNO,CNO),SNO 和 CNO 均为外码,它们分别是关系 S 和关系 C 的主码,定义 SC 中的参照完整性规则。

```
CREATE TABLE SC
    (SNO CHAR(9) NOT NULL,
    CNO CHAR(8) NOT NULL,
    GRADE SMALLINT,
    PRIMARY KEY(SNO,CNO),
    FOREIGN KEY(SNO) REFERENCES S(SNO),
    FOREIGN KEY(CNO) REFERENCES C(CNO)
);
```

在实际应用中,经常将关系 S 和关系 C 称为参照关系,将关系 SC 称为依赖关系。

6.2.2　参照完整性检查和违约处理

现实世界中的实体之间往往存在着某种联系,这样就自然存在着关系与关系之间的引用。一个参照完整性将两个表中的相应元组联系起来。因此,对被参照表和参照表进行增、删、改操作时有可能破坏参照完整性,必须进行检查。

例如,有学生和选修两个关系:

学生(学号,姓名,性别,所在系,班级,年龄)

选修(学号,课程号,成绩)

显然,这两个关系之间存在着属性的引用,即选修关系引用了学生关系的主码"学号"。按照参照完整性规则,选修关系中每个元组的学号属性只能取两种值:空值或学生关系中某个元组的学号值。但由于此例中,学号属性不仅是选修关系的外码,而且是该表的主属性,所以不允许取空值,即只能取学生关系中某个元组的学号值。

根据实际情况的不同,一个关系的外码有时可以取空值,有时又不能取空值,这是数据库设计人员必须考虑的外码空值问题。因此在实现参照完整性时,除了应该定义外码,还应定义外码列是否允许为空值。

此外,当用户将被参照关系中的一个元组删除时,如何处理参照关系中对应的元组,即是否将参照关系中对应的元组也一起删除? 这时可有三种不同的策略。

(1)级联删除。当删除或修改被参照表的一个元组造成了与参照表的不一致时,删除或修改参照表中的所有造成不一致的元组。如果参照关系同时又是另一个关系的被参照关系，则这种删除操作会级联下去。例如，删除 Student 表中的元组，Sno 值为 200215121，则从 SC 表中级联删除 SC.Sno='200215121'的所有元组。

（2）受限删除（RESTRICTED）。仅当参照关系中没有任何元组的外码与被参照关系中要删除元组的主码相同时，系统才能执行删除操作，否则拒绝执行此操作。例如，只能删除未选修课程的学生，即要删除 Student 表中的 S1 学生记录，除非该学生在 SC 表中没有选课记录。

（3）置空值删除（NULLIFIES）。若要删除被参照关系中的某一个元组，要同时将参照关系中相应的元组的外码置空值。

当准备在参照关系中插入元组，而被参照关系中不存在一个元组的主码与插入元组的外码相同时，可以有如下两种处理办法。

（1）受限插入。仅当被参照关系中存在相应的元组时，系统才允许插入，否则拒绝插入。例如，仅当 Student 表中有 S3 学生的记录，SC 表中才允许插入其选课记录。

（2）递归插入。首先向被参照关系插入相应的元组，然后向参照关系插入外码与被参照关系插入元组的主码相同的元组。

一般地，当对参照表和被参照表的操作违反了参照完整性，系统选用默认策略，即拒绝执行。如果想让系统采用其他的策略，则必须在创建表的时候显式地加以说明。

【例 6.4】　显式说明参照完整性的违约处理示例。

```
CREATE TABLE SC
(Sno CHAR(9) NOT NULL,
 Cno CHAR(4) NOT NULL,
 Grade SMALLINT,
 PRIMARY KEY(Sno,Cno),                        /*在表级定义实体完整性*/
 FOREIGN KEY(Sno)REFERENCES Student(Sno)/*在表级定义参照完整性*/
 ON DELETE CASCADE /*当删除 Student 表中的元组时，级联删除 SC 表中相应的元组*/
 ON UPDATE CASCADE,/*当更新 Student 表中的 Sno 时，级联更新 SC 表中相应的元组*/
 FOREIGN KEY(Cno) REFERENCES Course(Cno)/*在表级定义参照完整性*/
 ON DELETE NO ACTION /*当删除 Course 表中的元组造成了与 SC 表不一致时拒绝删除*/
 ON UPDATE CASCADE /*当更新 Course 表中的 Cno 时，级联更新 SC 表中相应的元组*/
);
```

从上面的讨论看到，RDBMS 在实现参照完整性时，除了要提供定义主码、外码的机制外，还需要提供不同的策略供用户选择。选择哪种策略，要根据应用环境的要求确定。

6.3　用户自定义完整性

任何关系数据库系统都应该支持实体完整性和参照完整性。除此之外，不同的关系数据库系统根据其应用环境不同，往往还需要一些特殊的约束条件，用户自定义完整性就是针对某一具体应用的数据必须满足的语义要求。例如，某个属性必须取唯一值，某些属性值之间应该满足一定的函数关系等。目前的 RDBMS 都提供了定义和检验这类完整性的机制，使用了和实体完整性、参照完整性相同的技术和方法来处理它们,而不必由应用程序承担这一功能。

6.3.1　属性上的约束条件的定义

在 CREATE TABLE 中定义属性的同时可以根据应用要求定义属性上的约束条件,即属性值限制,包括:列值非空(NOT NULL 短语)、列值唯一(UNIQUE 短语)、检查列值是否满足一个布尔表达式(CHECK 短语)。

1. 不允许取空值

【例 6.5】　在定义 SC 表时,说明 Sno、Cno、Grade 属性不允许取空值。

```
CREATE TABLE SC
    (Sno CHAR(9)NOT NULL,      /* Sno 属性不允许取空值*/
     Cno CHAR(4) NOT NULL,     /* Cno 属性不允许取空值*/
     Grade SMALLINT NOT NULL,/* Grade 属性不允许取空值*/
     PRIMARY KEY(Sno,Cno),/* 如果在表级定义实体完整性,隐含了 Sno、Cno 不允许取空值,则在
                             列级不允许取空值的定义就不必写了*/
);
```

2. 列值唯一

【例 6.6】　建立部门表 DEPT,要求部门名称 Dname 列取值唯一,部门编号 Deptno 列为主码。

```
CREATE TABLE DEPT
    (Deptno NUMERIC(2),
     Dname CHAR(9) UNIQUE,    /* 要求 Dname 列值唯一*/
     Location CHAR(10),
     PRIMARY KEY(Deptno)
);
```

3. 用 CHECK 短语指定列值应该满足的条件

【例 6.7】　Student 表的 Ssex 只允许取"男"或"女"。

```
CREATE TABLE Student
    (Sno CHAR(9)PRIMARY KEY,/* 在列级定义主码*/
     Sname CHAR(8) NOT NULL,    /* Sname 属性不允许取空值*/
     Ssex CHAR(2) CHECK (Ssex IN ('男','女')),/* 性别属性 Ssex 只允许取"男"或"女"*/
     Sage SMALLINT,
     Ssex CHAR(20)
);
```

【例 6.8】　SC 表的 Grade 的值应该为 0～100。

```
CREATE TABLE SC
    (Sno CHAR(9) NOT NULL,
     Cno CHAR(4) NOT NULL,
     Grade SMALLINT CHECK(Grade >= 0 AND Grade <= 100),
     PRIMARY KEY(Sno,Cno),
```

```
FOREIGN KEY(Sno)REFERENCES Student(Sno),
FOREIGN KEY(Cno) REFERENCES Course(Cno)
);
```

6.3.2 属性上的约束条件检查和违约处理

当向表中插入元组或修改属性的值时,RDBMS 就检查属性上的约束条件是否被满足,如果不满足则操作被拒绝执行。

6.3.3 元组上的约束条件的定义

与属性上约束条件的定义类似,在 CREATE TABLE 语句中可以用 CHECK 短语定义元组上的约束条件,即元组级的限制。同属性值限制相比,元组级的限制可以设置不同属性之间的取值的相互约束条件。

【例 6.9】 当学生的性别是男时,其名字不能以 Ms. 开头。

```
CREATE TABLE Student
    (Sno CHAR(9),
    Sname CHAR(8) NOT NULL,
    Ssex CHAR(2),
    Sage SMALLINT,
    Sdept CHAR(20),
    PRIMARY KEY(Sno),
    CHECK (Ssex= '女'OR Sname NOT LIKE 'Ms.% ')
);/*定义了元组中 Sname 和 Ssex 两个属性之间的约束条件*/
```

性别是女性的元组都能通过该项检查,因为 Ssex＝'女'成立;当性别是男性时,要通过检查,则名字一定不能以 Ms. 开头,因为 Ssex＝'男'时,条件要想为真值,Sname NOT LIKE'Ms.％'必须为真值。

6.3.4 元组上的约束条件检查和违约处理

当向表中插入元组或修改属性的值时,RDBMS 就检查元组上的约束条件是否被满足,如果不满足则操作被拒绝执行。

6.4 域完整性约束

域完整性约束是对属性值有效性的约束,是强制实现设计的完整性。在 SQL 中,可以用 CREATE DOMAIN 语句建立一个域以及该域应该满足的完整性约束条件。

【例 6.10】 建立一个性别域,并对性别域的取值范围进行约束。

```
CREATE DOMAIN xingbie CHAR(2)
CHECK(VALUE IN('男','女'));
```

建立性别域后,例 6.10 中对性别的说明可以改写为:

```
Ssex xingbie
```

【例 6. 11】　建立一个性别域,对性别域的取值范围进行约束,并对约束进行命名。

```
CREATE DOMAIN xingbie CHAR(2)
CONSTRAINT GD CHECK (VALUE IN('男','女'));
```

【例 6. 12】　删除域 xingbie 的约束 GD。

```
ALTER DOMAIN xingbie
DROP CONSTRAINT GD;
```

【例 6. 13】　对域 xingbie 增加约束条件 GDD,规定性别域的取值范围为(1,0)。

```
ALTER DOMAIN xingbie
    ADD CONSTRAINT GDD CHECK(VALUE IN('1','0'));
```

这样不但可以建立域的约束,还可以对该约束进行命名和删除操作,也可为所建的域增加约束。

6.5　完整性设计的原则

一条完整性规则可以用一个五元组(D,O,A,C,P)来形式化地表示,含义如下。

D(data):代表约束作用的数据对象,可以是关系、元组和列三种对象。

O(operation):代表触发完整性检查的数据库操作,即当用户发出某个操作请求时,需要检查该完整性规则,是立即执行还是延迟执行。

A(assertion):代表数据对象必须满足的语义约束,这是规则的主体。

C(condition):代表选择 A 作用的数据对象值的谓词。

P(procedure):代表违反完整性规则时触发执行的操作过程。

一般来说,在实施数据库完整性设计的时候应遵循以下原则。

(1)实体完整性约束、参照完整性约束是关系数据库最重要的完整性约束,在不影响系统关键性能的前提下需尽量应用,用一定的时间和空间来换取系统的易用性是值得的。

(2)在需求分析阶段就必须制定完整性约束的命名规范,尽量使用有意义的、易于识别和记忆的英文单词、缩写词、表名、列名及下划线等组合。

(3)根据业务规则对数据库完整性进行细致的测试,以尽早排除隐含的完整性约束间的冲突和对性能的影响。

(4)数据库设计人员不仅负责基于 DBMS 的数据库完整性约束的设计实现,还要负责对应用软件实现的数据库完整性约束进行审核。

6.6　触　发　器

触发器是一种用来保障参照完整性的特殊的存储过程,它维护不同表中数据间关系的有关规则。一旦定义,任何用户对表的增、删、改操作均由服务器自动激活相应的触发器,在 DBMS 核心层进行集中的完整性控制。触发器类似于约束,但是比约束更加灵活,可以实施比 FOREIGN KEY 约束、CHECK 约束更为复杂的检查和操作,具有更精细和更强大的数据控制能力。

6.6.1 触发器的概念

1. 触发器的用途

(1)用于数据库中表的级联操作。

(2)能够执行比约束、规则更为复杂的检查和操作。

(3)能够定制错误信息。

(4)确保数据规范化。

2. 触发器的特点

(1)触发器是数据库的一个对象,必须创建在一个特定的表上,并存储在数据库中。

(2)如果对一个表上的某种操作定义了触发器,则该操作发生时,触发器将自动触发。

(3)与存储过程不同,触发器不能被直接调用,也不能传递或接收参数。

(4)触发器和激活它的 SQL 语句构成一个事务,可以在触发器中包含 ROLLBACK TRANSACTION 语句,根据触发器运行的状态回滚事务,撤销所有操作。

3. 触发器的优点

(1)利用触发器能够实现相关表的级联操作。

(2)触发器具有比 CHECK 子句更强大和更复杂的完整性约束定义功能。

(3)利用触发器可以比较数据修改前后的状态,并可根据差异采取不同的对策。

(4)应用触发器能够简化复杂业务的实现方法,用简单的方法定义复杂的业务规则和完整性约束条件。

(5)由于触发器是一种特殊的存储过程,所以它具备存储过程的优点。

6.6.2 定义触发器

创建触发器的语法如下:

```
CREATE TRIGGER trigger_name
    ON{TABLE|VIEW}
    FOR {[INSERT][,][UPDATE][,][DELETE]} AS
    SQL_statement
```

下面对定义触发器的各部分语法进行详细说明。

(1)trigger_name:触发器的名称。触发器名可以包含模式名,也可以不包含模式名。同一模式下,触发器的名称必须唯一。

(2)TABLE|VIEW:在其上执行触发器的表或视图。表的拥有者即创建表的用户才可以在表上创建触发器,并且一个表上只能创建一定数量的触发器。

(3)[INSERT][,][UPDATE][,][DELETE]:触发事件可以是 INSERT、DELETE 或 UPDATE,也可以是这几个事件的组合,如 INSERT OR DELETE 等。UPDATE 后面还可以有 OF<触发列,…>,即进一步指明修改哪些列时触发器激活。但必须至少指定一个选项,如果指定的选项多于一个,则需要用逗号分隔这些选项。

(4)AS:触发器将要执行的操作。

定义一个好的触发器对简化数据管理、保证数据库安全都有重要意义。在对数据库中的数据进行插入、修改和删除操作时,触发器可以用来实现数据库的完整性维护,因而触发器的类型分为三种,即 INSERT、UPDATE、DELETE 触发器。

1)INSERT 触发器

当向数据表中插入数据时,INSERT 触发器自动执行。INSERT 触发器会自动建立一个 Inserted 临时表,新添加到触发器表中的记录同时会添加到 Inserted 表中。然后执行定义的 SQL 语句。

2)DELETE 触发器

当从数据表中删除数据时,DELETE 触发器自动执行。DELETE 触发器会自动建立一个 Deleted 临时表,从触发器表中删除的记录同时会添加到 Deleted 表中。

3)UPDATE 触发器

当修改数据表中的数据时,一旦 UPDATE 操作事件发生,将激活触发器,UPDATE 触发器会自动建立一个 Inserted 表和一个 Deleted 表,修改记录就等于插入记录和删除记录。新添加到触发器表中的记录同时会添加到 Inserted 表中,从触发器表中删除的记录同时会添加到 Deleted 表中。实际上 UPDATE 触发器的原理相当于 INSERT 触发器和 DELETE 触发器的结合。

【例 6.14】　创建一个简单触发器,实现在列数据发生变化时,其给出的提示信息列数据也发生变化。

```
CREATE TRIGGER my_trig   /*在教师表 Teacher 上定义触发器*/
    ON Teacher
    FOR INSERT              /*触发事件是插入操作*/
    AS
    IF UPDATE(学号)
    PRINT 'Column 学号 Modified'
    GO
```

【例 6.15】　利用触发器来保证 SC 表的参照完整性,以维护其外码与参照表中的主码一致。

```
CREATE TRIGGER SC_inserted    /*建立一个触发器*/
    ON 选课
    FOR INSERT                     /*触发事件是 INSERT*/
    AS
    IF (SELECT COUNT(*) FROM Student, inserted, Course)
        WHERE Student.Sno = inserted.Sno AND inserted.Cno = Course.Cno)= 0
        ROLLBACK TRANSACTION
```

6.6.3　修改触发器

修改触发器的语法格式如下:

```
ALTER TRIGGER trigger_name
    ON{TABLE|VIEW}
    FOR{[INSERT][,][UPDATE][,][DELETE]} AS
```

```
SQL_statement
```

主要参数含义与创建触发器语法格式中各参数的含义相同。

6.6.4　删除触发器

删除触发器相对比较简单,其语法格式如下:

```
DROP TRIGGER <触发器名> ON <表名> ;
```

触发器必须是一个已经创建的触发器,并且只能由具有相应权限的用户删除。

【例 6.16】　删除教师表 Teacher 上的触发器 Insert_Sal。

```
DROP TRIGGER Insert_Sal ON Teacher;
```

6.6.5　触发器的其他用途

触发器的许多使用都超出了完整性维护的范围,触发器可以提醒用户发生了不寻常的事件。例如,希望检查发出一个订单的顾客是否在上月内进行了足够的购买,以至于满足另外的打折条件。如果是这样,售货员必须被告知,从而告诉顾客,以便销售更多的商品。使用触发器可以传递这个信息,该触发器检查最近的购物,如果用户满足打折条件就打印一条信息。

触发器能够产生事件的日志,同时支持审计和安全检查。例如,每次用户下订单的时候,都可以创建一条带有用户标识和当前信用限制的记录,并把这条记录插入客户的历史表中。对该表分析后就可能产生增加新的信用限制的客户的建议(例如,那些从来没有不按时付账并且在最近的一个月里至少三次在 10% 的信用限制范围内购物的顾客)。触发器的潜在使用当然不止这些,例如,触发器还可以用于工作流管理和强制保证商业规则。

6.7　小　结

数据库完整性是指数据库中数据的正确性和相容性。数据库完整性由各种各样的完整性约束来保证,因此可以说数据库完整性设计就是数据库完整性约束的设计。在关系系统中,最重要的完整性约束是实体完整性和参照完整性,其他完整性约束条件可以归入用户自定义完整性。

数据库完整性约束可以通过 DBMS 或应用程序来实现,基于 DBMS 的完整性约束作为模式的一部分存入数据库中。通过 DBMS 实现的数据库完整性按照数据库设计步骤进行设计,而由应用软件实现的数据库完整性则纳入应用软件设计。

完整性机制的实施会影响系统性能。因此,许多数据库管理系统对完整性机制的支持比对安全性的支持要晚得多,也弱得多。随着硬件性能的提高和数据库技术的发展,目前的RDBMS 都提供了定义和检查实体完整性、参照完整性和用户自定义完整性的功能。

对于违反完整性的操作一般的处理是采用默认方式,即拒绝执行。对于违反参照完整性的操作,我们讲解了不同的处理策略。用户要根据应用语义来定义合适的处理策略,以保证数据库的正确性。

实现数据库完整性的一个重要方法是使用触发器。触发器是定义在关系表上的由事件驱动的特殊过程,它的功能非常强大,不仅可以用于数据库完整性检查,而且可以用来实现数据库系统的其他功能,包括数据库安全性等。当然,存储过程是实现完整性控制的又一个功能强大的方法。

本章知识结构图

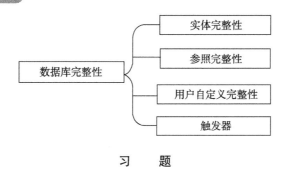

习　题

一、选择题

1. 下述(　　)是 SQL 中的数据控制命令。

A. GRANT　　　　　　B. COMMIT　　　　　　C. UPDATE　　　　　　D. SELECT

2. 下述 SQL 中的权限,(　　)允许用户定义新关系时,引用其他关系的主码作为外码。

A. INSERT　　　　　　B. DELETE　　　　　　C. REFERENCE　　　　　D. SELECT

3. 设属性 A 是关系 R 的主属性,则属性 A 不能取空值,这是(　　　　)。

A. 实体完整性约束　　　　　　　　　　　B. 参照完整性约束

C. 用户自定义完整性约束　　　　　　　　D. 域完整性约束

4. 完整性检查和控制的防范对象是(　　　),防止它们进入数据库;安全性控制的防范对象是(　　　　),防止它们对数据库数据的存取。

A. 不合语义的数据　　　　　　　　　　　B. 非法用户

C. 不正确的数据　　　　　　　　　　　　D. 非法操作

5. 下述 SQL 命令中,定义属性上约束条件的是(　　　)。

A. NOT NULL 短语　　　　　　　　　　　B. UNIQUE 短语

C. CHECK 短语　　　　　　　　　　　　 D. HAVING 短语

6. 参照完整性可能通过建立(　　　)来实现。

A. 主键约束和唯一约束　　　　　　　　　B. 主键约束和外键约束

C. 唯一约束和外键约束　　　　　　　　　D. 以上都不是

二、填空题

1. 数据库的_____是指数据的正确性和相容性。

2. 存取权限包括两方面的内容,一方面是_____,另一方面是_____。

3. 完整性约束是指_____、_____和_____。

4. 实体完整性是指在基本表中,_____。

5. 参照完整性是指在基本表中,_____。

6. 为了避免对基本表进行全表扫描,RDBMS 核心一般都对_____自动建立一个_____。

7. 在一个表中最多只能有一个关键字为_____的约束,关键字为 FOREIGN KEY 的约束可以出现_____。

8.数据库完整性的定义一般由 SQL 的 _____ 语句来实现,它们作为数据库模式的一部分存入 _____ 中。

三、解答题

1.什么是数据库的完整性?

2.数据库的完整性概念与数据库的安全性概念有什么区别和联系?

3.什么是数据库的完整性约束条件?

4.如果两个关系存在参照关系,为了不破坏参照完整性规则,对父表的删除操作应该采取哪几种限制?

5.什么是实体完整性? 什么是参照完整性?

6.假设有下面两个关系模式:

职工(职工号,姓名,年龄,职务,工资,部门号)

部门(部门号,名称,经理名,电话)

用 SQL 定义这两个关系模式,要求在模式中完成以下完整性约束条件的定义。

(1)定义每个模式的主码。

(2)定义参照完整性。

(3)定义职工年龄不得超过 60 岁。

7.简述数据库完整性约束的种类,以及 SQL 中具体的实现方法。

8.试述关系模型的完整性规则。在参照完整性中,为什么外码属性的值也可以为空? 什么情况下才可以为空?

本章参考文献

[1] Hammer M,McLeod D. Semantic integrity in a relational data base system. Proc. of VLDB,1975.

[2] Hammer M,Sarin S. Efficient monitoring of database assertions. SIGMOD,1978.

[3] Database Language SQL. ISO/IEC 9075:1992 and ANSI X3,135-1992,1992.

[4] Cochrane R J,Pirahesh H,Mattos N. Integrating triggers and declarative constraints in SQL database systems. Intl. Conf. on Very Large Database Systems,1996:567-579.

[5] Widom J, Ceri S. Active Database Systems. San Francisco:Morgan-Kaufmann,1996.

第7章 关系查询处理和优化

本章介绍关系数据库的查询优化技术。首先介绍 RDBMS 的查询处理步骤,然后介绍查询优化技术。查询优化一般可分为代数优化和物理优化。代数优化是指关系代数表达式的优化;物理优化则是指存取路径和底层操作算法的选择,本章讲解实现查询操作的主要算法。本章的目的是使读者初步了解 RDBMS 查询处理的基本步骤及查询优化的概念、基本方法和技术,为在数据库应用开发中利用查询优化技术提高查询效率和系统性能打下基础。

7.1 关系数据库系统的查询处理

查询处理的任务是把用户提交给 RDBMS 的查询语句转换为高效的执行计划。

7.1.1 查询处理步骤

RDBMS 查询处理可以分为 4 个阶段:查询分析、查询检查、查询优化和查询执行,如图 7.1 所示。

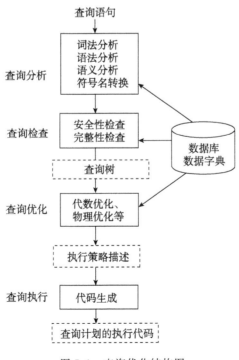

图 7.1 查询优化结构图

1. 查询分析

首先对查询语句进行扫描、词法分析和语法分析。从查询语句中识别出语言符号,如 SQL 关键字、属性名和关系名等,进行语法检查和语法分析,即判断查询语句是否符合 SQL 语法规则。

2. 查询检查

根据数据字典对合法的查询语句进行语义检查,即检查语句中的数据库对象,如属性名、关系名是否存在和有效。还要根据数据字典中的用户权限和完整性约束定义对用户的存取权限进行检查。如果该用户没有相应的访问权限或违反了完整性约束,就拒绝执行该查询。检查通过后便把 SQL 查询语句转换成等价的关系代数表达式。RDBMS 一般都用查询树(query tree),也称为语法分析树(syntax tree),来表示扩展的关系代数表达式。这个过程中要把数据库对象的外部名称转换为内部表示。

3. 查询优化

每个查询都会有许多可供选择的执行策略和操作算法,查询优化(query optimization)就是选择一个高效执行的查询处理策略。查询优化有多种方法,按照优化的层次一般可分为代数优化和物理优化。代数优化是指关系代数表达式的优化,即按照一定的规则,改变代数表达式中操作的次序和组合,使查询执行更高效;物理优化则是指存取路径和底层操作算法的选择。

选择的依据可以是基于规则(rule based)的,也可以是基于代价(cost based)的,还可以是基于语义(semantic based)的。

实际 RDBMS 中的查询优化器都综合运用了这些优化技术,以获得最好的查询优化效果。

4. 查询执行

依据优化器得到的执行策略生成查询计划,由代码生成器(code generator)生成执行这个查询计划的代码。

7.1.2　实现查询操作的算法示例

本节简单介绍选择操作和连接操作的实现算法,确切地说是算法思想。每一种操作有多种执行这个操作的算法,这里仅介绍最主要的几个算法。对于其他重要操作的详细实现算法,有兴趣的读者请参考有关 RDBMS 实现技术的书籍。

1. 选择操作的实现

RDBMS 语句功能十分强大,有许多选项,因此实现的算法和优化策略也很复杂。为了不失一般性,下面以简单的选择操作为例介绍典型的实现方法。

【例 7.1】　SELECT* FROM student WHERE<条件表达式> ;

考虑<条件表达式>的几种情况。

C1:无条件。

C2:Sno=′200215121′。

C3:Sage>20。

C4：Sdept＝′CS′ AND Sage＞20。

1）简单的全表扫描方法

对查询的基本表顺序扫描，逐一检查每个元组是否满足选择条件，把满足条件的元组作为结果输出。对于小表，这种方法简单有效。对于大表顺序扫描十分费时，效率很低。

2）索引（或散列）扫描方法

如果选择条件中的属性上有索引（如 B＋树索引或 Hash 索引），可以用索引扫描方法。通过索引先找到满足条件的元组主码或元组指针，再通过元组指针直接在查询的基本表中找到元组。

以例 7.1 中的 C2 为例，Sno＝′200215121′，并且 Sno 上有索引（或 Sno 是散列码），则可以使用索引（或散列码）得到 Sno 为 200215121 元组的指针，然后通过元组指针在 student 表中检索到该学生。

以例 7.1 中的 C3 为例，Sage＞20，并且 Sage 上有 B＋树索引，则可以使用 B＋树索引找到 Sage＝20 的索引项，以此为入口点在 B＋树的顺序集上得到 Sage＞20 的所有元组指针，然后通过这些元组指针到 student 表中检索到所有年龄大于 20 岁的学生。

以例 7.1 中的 C4 为例，Sdept＝′CS′AND Sage＞20，如果 Sdept 和 Sage 上都有索引，一种算法是：分别用上面两种方法找到 Sdept＝′CS′的一组元组指针和 Sage＞20 的另一组元组指针，求这两组指针的交集，再到 student 表中检索，就得到计算机系年龄大于 20 岁的学生。

另一种算法是：找到 Sdept＝′CS′的一组元组指针，通过这些元组指针到表中检索，并对得到的元组检查另一些选择条件（Sage＞20）是否满足，把满足条件的元组作为结果输出。

2．连接操作的实现

连接操作是查询处理中最耗时的操作之一。为了不失一般性，这里只讨论等值连接（或自然连接）最常用的实现算法。

【例 7.2】　SELECT * FROM Student,WHERE Student.Sno= SC.Sno;

1）嵌套循环方法（nested loop）

这是最简单可行的算法。对外层循环（Student）的每一个元组，检索内层循环（SC）中的每一个元组，并检查这两个元组在连接属性（Sno）上是否相等。如果满足连接条件，则串接后作为结果输出，直到外层循环表中的元组处理完。

2）排序–合并方法（sort-merge join 或 merge join）

这也是常用的算法，尤其适合连接的诸表已经排好序的情况。

排序–合并连接方法的步骤如下。

（1）如果连接的表没有排好序，首先对 Student 表和 SC 表按连接属性 Sno 排序。

（2）取 Student 表中第一个 Sno，依次扫描 Student 表中具有相同 Sno 的元组，把它们连接起来（图 7.2）。

（3）扫描到 Sno 不相同的第一个 SC 元组时，返回 Student 表扫描它的下一个元组，再扫描 SC 表中具有相同 Sno 的元组，把它们连接起来。

重复上述步骤直到 Student 表扫描完。

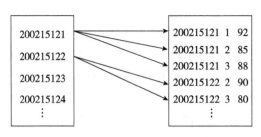

图 7.2　排序-合并连接方法示意图

这样 Student 表和 SC 表都只要扫描一遍。当然,如果两个表原来无序,则执行时间要加上对两个表的排序时间。即使这样,对于两个大表,先排序后使用排序-合并方法执行连接,总的时间一般仍会大大减少。

3)索引连接(index join)方法

索引连接方法的步骤如下。

(1)在 SC 表上建立属性 Sno 的索引,如果原来没有。

(2)对 Student 中每一个元组,由 Sno 值通过 SC 的索引查找相应的 SC 元组。

(3)把这些 SC 元组和 Student 元组连接起来。

循环执行第(2)步和第(3)步,直到 Student 表中的元组处理完为止。

4)Hash 连接方法

把连接属性作为 Hash 码,用同一个 Hash 函数把 R 和 S 中的元组散列到同一个 Hash 文件中:①划分阶段(patitioning phase),对包含较少元组的表(如 R)进行一遍处理,把它的元组按 Hash 函数分散到 Hash 表的桶中;②试探阶段(probing phase),也称为连接阶段(join phase),对另一个表 S 进行一遍处理,把 S 的元组散列到适当的 Hash 桶中,并把元组与桶中所有来自 R 并与之相匹配的元组连接起来。

上面的 Hash 连接算法假设两个表中较小的表在第一阶段后可以完全放入内存的 Hash 桶中。不需要这个前提条件的算法以及许多改进的算法这里就不介绍了。以上算法思想可以推广到更加一般的多个表的连接算法上,请读者自己完成。

7.2　关系数据库系统的查询优化

查询优化在关系数据库系统中有着非常重要的地位。关系数据库系统和非过程化的 SQL 之所以能够取得巨大的成功,关键得益于查询优化技术的发展。关系查询优化是影响 RDBMS 性能的关键因素。

优化对关系系统来说既是挑战又是机遇。所谓挑战是指关系系统为了达到用户可接受的性能,必须进行查询优化。由于关系表达式的语义级别很高,使关系系统可以从关系表达式中分析查询语义,提供了执行查询优化的可能性。这就为关系系统在性能上接近甚至超过非关系系统提供了机遇。

7.2.1　查询优化概述

关系系统的查询优化既是 RDBMS 实现的关键技术又是关系系统的优点所在。它减轻了用户选择存取路径的负担。用户只要提出"干什么",不必指出"怎么干"。对比非关系系统中的情况:用户使用过程化语言表达查询要求,执行何种记录级的操作,以及操作的序列是由用户而不是由系统来决定的。因此用户必须了解存取路径,系统要提供用户选择存取路径的手段,查询效率由用户的存取策略决定。如果用户作了不当的选择,则系统是无法对此加以改进的,这就要求用户有较高的数据库技术和程序设计水平。

查询优化的优点不仅在于用户不必考虑如何最好地表达查询以获得较好的效率,而且在于系统可以比用户程序的"优化"做得更好,原因如下。

(1)优化器可以从数据字典中获取许多统计信息,如每个关系表中的元组数、关系中每个属性值的分布情况、哪些属性上已经建立了索引等。优化器可以根据这些信息作出正确的估算,选择高效的执行计划,而用户程序则难以获得这些信息。

(2)如果数据库的物理统计信息改变了,系统可以自动对查询进行重新优化,以选择相适应的执行计划。在非关系系统中必须重写程序,而重写程序在实际应用中往往是不太可能的。

(3)优化器可以考虑数百种不同的执行计划,而程序员一般只能考虑有限的几种可能。

(4)优化器中包括很多复杂的优化技术,这些优化技术往往只有最好的程序员才能掌握。系统的自动优化相当于使得所有人都拥有这些优化技术。目前 RDBMS 通过某种代价模型计算出各种查询执行策略的执行代价,然后选取代价最小的执行方案。在集中式数据库中,查询的执行开销主要包括磁盘存取块数(I/O 代价)、处理机时间(CPU 代价)、查询的内存开销。在分布式数据库中还要加上通信代价,即

$$总代价＝I/O 代价＋CPU 代价＋内存代价＋通信代价$$

一般地,集中式数据库中 I/O 代价是最主要的。

查询优化的总目标是选择有效的策略,求得给定关系表达式的值,使得查询代价最小(实际上是较小)。

7.2.2　查询优化的必要性

首先来看一个简单的例子,说明为什么要进行查询优化。

【例 7.3】　求选修了 2 号课程的学生姓名。

```
SELECT Student.Sname
FROM Student,SC
WHERE Student.Sno= SC.Sno AND SC.Cno= '2';
```

假定学生-课程数据库中有 1000 个学生记录、10000 个选课记录,其中选修 2 号课程的选课记录为 50 个。

系统可以用多种等价的关系代数表达式来完成这一查询

$$Q_1 = \pi_{Sname}(\sigma_{Student.Sno=SC.Sno \wedge Sc.Cno='2'}(Student \times SC))$$
$$Q_2 = \pi_{Sname}(\sigma_{Sc.Cno='2'}(Student \bowtie SC))$$
$$Q_3 = \pi_{Sname}(Student \bowtie \sigma_{Sc.Cno='2'}(SC))$$

还可以写出几种等价的关系代数表达式,但分析这三种就足以说明问题了。后面将看到由于查询执行的策略不同,查询时间相差很大。

1. 第一种情况

1）计算广义笛卡儿积

把 Student 和 SC 的每个元组连接起来，一般连接的做法是：在内存中尽可能多地装入某个表（Student 表）的若干块，留出一块存放另一个表（SC 表）的元组。然后把 SC 中的每个元组和 Student 中每个元组连接，连接后的元组装满一块后就写到中间文件上，再从 SC 中读入一块和内存中的 Student 元组连接，直到 SC 表处理完。这时再一次读入若干块 Student 元组，读入一块 SC 元组，重复上述处理过程，直到把 Student 表处理完。

设一个块能装 10 个 Student 元组或 100 个 SC 元组，在内存中存放 5 块 Student 元组和 1 块 SC 元组，则读取总块数为

$$1000/10+1000/(10\times5)\times10000/100=100+20\times100=2100（块）$$

其中，读 Student 表 100 块，读 SC 表 20 遍，每遍 100 块。若每秒读写 20 块，则总计要花 105s。连接后的元组数为 $10^3\times10^4=10^7$。设每块能装 10 个元组，写出这些块要用 $10^6/20=5\times10^4$ s。

2）选择操作

依次读入连接后的元组，按照选择条件选取满足要求的记录，假定内存处理时间忽略。这一步读取中间文件花费的时间（同写中间文件一样）需 5×10^4 s。满足条件的元组假设仅 50 个，均可放在内存。

3）投影操作

把上一步的结果在 Sname 上投影并输出，得到最终结果。

因此，第一种情况下执行查询的总时间 $\approx105+2\times5\times10^4\approx10^5$ s。这里，所有内存处理时间均忽略不计。

2. 第二种情况

（1）计算自然连接。

为了执行自然连接，读取 Student 表和 SC 表的策略不变，总的读取块数仍为 2100 块，花费 105s。但自然连接的结果比第一种情况大大减少，为 10^4 个。因此写出这些元组时间为 $10^4/10/20=50$s，仅为第一种情况的 0.1%。

（2）读取中间文件块，执行选择运算，花费时间也为 50s。

（3）把第（2）步的结果投影输出。

第二种情况总的执行时间 $\approx105+50+50=205$s。

3. 第三种情况

（1）先对 SC 表作选择运算，只需读一遍 SC 表，存取 100 块花费时间为 5s，因为满足条件的元组仅 50 个，不必使用中间文件。

（2）读取 Student 表，把读入的 Student 元组和内存中的 SC 元组作连接。只需读一遍 Student 表共 100 块，花费时间为 5s。

（3）把连接结果投影输出。

第三种情况总的执行时间 $\approx5+5=10$s。

假如 SC 表的 Cno 字段上有索引，第一步就不必读取所有的 SC 元组，而只需读取 Cno='2' 的那些元组（50 个）。存取的索引块和 SC 中满足条件的数据块总共 3～4 块。若

Student 表在 Sno 上也有索引,则第二步也不必读取所有的 Student 元组,因为满足条件的 SC 记录仅 50 个,涉及最多 50 个 Student 记录,因此读取 Student 表的块数也可大大减少,总的存取时间将进一步减少到数秒。

这个简单的例子充分说明了查询优化的必要性,同时给出一些查询优化方法的初步概念。把代数表达式 Q_1 变换为 Q_2、Q_3,即有选择和连接操作时,应当先做选择操作,这样参加连接的元组就可以大大减少,这是代数优化。在 Q_3 中,SC 表的选择操作算法有全表扫描和索引扫描两种方法,经过初步估算,索引扫描方法较优。同样对于 Student 表和 SC 表的连接,利用 Student 表上的索引,采用 index join 代价也较小,这就是物理优化。

7.3　代 数 优 化

7.1 节中已经讲解了 SQL 语句经过查询分析、查询检查后变换为查询树,它是关系代数表达式的内部表示。本节介绍基于关系代数等价变换规则的优化方法,即代数优化。

7.3.1　关系代数表达式等价变换规则

代数优化策略是通过对关系代数表达式的等价变换来提高查询效率的。所谓关系代数表达式的等价是指用相同的关系代替两个表达式中相应的关系所得到的结果是相同的。两个关系表达式 E_1 和 E_2 是等价的,可记为 $E_1 \equiv E_2$。

下面是常用的等价变换规则,证明过程略。

1. 连接、笛卡儿积交换律

设 E_1 和 E_2 是关系代数表达式,F 是连接运算的条件,则有

$$E_1 \times E_2 \equiv E_2 \times E_1$$
$$E_1 \bowtie E_2 \equiv E_2 \bowtie E_1$$
$$E_1 \bowtie E_2 \equiv E_2 \bowtie E_1$$

2. 连接、笛卡儿积的结合律

设 E_1、E_2、E_3 是关系代数表达式,F_1 和 F_2 是连接运算的条件,则有

$$(E_1 \times E_2) \times E_3 \equiv E_1 \times (E_2 \times E_3)$$
$$(E_1 \bowtie E_2) \bowtie E_3 \equiv E_1 \bowtie (E_2 \bowtie E_3)$$
$$(E_1 \bowtie E_2) \bowtie E_3 \equiv E_1 \bowtie (E_2 \bowtie E_3)$$

3. 投影的串接定律

$$\pi_{A_1, A_2, \cdots, A_n}(\pi_{B_1, B_2, \cdots, B_m}(E)) \equiv \pi_{A_1, A_2, \cdots, A_n}(E)$$

其中,E 是关系代数表达式,$A_i (i=1,2,\cdots,n)$,$B_j (j=1,2,\cdots,m)$ 是属性名且 $\{A_1, A_2, \cdots, A_n\}$ 构成 $\{B_1, B_2, \cdots, B_m\}$ 的子集。

4. 选择的串接定律

$$\sigma_{F_1}(\sigma_{F_2}(E)) \equiv \sigma_{F_1 \wedge F_2}(E)$$

其中,E 是关系代数表达式,F_1、F_2 是选择条件。选择的串接律说明选择条件可以合并,这样一次就可检查全部条件。

5. 选择与投影操作的交换律

$$\sigma F(\pi_{A_1,A_2,\cdots,A_n}(E)) \equiv \pi_{A_1,A_2,\cdots,A_n}(\sigma F(E))$$

选择条件 F 只涉及属性 $A_1,\cdots,A_n$。

若 F 中有不属于 $A_1,\cdots,A_n$ 的属性 $B_1,\cdots,B_m$，则有更一般的规则

$$\pi_{A_1,A_2,\cdots,A_n}(\sigma F(E)) \equiv \pi_{A_1,A_2,\cdots,A_n}(\sigma F(\pi_{A_1,A_2,\cdots,A_n,B_1,B_2,\cdots,B_m}(E)))$$

6. 选择与笛卡儿积的交换律

如果 F 中涉及的属性都是 E_1 中的属性，则

$$\sigma_F(E_1 \times E_2) \equiv \sigma_F(E_1) \times E_2$$

如果 $F = F_1 \wedge F_2$，并且 F_1 只涉及 E_1 中的属性，F_2 只涉及 E_2 中的属性，则由上面的等价变换规则 1、规则 4、规则 6 可推出

$$\sigma_F(E_1 \times E_2) \equiv \sigma_{F_1}(E_1) \times \sigma_{F_2}(E_2)$$

若 F_1 只涉及 E_1 中的属性，F_2 涉及 E_1 和 E_2 两者的属性，则仍有

$$\sigma_F(E_1 \times E_2) \equiv \sigma_{F_2}(\sigma_{F_1}(E_1) \times E_2)$$

它使部分选择在笛卡儿积前先做。

7. 选择与并的分配律

设 $E = E_1 \cup E_2$，E_1、E_2 有相同的属性名，则

$$\sigma_F(E_1 \cup E_2) \equiv \sigma_F(E_1) \cup \sigma_F(E_2)$$

8. 选择与差运算的分配律

若 E_1 与 E_2 有相同的属性名，则

$$\sigma_F(E_1 - E_2) \equiv \sigma_F(E_1) - \sigma_F(E_2)$$

9. 选择对自然连接的分配律

$$\sigma_F(E_1 \bowtie E_2) \equiv \sigma_F(E_1) \bowtie \sigma_F(E_2)$$

F 只涉及 E_1 与 E_2 的公共属性。

10. 投影与笛卡儿积的分配律

设 E_1 和 E_2 是两个关系表达式，$A_1,\cdots,A_n$ 是 E_1 的属性，$B_1,\cdots,B_m$ 是 E_2 的属性，则

$$\pi_{A_1,A_2,\cdots,A_n,B_1,B_2,\cdots,B_m}(E_1 \times E_2) \equiv \pi_{A_1,A_2,\cdots,A_n}(E_1) \times \pi_{B_1,B_2,\cdots,B_m}(E_2)$$

11. 投影与并的分配律

设 E_1 和 E_2 有相同的属性名，则

$$\pi_{A_1,A_2,\cdots,A_n}(E_1 \cup E_2) \equiv \pi_{A_1,A_2,\cdots,A_n}(E_1) \cup \pi_{A_1,A_2,\cdots,A_n}(E_2)$$

上面介绍的关系代数变换规则到底怎么用，能否把不太好的查询表达式变换成优化的形式，下面举例说明。假设图书管理数据库关系模式如下：

Book(Title * Author,Publisher * BN)

Student(Name,Class,LN)

Loan(LN,BN,Date)

其中，图书关系 Book(以下简写为 B)有 4 个属性：书名 Title(简写为 T)、作者 Author(简写为 A)、出版社 Publisher(简写为 P)和书号 BN；学生关系 Student(简写为 S)有 3 个属性：姓名 Name(简写为 N)、班级 Class(简写为 C)和借书证号 LN；借书关系 Loan(简写为 L)有 3

个属性:借书证号 LN、书号 BN 和借书日期 Date(简写为 D)。

由于图书馆内同一种书常有多本,但每本书都有唯一的书号,所以书号是图书关系的键码。一个学生可有多个借书证,而每个借书证都有唯一的借书证号,因此,借书证号是学生关系的键码。由于借书证号和书号都有唯一性,属于一对一联系,即每个借书证只能借一本书,而每本书只能借给一个学生,不能同时借给两个学生,因此二者均可作为借书关系的键码。

查询要求是:找出 2001 年 1 月 1 日前借出的图书的书名及借书学生的姓名,以敦促逾期不还的学生尽快还书。

为了检验所学的变换规则是否真的有效,我们用最原始的方法给出查询表达式。根据以往的经验,先求 3 个关系的笛卡儿积,把所有可能的情况都组合起来。为了使推导过程有一定的普遍性,我们给出如下通用子模式

$$X = \pi_R(\sigma_F(B \times S \times L))$$

其中,F 代表 S. LN=L. LN AND B. BN=L. BN,形式上为选择条件,实际上是等值连接条件;R 代表 T、A、P、BN、N、C、LN 和 D,即 3 个关系的属性集。

于是,我们的查询要求可用如下表达式来描述

$$\pi_{T, N}(\sigma_{D < 20010101}(X))$$

这一原始表达式可画成原始语法树。下面就该看原始表达式如何变换了。

(1)按照规则(选择的串接律),把相与的两个选择条件分解为两个独立的选择条件,这其实是对变换规则(选择的串接律)的逆向思维。

$$\sigma_{S. LN=L. LN \ AND \ B. BN=L. BN} \longrightarrow (a)\sigma_{S. LN=L. LN} (b)\sigma_{B. BN=L. BN}$$

规则(选择的串接律)可用于 4 种场合:若两个选择条件都针对同一关系,则可把两个条件合并,使选择运算一次完成;若两个选择条件分别针对两个不同的关系,则应把两个条件分解,使之分别与所针对的关系相对应;若相与的两个选择条件实质上是针对三个关系的连接条件(如本例),则应分解,以便实现三个关系依次相连;若两个条件一为选择一为连接,则应分解,先选择后连接。

(2)利用规则(选择与投影的交换律),把 $\sigma_{D < 20010101}$ 与 π_R 交换。其实,这对于规则(选择与投影的交换律)来说,同样是逆向思维。规则(选择与投影的交换律)的这种反向变换完全是无条件的,因为先做选择运算不会丢失任何属性,所以不会影响随后的投影运算。反之,若先进行投影,就必须保证随后的选择运算所涉及的属性依然如故,因而是有条件的。

再利用规则(选择的交换律),把选择 $\sigma_{D < 20010101}$ 与上一步分解的两个选择(实质上是连接),按先选择后连接的原则加以交换,于是得到

$$\sigma_{D < 20010101}(B \times S \times L)$$

由于表达式中的选择仅涉及关系 L,则按照规则(选择对笛卡儿积的分配律),表达式变换为

$$B \times S \times (\sigma_{D < 20010101}(L))$$

(3)由于选择条件(a)$\sigma_{S. LN=L. LN}$ 与关系 B 无关,同样按照规则 6,把表达式变换为

$$B \times (\sigma_{S. LN=L. LN}(S \times (\sigma_{D < 20010101}(L))))$$

(4)利用规则(投影串接律),把两个投影合并

$$\pi_{T, N}(\pi_R(\cdots)) \longrightarrow \pi_{T, N}(\cdots)$$

（5）利用规则（选择与投影的串接律），对如下表达式进行变换

$$\pi_{T,N}(\sigma_{B,BN=L,BN}(\cdots)) \to \pi_{T,N}(\sigma_{B,BN=L,BN}(\pi_{T,N,B,BN,L,BN}(\cdots)))$$

利用该规则的结果是在原有的投影与选择之后串接一个新的投影，而新投影的属性既包含后续投影的属性，也包含后续选择条件（实为等值连接条件）中的属性。看到这里，难免会感到规则（选择与投影的串接律）有些节外生枝，把简单问题复杂化了。

（6）把投影 $\pi_{T,N,B,BN,L,BN}$ 分解为独立的两部分 $\pi_{T、B,BN}$ 和 $\pi_{N、L,BN}$，然后利用投影对笛卡儿积的分配律，分别对相关的部分作投影，于是得到

$$\pi_{T,N}(\sigma_{B,BN=l,BN}(\pi_{T、B,BN}(B)) \times \pi_{N、L,BN}(\sigma_{S,LN=L,LN}(S \times \sigma_{D<20010101}(L))))$$

原来，把后续运算所需要的属性汇总起来，是为了按各自所在的关系重新组合，从而在求笛卡儿积之前，把每个关系中无关的属性完全删除。

（7）再次利用规则（选择与投影的串接律），把投影与选择串接，得到如下表达式

$$\pi_{N、L,BN}(\sigma_{S,LN=L,LN}(S \times \sigma_{D<20010101}(L))) \to \pi_{N、L,BN}(\sigma_{S,LN=L,LN}(\pi_{N、L,BN,S,LN,L,LN}(S \times \sigma_{D<20010101}(L))))$$

（8）把新的投影分解成 $\pi_{N、S,LN}$ 和 $\pi_{L,BN,L,LN}$，再次把投影移入笛卡儿积，得到如下表达式

$$\pi_{N、S,LN}(S) \times (\pi_{L,BN,L,LN}(\sigma_{D<20010101}(L)))$$

按照规则（选择与投影的串接律），还可以再做下去，得到下面的表达式

$$\pi_{L,BN,L,LN}(\sigma_{D<20010101}(L)) \to \pi_{L,BN,L,LN}(\sigma_{D<20010101}(\pi_{L,BN,L,LN,D}(L)))$$

这时，我们会注意到新串接的投影竟然把关系 L 的全部属性无一遗漏地取出了。不言而喻，此举实属画蛇添足。

到此，已是大功告成，我们对常用的变换规则如何应用也胸有成竹了。

优化的查询表达式如下

$$\pi_{T,N}(\sigma_{B,BN=l,BN}(\pi_{T、B,BN}(B) \times \pi_{N、L,BN}(\sigma_{S,LN=L,LN}(\pi_{N、L,BN}(S) \times (\pi_{L,BN,L,LN}(\sigma_{D<20010101}(L)))))))$$

众所周知，把笛卡儿积按公共属性相等的条件进行选择，再去掉重复属性，就是自然连接。所以按照习惯，我们更愿意把优化的查询表达式写成

$$\pi_{T,N}(\pi_{T、B,BN}(B) \bowtie \pi_{N、L,BN}((\pi_{N、S,LN}(S) \bowtie (\pi_{L,BN,L,LN}(\sigma_{D<20010101}(L))))))$$

把按照变换规则推导出的优化的查询表达式与我们常写的查询表达式比较就会发现，两者主要的不同在于：优化的表达式中多了几个投影——一对原始关系和中间关系的投影，通过不断地投影把后续的投影和连接（以选择的形式出现）运算所需要的属性取出，而不断地删除多余的属性。

7.3.2　查询树的启发式优化

为了将查询的外部表达式转换成对关系的操作序列，需要有一种查询的内部表示，即查询表达式的内部结构，称为查询树，又称为语法树。

定义 7.1　查询树是一棵树 $T=(V,E)$，其中：

（1）V 是节点集，每个非叶节点是关系操作符，叶节点是关系名（查询涉及的关系）；

（2）E 是边集，二节点有 (V_1,V_2)，当且仅当 V_2 是 V_1 的操作分量。

查询树较好地表示了对查询涉及的关系上的操作，可把它作为关系代数语言的语法分析树。应用启发式规则（heuristic rules）的代数优化是对关系代数表达式的查询树进行优化的方法。

【例 7.4】　假设要查询学生李明选修的所有课程的成绩,可以用多个关系代数表达式来表示这个查询,例如

$$E_1 = \pi_{Score}(\sigma_{Student.\ StudentNo = SC.\ StudentNo\ AND\ Student.\ StudentName = '李明'}(Student \times SC))$$

$$E_2 = \pi_{Score}(\sigma_{Student.\ StudentName = '李明'}(Student \bowtie SC))$$

$$E_3 = \pi_{Score}(\sigma_{Student.\ StudentName = '李明'}(Student) \bowtie SC)$$

仔细分析这 3 个表达式的语义可以得出结论:它们是完全等价的,表达的查询完全相同,查询结果也一样。稍加分析便可以知道,这 3 个表达式是按照不同的顺序执行各个操作的,因此运算的次数和时间都不同。

E_1 先求笛卡儿积 Student×SC,把 Student 的每个元组和 SC 的每个元组连接起来,假设这两个关系分别有 n_1 和 n_2 个元组,就会生成一个含有 $n_1 \times n_2$ 个元组的临时关系,然后对这一临时关系按照条件 Student. StudentNo＝SC. StudentNo AND Student. StudentName＝'李明'进行选择,最后投影到属性 Score 上。

E_2 不是求 Student 和 SC 的笛卡儿积,而是将它们进行自然连接,也生成一个临时关系,显然,这个临时关系的元组数量比笛卡儿积生成的临时关系元组数量要少得多,并且属性数量也要少一个。这是因为

$$Student \bowtie SC = \sigma_{Student.\ StudentNo\ ,\ StudentName\ ,\ Age, Dept, CourseNo, Score}$$

$$(\sigma_{Student.\ StudentNo = SC.\ StudentNo}(Student \times SC))$$

从上式可以看出,这两个关系进行自然连接只是把学号相同的元组连在一起。由于学号是学生关系的键码,也就是说,每个学号只对应一个元组,所以自然连接后得到的新关系的元组数也就是学生选课关系的元组数 n_2。

随后对生成的临时关系按照条件 Student. StudentName＝'李明'进行选择,最后一步也是投影到 Score。系统在进行选择运算的时候,对于关系中每个元组,要将其相应的分量值代入选择条件中,从而判断其是否满足条件。关系中的元组越多,选择运算的时间就越长,需要的内存量也越大。所以无论是从时间还是从空间上,E_2 明显比 E_1 更优越。

E_3 又比 E_2 作了进一步优化,因为它先对 Student 关系按照条件 Student. Student Name＝'李明'进行选择,这样一来生成的临时关系(中间关系)就只有少数几个元组(一个学生关系中名叫李明的学生不会很多),这样一个小型临时关系再与 StudentCourse 进行自然连接,新生成的临时关系的规模必然明显小于 E_2 直接将两个较大型关系进行自然连接所得的临时关系。E_3 的执行时间通常要比 E_2 和 E_1 少几个数量级。因此,尽管查询优化需要系统花费一笔开销,可能会额外占用一定的存储空间和运行时间,但显然是值得的。

我们希望在系统开销尽量小的情况下对查询进行尽可能的优化,一般采用以下策略。

(1)选择运算尽早进行。正如在例 7.4 所看到的,由于 E_3 提前做了选择运算,运行时间就可能比选择运算放在后面少做几个数量级。这是因为中间结果的元组数量显著减少,运算量随之减小,尤其是访问磁盘的次数也相应减少。一般来说,将选择运算提前进行将最有效的优化查询所占用的时间和空间的方法。

应特别强调的是,当关系的元组数量很大,而内存有限时,每次只能连接部分元组,这样就需要把磁盘上的数据多次重复地读入内存,甚至还需要把中间结果暂时写入磁盘。而磁盘的读写要比 CPU 的处理慢得多,因此减少对磁盘的访问对查询优化至关重要。

(2)投影运算与选择运算同时进行。对同一个关系进行操作的投影和选择运算应该同时进行,这样可以避免重复扫描该关系,从而节省了查询时间。

(3)将笛卡儿积与随后的选择运算合并为连接运算。因为连接运算(尤其是自然连接)要比笛卡儿积运算所花的时间少很多,参见例 7.4 中的分析。

(4)投影运算与其他运算同时进行。这样就不必为了删除关系的某些属性值而把关系再扫描一遍了。

(5)寻找公共子表达式并将结果加以存储。如果有一个频繁出现的子表达式,其结果关系并不大,从磁盘读入这个结果关系所花的时间要比计算该子表达式所花的时间少,那么先计算该公共子表达式并将结果存储在磁盘上就能对查询起到优化作用。当查询对象是视图时,定义视图的表达式就可看作公共子表达式。

(6)在执行连接操作前对关系进行适当的预处理。对适当的属性预先进行排序或者建立索引将有助于快速有效地找到适当的元组。只要预处理所花费的时间仍然合算,那么这种优化策略还是有用的。

【例 7.5】 对学生关系和学生选课关系进行自然连接。若先按学号进行排序,则连接过程中两个关系只需扫描一遍:先取学生关系的第 1 个元组,然后与学生选课关系中具有同一学号的元组逐一连接,当扫描到学号不同的元组时,再从学生关系中取下一元组,把与该学生有关的选课元组逐一连接,直到把最后一个学生与其所选几门课,即学生选课关系的最后几个元组逐一连接完毕。

下面给出遵循这些启发式规则,应用 7.3.1 节的等价变换公式来优化关系表达式的算法。

算法 7.1 关系表达式的优化。

输入:一个关系表达式的查询树。

输出:优化的查询树。

算法步骤如下。

(1)利用等价变换规则 4 把 $\sigma_{F_1 \wedge F_2 \wedge \cdots \wedge F_n}(E)$ 变换为 $\sigma_{F_1}(\sigma_{F_2}(\cdots(\sigma_{F_n}(E))\cdots))$。

(2)对每一个选择,利用等价变换规则 4~规则 7 尽可能把它移到树的叶端。

(3)对每一个投影利用等价变换规则 3、规则 5、规则 10、规则 11 中的一般形式尽可能地把它移向树的叶端。

注意:等价交换规则 3 使一些投影消失,而规则 5 把一个投影分裂为两个,其中一个有可能被移向树的叶端。

(4)利用等价变换规则 3~规则 5 把选择和投影的串合并成单个选择、单个投影或一个选择后跟一个投影。使多个选择或投影能同时执行,或在一次扫描中全部完成,尽管这种变换似乎违背了"投影尽可能早做"的原则,但这样做效率更高。

(5)把上述得到的语法树的内节点分组。每一双目运算(×、⋈、∪、—)和它所有的直接祖先为一组(这些直接祖先是 σ、π 运算)。如果其后代直到叶子全是单目运算,则也将它们并入该组,但当双目运算是笛卡儿积,而且后面不是与它组成等值连接的选择时,则不能把选择与这个双目运算组成同一组,把这些单目运算单独分为一组。

【例 7.6】 下面给出例 7.3 中 SQL 语句的代数优化示例。

（1）把 SQL 语句转换成查询树，如图 7.3 所示。

为了使用关系代数表达式的优化法，假设内部表示是关系代数语法树，则上面的查询树如图 7.4 所示。

（2）对查询树进行优化。

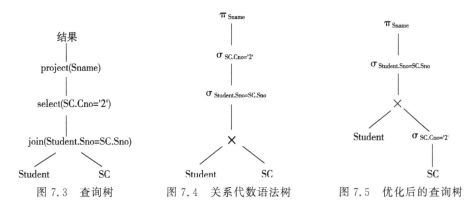

图 7.3　查询树　　　　　图 7.4　关系代数语法树　　　　图 7.5　优化后的查询树

利用规则 4 和规则 6 把选择 $\sigma_{\text{SC.Cno}}='2'$ 移到叶端，图 7.4 的查询树便转换成图 7.5 的优化查询树。这就是 7.2.2 节中 Q_3 的查询树表示，前面已经分析了 Q_3 比 Q_1、Q_2 查询效率要高得多。

7.4　物　理　优　化

代数优化改变查询语句中操作的次序和组合，不涉及底层的存取路径。7.1.2 节中已经讲解了对每一种操作有多种执行这个操作的算法，有多条存取路径。对于一个查询语句有许多存取方案，它们的执行效率不同，有的会相差很大。因此，仅仅进行代数优化是不够的。物理优化就是要选择高效合理的操作算法或存取路径，求得优化的查询计划，达到查询优化的目标。

选择的方法如下。

（1）基于规则的启发式优化。启发式规则是指那些在大多数情况下都适用，但不是在每种情况下都适用的规则。

（2）基于代价估算的优化。优化器用于估算不同执行策略的代价，并选出具有最小代价的执行计划。

（3）两者结合的优化方法。查询优化器通常会把以上两种技术结合在一起使用。因为可能的执行策略很多，要穷尽所有的策略进行代价估算往往是不可行的，会使查询优化本身付出的代价大于获得的益处。为此，常常先使用启发式规则，选取若干较优的候选方案，减小代价估算的工作量；然后分别计算这些候选方案的执行代价，较快选出最终的优化方案。

7.4.1　基于启发式规则的存取路径选择优化

1. 选择操作的启发式规则

（1）对于小关系，使用全表顺序扫描，即使选择列上有索引。

（2）对于选择条件是主码=值的查询，查询结果最多是一个元组，可以选择主码索引。一般的 RDBMS 会自动建立主码索引。

（3）对于选择条件是非主属性=值的查询，并且选择列上有索引，则要估算查询结果的元组数目，如果比例较小（<10%）可以使用索引扫描方法，否则还是使用全表顺序扫描。

（4）对于选择条件是属性上的非等值查询或者范围查询，并且选择列上有索引，同样要估算查询结果的元组数目，如果比例较小（<10%），可以使用索引扫描方法，否则还是使用全表顺序扫描。

（5）对于用 AND 连接的合取选择条件，如果有涉及这些属性的组合索引，则优先采用组合索引扫描方法；如果某些属性上有一般的索引，则可以用索引扫描方法，否则使用全表顺序扫描。

（6）对于用 OR 连接的析取选择条件，一般使用全表顺序扫描。

2. 连接操作的启发式规则

（1）如果两个表都已经按照连接属性排序，则选用排序-合并方法。

（2）如果一个表在连接属性上有索引，则可以选用索引连接方法。

（3）如果上面两个规则都不适用且其中一个表较小，则可以选用 Hash 连接方法。

（4）最后可以选用嵌套循环方法，并选择其中较小的表，确切地讲是占用的块数较少的表作为外表（外循环的表），理由如下。

设连接表 R 与 S 分别占用的块数为 Br 与 Bs，连接操作使用的内存缓冲区块数为 K，分配 K−1 块给外表。如果 R 为外表，则嵌套循环法存取的块数为 $Br+(Br/K-1)Bs$，显然应该选块数小的表作为外表。上面列出了一些主要的启发式规则，在实际的 RDBMS 中启发式规则要多得多。

7.4.2 基于代价的优化

启发式规则优化是定性的选择，比较粗糙，但是实现简单而且优化本身的代价较小，适合解释执行的系统。因为解释执行的系统，优化开销包含在查询总开销之中。在编译执行的系统中，一次编译优化，多次执行，查询优化和查询执行是分开的。因此，可以采用精细的复杂的基于代价的优化方法。

1. 统计信息

基于代价的优化方法要计算各种操作算法的执行代价，它与数据库的状态密切相关。为此，在数据字典中存储了优化器需要的统计信息，主要包括如下几方面。

（1）对每个基本表，该表的元组总数（N）、元组长度（l）、占用的块数（B）、占用的溢出块数（BO）。

（2）对基表的每个列，该列不同值的个数（m）、选择率（f）（如果不同值的分布是均匀的，则 f=1/m；如果不同值的分布不均匀，则每个值的选择率=具有该值的元组数/N）、该列最大值、最小值、该列上是否已经建立了索引，是哪种索引（B+树索引、Hash 索引、聚集索引）。

（3）对索引，如 B+树索引，该索引的层数（L）、不同索引值的个数、索引的选择基数 S（有 S 个元组具有某个索引值）、索引的叶节点数（Y）等。

2. 代价估算示例

下面给出若干操作算法的执行代价估算。

1）全表扫描算法的代价估算公式

如果基本表大小为 B 块，则全表扫描算法的代价 cost＝B；如果选择条件是码＝值，那么平均搜索代价 cost＝B/2。

2）索引扫描算法的代价估算公式

如果选择条件是码＝值，则采用该表的主索引，若为 B+树，层数为 L，需要存取 B+树中从根节点到叶节点 L 块，再加上基本表中该元组所在的那一块，所以 cost＝L＋1。

如果选择条件涉及非码属性，如 B+树索引，选择条件是相等比较，S 是索引的选择基数（有 S 个元组满足条件）。因为满足条件的元组可能会保存在不同的块上，所以（最坏的情况）cost＝L＋S。

如果比较条件是＞、＞＝、＜、＜＝操作，假设有一半的元组满足条件，就要存取一半的叶节点，并通过索引访问一半的表存储块，所以 cost＝L＋Y/2＋B/2。如果可以获得更准确的选择基数，则可以进一步修正 Y/2 与 B/2。

3）嵌套循环连接算法的代价估算公式

嵌套循环连接算法的代价 cost＝Br＋Br·Bs/(K－1)。如果需要把连接结果写回磁盘，则 cost＝Br＋Br·Bs/(K－1)＋(Frs·Nr·Ns)/Mrs。其中 Frs 为连接选择性（join selectivity），表示连接结果元组数的比例，Mrs 是存放连接结果的块因子，表示每块中可以存放的结果元组数目。

4）排序-合并连接算法的代价估算公式

如果连接表已经按照连接属性排好序，则 cost＝Br＋Bs＋(Frs·Nr·Ns)/Mrs。

如果必须对文件排序，那么还需要在代价函数中加上排序的代价。对于包含 B 个块的文件排序的代价大约是(2B)＋(2B·log₂ B)。

上面仅仅列出了少数操作算法的代价估算示例，在实际的 RDBMS 中代价估算公式要多得多，也复杂得多。

7.5　小　　结

查询处理是 RDBMS 的核心，而查询优化技术又是查询处理的关键技术。本章仅关注查询语句，它是 RDBMS 语言处理中最重要、最复杂的部分。更一般的数据库语言（包括 DDL、DML、DCL）处理技术在 RDBMS 实现的书中讲解。

本章讲解了启发式代数优化、基于规则的存取路径优化和基于代价的优化等方法，实际系统的优化是综合的，优化器是十分复杂的。

本书不要求读者掌握 RDBMS 查询处理和查询优化的内部实现技术，因此没有详细讲解技术细节。本章的目的是希望读者掌握查询优化方法的概念和技术；通过本章实验，进一步了解具体的查询计划表示，能够利用它分析查询的实际执行方案和查询代价，进而通过建立索引或者修改 SQL 语句来降低查询代价，达到优化系统性能的目标。

对于比较复杂的查询，尤其是涉及连接和嵌套的查询，不要把优化的任务全部放在 RD-

BMS 上,应该找出 RDBMS 的优化规律,以写出适合 RDBMS 自动优化的 SQL 语句。对于 RDBMS 不能优化的查询需要重写查询语句,进行手工调整以优化性能。

····· 本章知识结构图 ·································

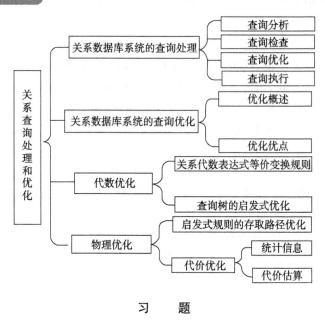

习　　题

解答题

1.试述查询优化在关系数据库系统中的重要性和可能性。

2.对学生-课程数据库有如下查询:

```
SELECT   Cname
FROM   Student,Course,SC
WHERE   Student.Sno= SC.Sno   AND
         SC.Cno= Course.Cno   AND
         Student.Sdept= 'IS';
```

要求查询信息系学生选修了的所有课程名称。试画出用关系代数表示的语法树,并用关系代数表达式优化算法对原始语法树进行优化处理,画出优化后的标准语法树。

3.试述 RDBMS 查询优化的一般准则。

4.试述 RDBMS 查询优化的一般步骤。

本章参考文献

［1］ Smith J M,Chang P Y T. Optimizing the performance of a relation algebra database interface. CACM 17,1975:242-282.

［2］ Kim W. On optimizing an SQL-like nested query. TODS,1772,3:3.

［3］ King J. QUIST:A system for semantic query optimization in relational databases. Proceedings of VLDB,1971:510-517.

［4］ Jarke M,Koch J. Query optimization in database systems. ACM Computing Surveys,1774,16:2.

［5］ Yao S B. Optimizing of query evaluation algorithms. ACM TODS,1777,4:2.

第8章 并发控制

数据库可分为集中数据库和分布式数据库。对于集中数据库,为了共享数据库资源,除允许单个用户独占使用外,还允许多个用户同时使用数据库,例如,FoxBase、FoxPro 以后的数据库管理系统均具有多用户功能。允许多个用户同时使用的数据库系统称为多用户数据库系统。多用户数据库系统的操作方式又可分为串行执行和并行执行两种。

在多用户系统中,每个时刻只有一个事务进入运行状态,其他事务必须等待这个事务运行结束后方能运行,这种运行方式称为串行执行方式。在串行执行方式下,计算机系统的资源大部分处于空闲状态。为了充分利用系统资源,发挥数据库共享资源的特点,应允许多个事务并行执行。

在单处理机系统中,事务的并行执行实际上是并行操作的事务在单处理机上轮流交叉运行,这种方式称为交叉并发方式(interleaved concurrency)。这种方式并不是真正的并行运行,但处理机的空闲时间减少了,系统效率得到了提高。

在多处理机系统中,每个处理机可以单独运行一个事务,多个处理机可以同时运行多个事务,实现多个事务的真正并行运行,这种并行执行方式称为并发方式(simultaneous concurrency)。

多个用户并发存取数据时,可能发生多个事务同时存取同一数据的情况,若不加以控制,将破坏数据库中数据的一致性。

8.1 事务的基本概念

并发控制是以事务(transaction)为单位进行的。

1. 事务

所谓事务是用户定义的一个数据库操作序列,这些操作要么全做要么全不做,是一个不可分割的工作单位。例如,在关系数据库中,一个事务可以是一条 SQL 语句、一组 SQL 语句或整个程序。事务和程序是两个概念,一般来讲,一个程序中包含多个事务。

事务的开始与结束可以由用户显式控制,如果用户没有显式地定义事务,则由 DBMS 按默认规定自动划分事务。在 SQL 中,定义事务的语句有 3 条:

```
BEGIN TRANSACTION
COMMIT
ROLLBACK
```

事务通常是以 BEGIN TRANSACTION 开始,以 COMMIT 或 ROLLBACK 结束。COMMIT 表示提交,即提交事务的所有操作。具体地说就是将事务中所有对数据库的更新写回到磁盘上的物理数据库中,事务正常结束。ROLLBACK 表示回滚,即在事务运行的过程中发生了某种故障,事务不能继续执行,系统将事务中对数据库的所有已完成的操作全部撤销,回滚到事务开始时的状态。这里的操作指对数据库的更新操作。

2. 事务的特性

事务具有四个特性:原子性(atomicity)、一致性(consistency)、隔离性(isolation)和持续性(durability)。这四个特性简称 ACID 特性。

1)原子性

事务是数据库的逻辑工作单位,事务中包括的诸操作要么都做,要么都不做。

2)一致性

事务执行的结果必须是使数据库从一个一致性状态转变到另一个一致性状态。因此,当数据库只包含成功事务提交的结果时,就说数据库处于一致性状态。如果数据库系统运行中发生故障,有些事务尚未完成就被迫中断,这些未完成事务对数据库所作的修改有一部分已写入物理数据库,这时数据库就处于一种不正确的状态,或者说是不一致的状态。

例如,某公司在银行中有 A、B 两个账号,现在公司想从账号 A 中取出 1 万元存入账号 B。那么就可以定义一个事务,该事务包括两个操作,第一个操作是从账号 A 中减去 1 万元,第二个操作是向账号 B 中加入 1 万元。这两个操作要么全做,要么全不做。全做或者全不做数据库都处于一致性状态。如果只做一个操作,则用户逻辑上就会发生错误,少了或多了 1 万元,这时数据库就处于不一致状态。可见一致性与原子性是密切相关的。

3)隔离性

一个事务的执行不能被其他事务干扰,即一个事务内部的操作及使用的数据对其他并发事务是隔离的,并发执行的各个事务之间不能互相干扰。

4)持续性

持续性也称永久性(permanence),指一个事务一旦提交,它对数据库中数据的改变就应该是永久性的。接下来的其他操作或故障不应该对其执行结果有任何影响。

事务是恢复和并发控制的基本单位,所以下面的讨论均以事务为对象。

保证事务 ACID 特性是事务管理的重要任务。事务 ACID 特性可能遭到破坏的因素如下。

(1)多个事务并行运行时,不同事务的操作交叉执行。

(2)事务在运行过程中被强行中止。

在第一种情况下,数据库管理系统必须保证多个事务的交叉运行不影响这些事务的原子性。在第二种情况下,数据库管理系统必须保证被强行中止的事务对数据库和其他事务没有任何影响。

这些就是数据库管理系统中恢复机制和并发控制机制的责任。

8.2　并发控制概述

事务是并发控制的基本单位,保证事务 ACID 特性是事务处理的重要任务,而事务的 ACID 特性可能遭到破坏的原因之一是多个事务对数据库的并发操作造成的。为了保证事务的隔离性和一致性,DBMS 需要对并发操作进行正确的调度。这些就是数据库管理系统中并发控制机制的责任。

同时,并发操作有利于提高系统的资源利用率,改善短事务的响应时间。但是在并发执行过程中,当多个用户并发地存取数据时就会产生多个事务同时存取同一数据的情况,此时对并发操作不加以控制就可能存取到不正确的数据,破坏数据库的一致性。

下面先来看一个例子,说明并发操作带来的数据不一致问题。

【例 8.1】　考虑飞机订票系统中的一个活动序列:

①甲售票点(甲事务)读出某航班的机票余额 A,设 A=16;

②乙售票点(乙事务)读出同一航班的机票余额 A,也为 16;

③甲售票点卖出一张机票,修改余额 A←A−1,所以 A 为 15,把 A 写回数据库;

④乙售票点也卖出一张机票,修改余额 A←A−1,所以 A 为 15,把 A 写回数据库。

结果明明卖出两张机票,数据库中的机票余额只减少 1。

这种情况称为数据库的不一致性,这种不一致性是由并发操作引起的。在并发操作的情况下,对甲、乙两个事务的操作序列的调度是随机的。若按上面的调度序列执行,则甲事务的修改就被丢失。这是由于第④步中乙事务修改 A 并写回后覆盖了甲事务的修改。

下面把事务读数据记为 R(x),写数据记为 W(x)。

并发操作带来的数据库不一致性问题可以分为三类,即丢失修改、不可重复读和读"脏"数据,例 8.1 只是并发问题的一种。

1. 丢失修改(lost update)

【例 8.2】　一个银行数据库系统,如果并发运行的多个事务不加以控制,假设数据库中每个记录对应一个客户,描述该客户的存款金额和有关信息。设 X、Y 分别是客户 A_1、A_2 对应的数据库记录的存款分量。若有一个事务 T_1 将客户 A_1 的 1000 元转账到客户 A_2 的账户上,则该事物的操作如下。

(1)读出 A_1 的存款金额 X,设 X=10000。

(2)将 A_1 的存款金额减去 1000。

(3)将剩余的 9000 元金额写回 A_1 的记录。

(4)读出 A_2 的存款金额 Y,设 Y=5000。

(5)将 Y 加上 1000 元并写回 A_2 的记录,此时 Y=6000。

若有一个事务 T_2 向 A_1 的账上转入 3000 元,则该事物的操作步骤如下。

(1)读出 A 的存款金额 X,X=9000。

(2)将 X 加上 3000。

(3)将 12000 写回 A_1 的记录,此时 X=12000。

设事务 T_1、T_2 同时运行,并且 T_1、T_2 的运行方式是并发运行。由于事务运行的调度是随机的,假设随机调度的顺序如图 8.1 所示。

事务 T_1	事务 T_2
(1)读 X=10000	
X←X−1000	
(2)	读 X=10000
(3)写回 X	X←X+3000
(4)读 Y=5000	
(5)	写回 X
(6)Y←Y+1000	
写回 Y	

图 8.1　随机调度顺序

按照这个调度顺序,最后 X=13000,Y=6000,结果是错误的。造成错误的原因是 T_2 丢失 T_1 的修改。T_1 读出数据并修改,但 T_1 还没有写回,T_2 又读出 X,此时 X 的值还是原来的值。这种并发操作造成的数据不一致性的错误类型称为丢失修改。上面的飞机订票例子也属此类。

2. 不可重复读(non-repeatable read)

不可重复读是指事务 T_1 读取数据后,事务 T_2 执行更新操作,使 T_1 无法再现前一次的读取结果。具体来讲,不可重复读包括三种情况。

(1)事务 T_1 读取某一数据后,事务 T_2 对其作了修改,当事务 T_1 再次读该数据时,得到与前一次不同的值。例如,T_1 读取 B=100 进行运算,T_2 读取同一数据 B,对其进行修改后将 B=200 写回数据库。T_1 为了对读取值校对重读 B,B 已为 200,与第一次读取值不一致。

(2)事务 T_1 按一定条件从数据库中读取了某些数据记录后,事务 T_2 删除了其中部分记录,当 T_1 再次按相同条件读取数据时,发现某些记录神秘地消失了。

(3)事务 T_1 按一定条件从数据库中读取某些数据记录后,事务 T_2 插入了一些记录,当 T_1 再次按相同条件读取数据时,发现多了一些记录。

后两种不可重复读有时也称为幻影(phantom row)现象。

3. 读"脏"数据(dirty read)

读"脏"数据是指事务 T_1 修改某一数据,并将其写回磁盘,事务 T_2 读取同一数据后,T_1 由于某种原因被撤销,这时 T_1 已修改过的数据恢复原值,T_2 读到的数据就与数据库中的数据不一致,则 T_2 读到的数据就为"脏"数据,即不正确的数据。例如,T_1 将 C 值修改为 200,T_2 读到 C 为 200,而由于某种原因 T_1 撤销操作,其修改作废,C 恢复原值 100,这时 T_2 读到的 C 为 200,与数据库内容不一致,就是"脏"数据。

产生上述三类数据不一致问题的主要原因是并发操作破坏了事务的隔离性。并发控制就是要用正确的方式调度并发操作,使一个用户事务的执行不受其他事务的干扰,从而避免造成数据的不一致性,这就是并发控制。并发控制主要采用封锁机制。

8.3 封 锁

封锁是实现并发控制的一项非常重要的技术。封锁是指事务 T 在对某个数据对象,如表、记录等进行操作之前,首先向系统发出请求,对其加锁。加锁后事务 T 就对该数据对象有了一定的控制,并且在事务 T 释放它的锁之前,其他事务不能对此数据对象进行更新。

确切的控制由封锁的类型决定,基本的封锁类型有两种:排它锁(exclusive locks,X 锁)和共享锁(share locks,S 锁)。

排它锁又称为写锁。若事务 T 对数据对象 A 加上 X 锁,则只允许 T 读取和修改 A,其他任何事务都不能再对 A 加任何类型的锁,直到 T 释放 A 上的锁。这就保证了其他事务在 T 释放 A 上的锁之前不能再读取和修改 A。

共享锁又称为读锁。若事务 T 对数据对象 A 加上 S 锁,则事务 T 可以读 A,但不能修改 A,其他事务只能再对 A 加 S 锁,而不能加 X 锁,直到 T 释放 A 上的 S 锁。这就保证了其他事务可以读 A,但在 T 释放 A 上的 S 锁之前不能对 A 作任何修改。

排它锁与共享锁的控制方式可以用图 8.2 的相容矩阵(compatibility matrix)来表示。

T_1 ＼ T_2	X	S	—
X	N	N	Y
S	N	Y	Y
—	Y	Y	Y

Y＝Yes,相容的请求;N＝No,不相容的请求

图 8.2 封锁类型相容矩阵

在图 8.2 的封锁类型相容矩阵中,最左边一列表示事务 T_1 已经获得数据对象上的锁的类型,其中一字线表示没有加锁。最上面一行表示另一事务 T_2 对同一数据对象发出的封锁请求。T_2 的封锁请求能否被满足用矩阵中的 Y 和 N 表示,其中 Y 表示事务 T_2 的封锁要求与 T_1 已持有的锁相容,封锁请求可以满足。N 表示的封锁请求与 T_1 已持有的锁冲突,T_2 的请求被拒绝。

8.4 活锁和死锁

和操作系统一样,封锁的方法同样可能引起活锁和死锁等问题。

8.4.1 活锁

活锁指事务 T_1 可以使用资源,但它让其他事物先使用资源;事务 T_2 可以使用资源,但它也让其他事物先使用资源,于是两者一直谦让,都无法使用资源。

如果事务 T_1 锁定了数据库对象 R,事务 T_2 又请求已被事务 T_1 锁定的对象 R,但失败且需要等待,此时事务 T_3 也请求已被事务 T_1 锁定的对象 R,也失败且需要等待。当事务 T_1 释放对象 R 上的锁时,系统批准了事务 T_3 的请求,使得事务 T_2 继续等待,此时事务 T_4 请求已

被事务 T_3 锁定的对象 R,但失败且需要等待。当事务 T_3 释放对象 R 上的锁时,系统批准了事务 T_4 的请求,使得事务 T_2 依然等待……这就有可能使事务 T_2 总是在等待而无法锁定对象 R,但总还是有锁定对象 R 的希望的,这就是活锁的情况,如图 8.3 所示。

T_1	T_2	T_3	T_4
LOCK R			
	LOCK R		
	等待	LOCK R	
UNLOCK	等待		LOCK R
	等待	LOCK R	等待
	等待		等待
	等待	UNLOCK	等待
	等待		LOCK R
	等待		

图 8.3　活锁

避免活锁的方法比较简单,只需要采用先来先服务的策略即可。当多个事务请求锁定同一个数据库对象时,系统应该按请求锁定的先后次序对这些事务进行排队。一旦释放数据库对象上的锁,就批准请求队列中的下一个事务的请求,使其锁定数据库对象,以便完成数据库操作,及时结束事务。

8.4.2　死锁

如果事务 T_1 锁定了数据库对象 R_1,事务 T_2 锁定了数据库对象 R_2,然后事务 T_1 又请求已被事务 T_2 锁定的对象 R_2,但失败且需要等待,此时事务 T_2 又请求已被事务 T_1 锁定的对象 R_1,也失败且需要等待,这就出现了事务 T_1 在等待事务 T_2,而事务 T_2 又在等待事务 T_1 的局面,使事务 T_1 和事务 T_2 这两个事务永远没有结束的希望。这就是死锁的情况,如图 8.4 所示。

T_1	T_2
LOCK R_1	
	LOCK R_2
LOCK R_2	
等待	
等待	LOCK R_1
等待	等待
等待	等待

图 8.4　死锁

1. 死锁的预防

在数据库中,产生死锁的原因是两个或多个事务都已封锁了一些数据对象,然后又都请求对已为其他事务封锁的数据对象加锁,从而出现死等待。防止死锁发生的方法其实就是要破坏产生死锁的条件,预防死锁通常有两种方法。

1)一次封锁法

一次封锁法要求每个事务必须一次将所有要使用的数据全部加锁,否则就不能继续执行。

一次封锁法虽然可以有效地防止死锁的发生,但也存在问题。第一,一次就锁定以后才会用到的数据库对象,势必扩大了封锁的范围,从而降低了系统的并发度。第二,数据库中的数据是不断变化的,应用条件或情况也是不断变化的,原来不要求封锁的数据,在执行过程中可能会需要锁定了,所以很难事先精确地确定每个事务所要封锁的数据对象,为此只能扩大封锁范围,将事务在执行过程中可能要封锁的数据对象全部加锁,这就进一步降低了并发度。

2)顺序封锁法

顺序封锁法是预先对数据对象规定一个封锁顺序,所有事务都按这个顺序实行封锁。例如,在 B 树结构的索引中,可规定封锁的顺序必须是从根节点开始,然后是下一级的节点,逐级封锁。

顺序封锁法可以有效地防止死锁,但也同样存在问题。第一,数据库系统中封锁的数据对象极多,并且随着数据的插入、删除等操作而不断变化,要维护这样的资源封锁顺序非常困难,成本很高。第二,事务的封锁请求可以随着事务的执行而动态地决定,很难事先确定每一个事务要封锁哪些对象,因此也就很难按规定的顺序施加封锁。

可见,在操作系统中广泛采用的预防死锁的策略并不很适合数据库的特点,因此,DBMS 在解决死锁的问题上普遍采用诊断并解除死锁的方法。

2. 死锁的诊断与解除

数据库系统中诊断死锁的方法与操作系统类似,一般使用超时法或事务等待图法。

1)超时法

如果一个事务的等待时间超过了规定的时限,就认为发生了死锁。超时法实现简单,但其不足也很明显。一是有可能误判死锁,如果一个事务因为其他原因(如操作的数据量较大)使等待时间超过时限,系统会误认为发生了死锁。二是时限若设置得太长,死锁发生后不能及时发现,设置得太短,就会增加误判死锁的可能性。

2)事务等待图法

事务等待图是一个有向图 $G=(T,U)$。T 为节点的集合,每个节点表示正运行的事务;U 为边的集合,每条边表示事务等待的情况。若 T_1 等待 T_2,则 T_1 与 T_2 之间画一条有向边,从 T_1 指向 T_2,如图 8.5 所示。

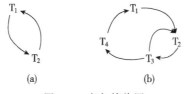

(a)　　　　　　　(b)

图 8.5　事务等待图

图 8.5(a)中,事务 T_1 等待 T_2,T_2 等待 T_1,产生了死锁。图 8.5(b)中,事务 T_1 等待 T_2,T_2 等待 T_3,T_3 等待 T_4,T_4 又等待 T_1,产生了死锁。

事务等待图动态地反映了所有事务的等待情况。并发控制子系统周期性地(如每隔数秒)生成事务等待图,并进行检测,如果发现图中存在回路,则表示系统中出现了死锁。

DBMS 的并发控制子系统一旦检测到系统中存在死锁,就要设法解除。通常采用的方法是手动选择一个处理死锁代价最小的事务,将其撤销,释放此事务持有的所有锁,使其他事务得以继续运行。当然,对撤销的事务所执行的数据修改操作必须加以恢复。

8.5 解决数据库不一致性的三级锁协议

在运用 X 锁和 S 锁对数据对象加锁时,还需要约定一些规则,如何时申请 X 锁或 S 锁、何时释放等,称这些规则为封锁协议(locking protocol)。根据对封锁规定不同的规则,可以形成下面三级封锁协议,不同级别的封锁协议达到的系统一致性的级别是不同的,即三级封锁协议解决丢失修改、不可重复读和读"脏"数据的程度是不同的。

数据不一致性:丢失修改、读"脏"数据以及不可重复读。三级封锁协议通过选择不同的加锁类型和释放时间而不同程度地解决了这些问题,如表 8.1 所示。

表 8.1　三级封锁协议

封锁协议级别	X 锁	S 锁		一致性保证		
	事务结束释放	操作结果释放	事务结束释放	不丢失修改	不读"脏"数据	可重复读
一级	√			√		
二级	√	√		√	√	
三级	√		√	√	√	√

1. 一级封锁协议

一级封锁协议约定:事务 T 在修改数据 A 之前必须先对其加 X 锁,直到事务结束(提交或退回)才释放该锁。由于 X 锁保证两个事务不能同时对数据 A 进行修改,从而使丢失修改的前提条件不可能出现,杜绝了丢失修改的发生(图 8.6(a))。但是一级封锁协议不要求事务在读取数据之前加锁,这样不可重复读和读"脏"数据的前提条件仍然成立。

2. 二级封锁协议

二级封锁协议是在一级封锁协议的基础上加上这样的约定:事务 T 在读取数据 A 之前必须对其加 S 锁,读入该数据后即可立即释放 S 锁。二级封锁协议不仅避免了丢失修改,还防止了读"脏"数据。

事务 T 修改数据 A 之前对其加 X 锁,修改后的结果写回数据库,事务 T_2 要想读入数据 A,只能等待 T 释放 X 锁以后才能对 A 加 S 锁,之后出于某种原因被撤销,它所修改过的数据恢复原值。这时才获准对 A 加 S 锁,所读取的数据就是正确的数据,也就避免了读"脏"数据的情况(图 8.6(b))。

由于在二级封锁协议中,读完数据后可以立即释放 S 锁,所以它不能解决不可重复读的问题。

3. 三级封锁协议

三级封锁协议在一级封锁协议的基础上加上了这样的约定:事务 T 在读取数据 A 之前必须对其加 S 锁,直到事务结束(提交或退回)才能释放 S 锁。三级封锁协议除了避免丢失修改、读"脏"数据之外,又解决了不可重复读的问题。

事务 T 对数据 A 加 S 锁并从数据库读入 A,随后事务 T_2 欲对 A 加 X 锁以进行更新操作,然而事务 T 尚未释放 S 锁,所以 T_2 不能对 A 加 X 锁,也就是不能修改 A,所以再次读入数据 A 的时候,A 的值和刚才一样(图 8.6(c))。

LOCK-X(A) 读 A=20	LOCK-(A)	LOCK-X(A) 读 A=20 A=A-1		LOCK-S(A) 读 A=20	LOCK-X(A) 等待
A=A-1 写回 A=19 COMMIT UNLOCK(A)	等待	写回 A=19	LOCK-S(A) 等待		
	获得 读 A=A+1 写回 A=20 COMMIT UNLOCK(A)	ROLLBACK (A 恢复 为 20) UNLOCK(A)	获得 读 A=20 COMMIT UNLOCK(A)	读 A=20 COMMIT UNLOCK(A)	获得 读 A=20 A=A-1 写回 A=19 COMMIT UNLOCK(A)

(a)不丢失修改 　　　　(b)不读"脏"数据 　　　　(c)可重复读

图 8.6 三级封锁协议解决三种数据不一致性问题

8.6 并发调度的可串行性

DBMS 对并发事务不同的调度可能会产生不同的结果,那么什么样的调度是正确的呢?显然,串行调度是正确的。执行结果等价于串行调度的调度也是正确的,这样的调度称为可串行化调度。

8.6.1 可串行化调度

假如事务都是串行运行的,一个事务的运行过程完全不受其他事务影响,只有一个事务结束(提交或者退回)之后,另一个事务才能开始运行,那么就可以认为所有事务的运行结果都是正确的,尽管这些事务假如以不同的顺序运行,可能会对数据库造成不同的影响,得到不同的运行结果。以此为判断标准,我们将可串行化的并发事务调度当作唯一能够保证并发操作正确性的调度策略。也就是说,假如并发操作调度的结果与按照某种顺序串行执行这些操作的结果相同,就认为并发操作是正确的。

定义 8.1 多个事务的并发执行是正确的,当且仅当其结果与按某一次序串行执行这些事务时的结果相同,称这种调度策略为可串行化(serializabile)调度。

可串行性(serializability)是并发事务正确调度的准则。按这个准则规定,一个给定的并发调度,当且仅当它是可串行化的,才认为是正确的调度。

8.6.2　冲突可串行化调度

具有什么样性质的调度是可串行化调度呢? 如何判断调度是否是可串行化调度呢? 本节给出判断可串行化调度的充分条件。

首先介绍冲突操作的概念。

冲突操作是指不同的事务对同一个数据的读写操作和写写操作。

(1)$R_i(x)$与$W_j(x)$:事务T_i读x,T_j写x。

(2)$W_i(x)$与$W_j(x)$:事务T_i写x,T_j写x。

其他操作是不冲突操作。

不同事务的冲突操作和同一事务的两个操作是不能交换的。对于$R_i(x)$与$W_j(x)$,若改变二者的次序,则事务T_i看到的数据库状态就发生了改变,自然会影响到事务T_i后面的行为。对于$W_i(x)$与$W_j(x)$,改变二者的次序,会影响数据库的状态,x的值由等于T_j的结果变成了等于T_i的结果。

一个调度Sc在保证冲突操作的次序不变的情况下,通过交换两个事务不冲突操作的次序得到另一个调度Sc',如果Sc'是串行的,则称调度Sc为冲突可串行化调度。一个调度是冲突可串行化的,则一定是可串行化的调度。因此可以用这种方法来判断一个调度是否是冲突可串行化的。

【例8.3】　今有调度$Sc1 = r1(A)w1(A)r2(A)\underline{w2(A)r1(B)w1(B)}r2(B)w2(B)$,可以把$w2(A)$与$r1(B)w1(B)$交换,得到

$$r1(A)w1(A)\underline{r2(A)}r1(B)w1(B)\underline{w2(A)}r2(B)w2(B)$$

再把$r2(A)$与$r1(B)w1(B)$交换,得到

$$Sc2 = r1(A)w1(A)r1(B)w1(B)\underline{r2(A)}w2(A)r2(B)w2(B)$$

$Sc2$等于一个串行调度$T1$、$T2$,所以$Sc1$冲突可串行化的调度。

应该指出的是,冲突可串行化调度是可串行化调度的充分条件,不是必要条件。还有不满足冲突可串行化条件的可串行化调度。

【例8.4】　有3个事务$T1 = W1(Y)W1(X)$,$T2 = W2(Y)W2(X)$,$T3 = W3(X)$,调度$L1 = W1(Y)\underline{W1(X)}W2(Y)W2(X)W_3(X)$是一个串行调度,调度$L2 = W1(Y)W2(Y)$ $W2(X)\underline{W1(X)}W3(X)$不满足冲突可串行化。但是调度$L2$是可串行化的,因为$L2$执行的结果与调度$L1$相同,$Y$的值都等于$T2$的值,$X$的值都等于$T3$的值。

商用DBMS的并发控制一般采用封锁的方法来实现,那么如何使封锁机制能够产生可串行化调度呢? 两段锁协议就是实现可串行化调度的方法。

8.7　两段锁协议

为了保证并发调度的正确性,DBMS的并发控制机制必须提供一定的手段来保证调度是可串行化的。目前DBMS普遍采用两段锁(two-phase locking,2PL)协议的方法实现并

发调度的可串行性,从而保证调度的正确性。

在运用封锁方法时,对数据对象加锁时需要约定一些规则,如何时申请封锁、持锁时间、何时释放封锁等,我们称这些规则为封锁协议,约定不同的规则,就形成了各种不同的封锁协议。两段封锁协议是最常用的一种封锁协议,理论上已经证明使用两段封锁协议产生的是可串行化调度。

所谓两段锁协议是指所有事务必须分两个阶段对数据项加锁和解锁。

(1)在对任何数据进行读、写操作之前,首先要申请并获得对该数据的封锁。

(2)在释放一个封锁之后,事务不再申请和获得任何其他封锁。

所谓两段锁的含义是,事务分为两个阶段。第一阶段是获得封锁,也称为扩展阶段。在这个阶段,事务可以申请获得任何数据项上的任何类型的锁,但是不能释放任何锁。第二阶段是释放封锁,也称为收缩阶段。在这个阶段,事务可以释放任何数据项上的任何类型的锁,但是不能再申请任何锁。

例如,事务 T_i 遵守两段锁协议,其封锁序列如下:

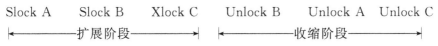

又如,事务 T_j 不遵守两段锁协议,其封锁序列如下:

Slock A　　　Unlock A　　　Slock B　　　Xlock C　　　Unlock C　　　Unlock B

可以证明,若并发执行的所有事务均遵守两段锁协议,则对这些事务的任何并发调度策略都是可串行化的,如图 8.7 所示。

事务 T_1	事务 T_2
Slock（A）	
R(A＝260)	
	Slock(C)
	R(C＝300)
Xlock(A)	
W(A＝160)	
	Xlock(C)
	W(C＝250)
	Slock(A)
Slock(B)	等待
R(B＝1000)	等待
Xlock(B)	等待
W(B＝1100)	等待
Unlock(A)	等待
	R(A＝160)
	Xlock(A)
Unlock(B)	
	W(A＝210)
	Unlock(C)

图 8.7　两段锁协议执行过程

图 8.7 的调度是遵守两段锁协议的,因此一定是一个可串行化调度。可以验证如下:忽略图中的加锁操作和解锁操作,按时间的先后次序得到如下调度

$$L_1 = R_1(A)R_2(C)W_1(A)W_2(C)R_1(B)W_1(B)R_2(A)W_2(A)$$

通过交换两个不冲突操作的次序(先把 $R_2(C)$ 与 $W_1(A)$ 交换,再把 $R_1(B)W_1(B)$ 与 $R_2(C)W_2(C)$ 交换),可得到

$$L_1 = R_1(A)W_1(A)R_1(B)W_1(B)R_2(C)W_2(C)R_2(A)W_2(A)$$

因此,L_1 是一个可串行化调度。

需要说明的是,事务遵守两段锁协议是可串行化调度的充分条件,而不是必要条件。也就是说,若并发事务都遵守两段锁协议,则对这些事务的任何并发调度策略都是可串行化的;但是若并发事务的一个调度是可串行化的,则不一定所有事务都符合两段锁协议。

另外,要注意两段锁协议和防止死锁的一次封锁法的异同之处。一次封锁法要求每个事务必须一次将所有要使用的数据全部加锁,否则就不能继续执行。因此一次封锁法遵守两段锁协议;但是两段锁协议并不要求事务必须一次将所有要使用的数据全部加锁,因此遵守两段锁协议的事务可能发生死锁。

8.8　封锁的粒度

封锁对象的大小称为封锁粒度(granularity)。封锁对象可以是逻辑单元,也可以是物理单元。以关系数据库为例,封锁对象可以是这样一些逻辑单元:属性值、属性值的集合、元组、关系、索引项、整个索引乃至整个数据库;也可以是这样一些物理单元:页(数据页或索引页)、物理记录等。

封锁粒度与系统的并发度和并发控制的开销密切相关:直观地看,封锁的粒度越大,数据库所能够封锁的数据单元越少,并发度就越小,系统开销也越小;反之,封锁的粒度越小,并发度越高,系统开销也就越大。

例如,若封锁粒度是数据页,事务 T_1 需要修改元组 L_1,则必须对包含 L_1 的整个数据页 A 加锁。如果 T_1 对 A 加锁后事务 T_2 要修改 A 中元组 L_2,则 T_2 被迫等待,直到 T_1 释放 A。如果封锁粒度是元组,则 T_1 和 T_2 可以同时对 L_1 和 L_2 加锁,不需要互相等待,提高了系统的并行度。又如,事务 T 需要读取整个表,若封锁粒度是元组,则 T 必须对表中的每一个元组加锁,显然开销极大。

因此,如果在一个系统中同时支持多种封锁粒度供不同的事务选择是比较理想的,这种封锁方法称为多粒度封锁(multiple granularity locking)。选择封锁粒度时应该同时考虑封锁开销和并发度两个因素,适当选择封锁粒度以求得最优的效果。一般来说,需要处理大量元组的事务可以以关系为封锁粒度;需要处理多个关系的大量元组的事务可以以数据库为封锁粒度;而对于一个处理少量元组的用户事务,以元组为封锁粒度就比较合适了。

8.8.1　多粒度封锁

下面讨论多粒度封锁,首先定义多粒度树。多粒度树的根节点是整个数据库,表示最大的数据粒度。叶节点表示最小的数据粒度。图 8.8 给出了一棵三级粒度树。根节点为数据库,数据库的子节点为关系,关系的子节点为元组。也可以定义四级粒度树,如数据库、数据分区、数据文件、数据记录。

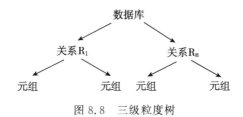

图 8.8 三级粒度树

多粒度封锁协议允许多粒度树中的每个节点被独立地加锁,对一个节点加锁意味着这个节点的所有后裔节点也被加以同样类型的锁。因此,在多粒度封锁中一个数据对象可能以两种方式封锁:显式封锁和隐式封锁。

显式封锁是应事务的要求直接加到数据对象上的封锁;隐式封锁是该数据对象没有独立加锁,是由于其上级节点加锁而使该数据对象加上了锁。

多粒度封锁方法中,显式封锁和隐式封锁的效果是一样的,因此系统检查封锁冲突时不仅要检查显式封锁,还要检查隐式封锁。例如,事务 T 要对关系 R₁ 加 X 锁,系统必须搜索其上级节点数据库、关系 R₁ 以及 R₁ 的下级节点,即 R₁ 中的每一个元组,上下搜索。如果其中某一个数据对象已经加了不相容锁,则 T 必须等待。

一般地,对某个数据对象加锁,系统要检查该数据对象上有无显式封锁与之冲突,还要检查其所有上级节点,看本事务的显式封锁是否与该数据对象上的隐式封锁(由上级节点已加的封锁造成的)冲突;还要检查其所有下级节点,看上面的显式封锁是否与本事务的隐式封锁(将加到下级节点的封锁)冲突。显然,这样的检查方法效率很低。为此人们引进了一种新型锁,称为意向锁(intention lock)。有了意向锁,DBMS 就无须逐个检查下一级节点的显式封锁。

8.8.2 意向锁

意向锁的含义是如果对一个节点加意向锁,则说明该节点的下层节点正在被加锁;对任一节点加锁时,必须先对它的上层节点加意向锁。

例如,对任一元组加锁时,必须先对它所在的数据库和关系加意向锁。

下面介绍三种常用的意向锁:意向共享锁(intent share lock,IS 锁)、意向排它锁(intent exclusive lock,IX 锁)、共享意向排它锁(share intent exclusive lock,SIX 锁)。

1. IS 锁

对一个数据对象加 IS 锁,表示它的后裔节点拟(意向)加 S 锁。

例如,事务 T₁ 要对 R₁ 中某个元组加 S 锁,则要首先对关系 R₁ 和数据库加 IS 锁。

2. IX 锁

对一个数据对象加 IX 锁,表示它的后裔节点拟(意向)加 X 锁。例如,事务 T₁ 要对 R₁ 中某个元组加 X 锁,则要首先对关系 R₁ 和数据库加 IX 锁。

3. SIX 锁

如果对一个数据对象加 IX 锁,表示对它加 S 锁,再加 IX 锁,即 SIX＝S＋IX。例如,对某个表加 SIX 锁,表示该事务要读整个表(所以要对该表加 S 锁),同时会更新个别元组(所以要对该表加 IX 锁)。

　　图 8.9(a)给出了这些锁的相容矩阵,从中可以发现这 5 种锁的强度存在如图 8.9(b)所示的偏序关系。所谓锁的强度是指它对其他锁的排斥程度。一个事务在申请封锁时以强锁代替弱锁是安全的,反之则不然。

　　具有意向锁的多粒度封锁方法中任意事务 T 要对一个数据对象加锁,必须先对它的上层节点加意向锁。申请封锁时应该按自上而下的次序进行;释放封锁时则应该按自下而上的次序进行。

　　例如,事务 T_1 要对关系 R_1 加 S 锁,则要首先对数据库加 IS 锁。检查数据库和 R_1 是否已加了不相容的锁(X 或 IX)。不再需要搜索和检查 R_1 中的元组是否加了不相容的锁(X 锁)。

　　具有意向锁的多粒度封锁方法提高了系统的并发度,减少了加锁和解锁的开销,它已经在实际的数据库管理系统产品中得到广泛应用。

T_1 \ T_2	S	X	IS	IX	SIX	—
S	Y	N	Y	N	N	Y
X	N	N	N	N	N	Y
IS	Y	N	Y	Y	Y	Y
IX	N	N	Y	Y	N	Y
SIX	N	N	Y	N	N	Y
—	Y	Y	Y	Y	Y	Y

Y=Yes,表示相容的请求;N=No,表示不相容的请求

(a)数据锁的相容矩阵

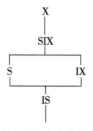

(b)锁的强度偏序关系

图 8.9　数据锁的相容矩阵以及锁的强度偏序关系

8.9　小　　结

　　数据库的重要特征是它能为多个用户提供数据共享。数据库管理系统允许共享的用户数目是数据库管理系统重要标志之一。数据库管理系统必须提供并发控制机制来协调并发用户的并发操作,以保证并发事务的隔离性和一致性,保证数据库的一致性。

　　数据库的并发控制以事务为单位,通常使用封锁技术实现并发控制。本章介绍了两类最常用的封锁和三级封锁协议。不同的封锁和不同级别的封锁协议所提供的系统一致性保证是不同的,提供的数据共享度也是不同的。

　　并发控制机制调度并发事务操作是否正确的判别准则是可串行性,两段锁协议是可串行化调度的充分条件,但不是必要条件。因此,两段锁协议可以保证并发事务调度的正确性。

　　不同的数据库管理系统提供的封锁类型、封锁协议、达到的系统一致性级别不尽相同,但是其依据的基本原理和技术是共同的。

本章知识结构图

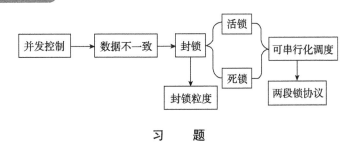

习　题

一、选择题

1.若事务 T 对数据对象 A 加上 X 锁,则(　　)。

A. 只允许 T 修改 A,其他任何事务都不能再对 A 加任何类型的锁

B. 只允许 T 读取 A,其他任何事务都不能再对 A 加任何类型的锁

C. 只允许 T 读取和修改 A,其他任何事务都不能再对 A 加任何类型的锁

D. 只允许 T 修改 A,其他任何事务都不能再对 A 加 X 锁

2.若事务 T 对数据对象 A 加上 S 锁,则(　　)。

A. 事务 T 可以读 A 和修改 A,其他事务只能再对 A 加 S 锁,而不能加 X 锁

B. 事务 T 可以读 A 但不能修改 A,其他事务能对 A 加 S 锁和 X 锁

C. 事务 T 可以读 A 但不能修改 A,其他事务只能再对 A 加 S 锁,而不能加 X 锁

D. 事务 T 可以读 A 和修改 A,其他事务能对 A 加 S 锁和 X 锁

3.(　　)可以防止丢失修改和读"脏"数据。

A. 一级封锁协议　　　　B. 二级封锁协议　　　　C. 三级封锁协议　　　　D. 两段锁协议

4.下列不是数据库系统必须提供的数据控制功能的是(　　)。

A. 安全性　　　　　　　B. 可移植性　　　　　　C. 完整性　　　　　　　D. 并发控制

5.多用户数据库系统的目标之一是使它的每个用户好像正在使用一个单用户数据库,为此数据库系统必须进行(　　)。

A. 完整性控制　　　　　B. 安全性控制　　　　　C. 并发控制　　　　　　D. 访问控制

6.解决并发操作带来数据不一致问题时普遍采用(　　)。

A. 封锁　　　　　　　　B. 恢复　　　　　　　　C. 存取控制　　　　　　D. 协商

7.若事务 T 对数据 R 已加 X 锁,则其他事务对数据 R(　　)。

A. 可以加 S 锁,不能加 X 锁　　　　　　　　　　B. 不能加 S 锁,可以加 X 锁

C. 可以加 S 锁,也可以加 X 锁　　　　　　　　　D. 不能加任何锁

8.并发操作会带来的数据不一致问题有(　　)。

A. 丢失修改、不可重复读、脏读、死锁　　　　　　B. 不可重复读、脏读、死锁

C. 丢失修改、脏读、死锁　　　　　　　　　　　　D. 丢失修改、不可重复读、脏读

二、解答题

1. 在数据库中为什么要进行并发控制?

2. 并发操作可能会产生哪几类数据不一致问题? 用什么方法能避免各种不一致的情况?

3. 什么是封锁?

4. 基本的封锁类型有哪几种? 试述它们的含义。

5. 如何用封锁机制保证数据的一致性?

6. 什么是封锁协议? 不同级别的封锁协议的主要区别是什么?

7. 不同封锁协议与系统一致性级别的关系是什么?

8. 什么是活锁? 什么是死锁?

9. 试述活锁的产生原因和解决方法。

10. 请给出预防死锁的若干方法。

11. 请给出检测死锁发生的一种方法,当发生死锁后如何解除死锁?

12. 什么样的并发调度是正确的调度?

13. 设 T1、T2、T3 是如下三个事务:

T1:A＝A＋2

T2:A＝A＊2

T3:A＝A＊＊2;(A←A^2)

设 A 的初值为 0,请回答下列问题。

(1)若这三个事务允许并发执行,则有多少种可能的正确结果? 请一一列举出来。

(2)请给出一个可串行化的调度,并给出执行结果。

(3)请给出一个非串行化的调度,并给出执行结果。

(4)若这三个事务都遵守两段锁协议,请给出一个不产生死锁的可串行化调度。

(5)若这三个事务都遵守两段锁协议,请给出一个产生死锁的调度。

14. 试述两段锁协议的概念。

15. 试证明,若并发事务遵守两段锁协议,则对这些事务的并发调度是可串行化的。

16. 举例说明,对并发事务的一个调度是可串行化的,而这些并发事务不一定遵守两段锁协议。

17. 为什么要引进意向锁? 意向锁的含义是什么?

18. 试述常用的意向锁(IS 锁、IX 锁、SIX 锁),给出这些锁的相容矩阵。

19. 理解并解释下列术语的含义:封锁、活锁、死锁、排它锁、共享锁、并发事务的调度、可串行化的调度、两段锁协议。

本章参考文献

[1] Yannakakis M, Papadimitriou C H, Kung H T. Locking protocols:Safety and freedom from deadlock. Proceedings of the IEEE Symposium on the Foundations of Computer Science,1979.

[2] Gray J N, Lorie R A,Putzolu G R. Granularity of locks and degrees of consistency in a shared data base. proceedings of VLDB,1975.

[3] Berstein P A,Goodman N. Timestamp-based algorithms for concurrency control in distributed database systems. Proceedings of the International Conference on Very Large Data Bases,1980.

[4] Buckley G,Silberschatz A. Concurrency control in graph protocols by using edge locks. Proceedings of the ACM SIGACT-SIGMOD Symposium on the Principles of Database Systems,1984.

[5] Korth H F. Locking primitives in a database system. Journal of the ACM,1983,30(1):55-79.

第9章　数据库恢复技术

数据安全、数据完整性和事务并行控制,其目的是防止数据库中的数据遭到意外的破坏。尽管如此,数据库中的数据遭到破坏还是在所难免,如硬件故障、系统软件出错、操作失误等都可以造成数据库中数据遭到意想不到的破坏。为了减少损失,计算机必须有一套从破坏状态恢复到正确状态的功能,这就是数据库恢复技术。恢复子系统是数据库系统的一个重要组成部分。

9.1　数据库恢复概述

尽管数据库系统中采取了各种保护措施来防止数据库的安全性和完整性被破坏,保证并发事务的正确执行,但是计算机系统中硬件故障、软件错误、操作员失误以及恶意的破坏仍是不可避免的,这些故障轻则造成运行事务非正常中断,影响数据库中数据的正确性,重则破坏数据库,使数据库中全部或部分数据丢失。因此,数据库管理系统必须具有把数据库从错误状态恢复到某一已知的正确状态(又称一致状态或完整状态)的功能,这就是数据库的恢复。恢复子系统是数据库管理系统的一个重要组成部分,而且相当庞大,常常占整个系统代码的10%以上。数据库系统所采用的恢复技术是否行之有效,不仅对系统的可靠程度起着决定性作用,而且对系统的运行效率也有很大影响,是衡量系统性能优劣的重要指标。

9.2　故障的种类

数据库系统中可能发生各种各样的故障,大致可以分为以下几类。

1. 事务内部的故障

事务内部的故障有的是可以通过事务程序本身发现的(见下面转账事务的例子),有的是非预期的,不能由事务程序处理。

例如,银行转账事务把一笔金额从账户甲转给账户乙。

```
BEGIN TRANSACTION
  读账户甲的余额 BALANCE;
  BALANCE= BALANCE;(AMOUNT 为转账金额)
  IF(BALANCE< 0) THEN
    {打印'金额不足,不能转账';
    ROLLBACK;(撤销刚才的修改,恢复事务)}
  ELSE
```

```
{读账户乙的余额 BALANCE1;
BALANCE1= BALANCE1+ AMOUNT;
写回 BALANCE1;
COMMIT;}
```

这个例子所包括的两个更新操作要么全部完成,要么全部不做,否则就会使数据库处于不一致状态,例如,只把账户甲的余额减少了,而没有把账户乙的余额增加。

在这段程序中,若产生账户甲余额不足的情况,应用程序可以发现并让事务回滚,撤销已作的修改,恢复数据库到正确状态。

事务内部更多的故障是非预期的,是不能由应用程序处理的,如运算溢出、并发事务发生死锁而被选中撤销该事务、违反了某些完整性限制等。以后,事务故障仅指这类非预期的故障。

事务故障意味着事务没有达到预期的终点(COMMIT 或者显式的 ROLLBACK),因此,数据库可能处于不正确状态。恢复程序要在不影响其他事务运行的情况下,强行回滚该事务,即撤销该事务已经作出的任何对数据库的修改,使得该事务好像根本没有启动一样,这类恢复操作称为事务撤销(UNDO)。

2. 系统故障

系统故障是指造成系统停止运转的任何事件,使得系统要重新启动。例如,特定类型的硬件错误(CPU 故障)、操作系统故障、DBMS 代码错误、系统断电等。这类故障影响正在运行的所有事务,但不破坏数据库。这时主存内容,尤其是数据库缓冲区(在内存)中的内容丢失,所有运行事务都非正常终止。发生系统故障时,一些尚未完成的事务的结果可能已送入物理数据库,从而造成数据库可能处于不正确的状态。为保证数据一致性,需要清除这些事务对数据库的所有修改。

恢复子系统必须在系统重新启动时让所有非正常终止的事务回滚,强行撤销所有未完成事务。

另一方面,发生系统故障时,有些已完成的事务可能有一部分甚至全部留在缓冲区,尚未写回到磁盘上的物理数据库中,系统故障使得这些事务对数据库修改部分或全部丢失,这也会使数据库处于不一致状态,因此应将这些事务已提交的结果重新写入数据库。所以系统重新启动后,恢复子系统除需要撤销所有未完成的事务外,还需要重做所有已提交的事务,以将数据库真正恢复到一致状态。

3. 介质故障

系统故障常称为软故障(soft crash),介质故障称为硬故障(hard crash)。硬故障指外存故障,如磁盘损坏、磁头碰撞、瞬时强磁场干扰等。这类故障将破坏数据库或部分数据库,并影响正在存取这部分数据的所有事务。这类故障比前两类故障发生的可能性小得多,但破坏性最大。

4. 计算机病毒

计算机病毒是一种人为的故障或破坏,是一些恶作剧者研制的一种计算机程序。这种程序与其他程序不同,它像微生物学所称的病毒一样可以繁殖和传播,并造成对计算机系统(包括数据库)的危害。

　　病毒的种类很多,不同的病毒有不同的特征。小的病毒只有 20 条指令,不到 50B。大的病毒,如一个操作系统由上万条指令组成。

　　有的病毒传播很快,一旦进入系统就马上摧毁系统;有的病毒有较长的潜伏期,机器在感染后数天或数月才开始发作;有的病毒感染系统所有的程序和数据;有的只对某些特定的程序和数据感兴趣。多数病毒一开始并不摧毁整个计算机系统,它们只在数据库中或其他数据文件中将小数点向左或向右移动,增加或删除一两个 0。

　　计算机病毒已成为计算机系统的主要威胁,自然也是数据库系统的主要威胁。为此,计算机的安全工作者已研制了许多预防病毒的“疫苗”,检查、诊断、消灭计算机病毒的软件也在不断发展。但是,至今还没有一种可以使计算机“终生”免疫的疫苗。因此,数据库一旦被破坏,仍要用恢复技术把数据库加以恢复。

　　总结各类故障,对数据库的影响有两种可能性:一是数据库本身被破坏;二是数据库没有被破坏,但数据可能不正确,这是由于事务的运行被非正常终止造成的。

　　恢复的基本原理十分简单,可以用一个词来概括:冗余。这就是说,数据库中任何一部分被破坏的或不正确的数据都可以根据存储在系统别处的冗余数据来重建。尽管恢复的基本原理很简单,但实现技术的细节相当复杂,下面略去一些细节,介绍数据库恢复的实现技术。

　　数据库的故障排除方法包括以下几个关键步骤。

　　(1)收集故障信息。当数据库发生故障时,通过检查日志文件和相关数据获取故障信息。

　　(2)确定故障原因和故障种类。故障原因和种类的确定是整个系统故障处理的关键,应该考虑以下三方面:

　　①是硬件问题还是软件问题?

　　②数据库本身是否被破坏?

　　③是单一问题、多方面问题,还是综合问题?

　　(3)故障处理方案。根据故障种类和原因确定故障处理的具体方案,例如,修改应用程序、修复或更换硬件设备,必要时进行数据库恢复工作。

9.3　恢复的实现技术

　　恢复机制涉及的两个关键问题:第一,如何建立冗余数据;第二,如何利用这些冗余数据实施数据库恢复。

　　建立冗余数据最常用的技术是数据转储和登录日志文件。通常在一个数据库系统中,这两种方法是一起使用的。

9.3.1　数据转储

　　数据转储是数据库恢复中采用的基本技术。所谓转储,是指 DBA 定期将整个数据库复制到磁带或另一个磁盘上保存起来的过程。这些备用的数据称为后备副本(backup)或后援副本。

当数据库遭到破坏后,可以将后备副本重新装入,但重装后备副本只能将数据库恢复到转储时的状态,要想恢复到故障发生时的状态,必须重新运行自转储以后的所有更新事务。例如,在图 9.1 中,系统在 T_a 时刻停止运行事务,进行数据库转储,在 T_b 时刻转储完毕,得到 T_b 时刻的数据库一致性副本。系统运行到发生故障时刻。为恢复数据库,首先由 DBA 重装数据库后备副本,将数据库恢复至 T_b 时刻的状态,然后重新运行自 $T_b \sim T_f$ 时刻的所有更新事务,这样就把数据库恢复到故障发生前的一致状态。

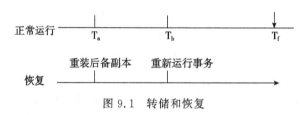

图 9.1　转储和恢复

转储是十分耗费时间和资源的,不能频繁进行。DBA 应该根据数据库使用情况确定一个适当的转储周期。

转储可分为静态转储和动态转储。静态转储是在系统中无运行事务时进行的转储操作,即转储操作开始的时刻,数据库处于一致性状态,而转储期间不允许(或不存在)对数据库的任何存取、修改活动。显然,静态转储得到的一定是一个数据一致性的副本。

静态转储简单,但转储必须等待正运行的用户事务结束才能进行。同样,新的事务必须等待转储结束才能执行。显然,这会降低数据库的可用性。

动态转储是指转储期间允许对数据库进行存取或修改,即转储和用户事务可以并发执行。动态转储可以克服静态转储的缺点,它不用等待正在运行的用户事务结束,也不会影响新事务的运行,但是转储结束时后援副本上的数据并不能保证正确有效。例如,在转储期间的某个时刻 T_c,系统把数据 A=90 转储到磁带上,而在下一时刻 T_d,某一事务将 A 改为 200。转储结束后,后备副本上的 A 已是过时的数据了。

为此,必须把转储期间各事务对数据库的修改活动记录下来,建立日志文件(log file)。这样,后援副本加上日志文件就能把数据库恢复到某一时刻的正确状态。

转储还可以分为海量转储和增量转储两种方式。海量转储是指每次转储全部数据库。增量转储则指每次只转储上一次转储后更新过的数据。从恢复角度看,使用海量转储得到的后备副本进行恢复一般来说会更方便些。但如果数据库很大,事务处理又十分频繁,则增量转储方式更实用且更有效。

数据转储有两种方式,分别可以在两种状态下进行,因此数据转储方法可以分为四类:动态海量转储、动态增量转储、静态海量转储和静态增量转储,如表 9.1 所示。

表 9.1　转储方式分类

		转储状态	
		动态转储	静态转储
转储方式	海量转储	动态海量转储	静态海量转储
	增量转储	动态增量转储	静态增量转储

SQL Server 2005 提供的 BACKUP DATABASE 语句可以备份整个数据库、事务日

志,或者只转储上次备份之后变化的数据。

SQL Server2005 的备份操作步骤如下。

(1)创建一个备份文件(或逻辑备份设备)。

(2)利用 BACKUP 语句备份整个数据库,备份整个 MyMIS 数据库。

【例 9.1】　在 SQL Server 2005 系统中,备份整个 MyMIS 数据库。

```
- - 打开 SQL Server 2005 的系统数据库
USE master
- - 创建存放 MyMIS 数据库完全备份的逻辑备份设备
EXEC sp_addumpdevice'disk','MyMIS_1','c:\MyDATA\MyMIS_1.dat'
- - 备份 MyMIS 数据库到 MyMIS_1
BACKUP DATABASE MyMIS TO MyMIS_1
```

9.3.2　日志文件

日志功能是数据库的一项重要功能,它可以保证数据的一致性,用于数据恢复、数据复制等。

1.日志文件的格式和内容

日志文件是用来记录事务对数据库的更新操作的文件,不同数据库系统采用的日志文件格式并不完全一样。概括起来,日志文件主要有两种格式:以记录为单位的日志文件和以数据块为单位的日志文件。

对于以记录为单位的日志文件,日志文件中需要登记的内容如下。

(1)各个事务的开始(BEGIN TRANSACTION)标记。

(2)各个事务的结束(COMMIT 或 ROLLBACK)标记。

(3)各个事务的所有更新操作:更新的数据对象、更新前的值(前像)、更新后的值(后像)。

这里每个事务的开始标记、每个事务的结束标记和每个更新操作均作为日志文件中的一个日志记录(log record)。更新记录的格式是$<T,X,V,W>$,其含义是事务 T 修改了数据库元素 X 的值,X 修改前的值是 V,修改后的值是 W。

每个日志记录的内容主要包括:事务标识(标明是哪个事务)、操作的类型(插入、删除或修改)、操作对象(记录内部标识)、更新前数据的旧值(对插入操作而言,此项为空值)、更新后数据的新值(对删除操作而言,此项为空值)。

对于以数据块为单位的日志文件,日志记录的内容包括事务标识和被更新的数据块。由于将更新前的整个块和更新后的整个块都放入日志文件中,操作类型和操作对象等信息就不必放入日志记录中。

2.日志文件的作用

日志文件在数据库恢复中起着非常重要的作用,可以用来进行事务故障恢复和系统故障恢复,并协助后备副本进行介质故障恢复。具体作用如下。

(1)事务故障恢复和系统故障恢复必须用日志文件。

(2)在动态转储方式中必须建立日志文件,后备副本和日志文件结合起来才能有效地恢复数据库。

(3)在静态转储方式中,也可以建立日志文件。当数据库毁坏后可重新装入后援副本把数据库恢复到转储结束时刻的正确状态,然后利用日志文件把已完成的事务进行重做处理,对故障发生时尚未完成的事务进行撤销处理。这样不必重新运行那些已完成的事务程序就可把数据库恢复到故障前某一时刻的正确状态,如图9.2所示。

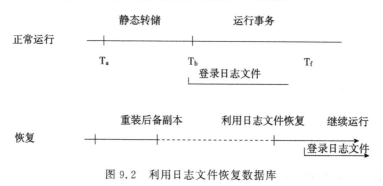

图9.2 利用日志文件恢复数据库

3.日志文件的使用

为保证数据库是可恢复的,登记日志文件时必须遵循两条原则。

(1)登记的次序严格按并发事务执行的时间次序。

(2)必须先写日志文件,后写数据库。

把对数据的修改写到数据库中和把表示这个修改的日志记录写到日志文件中是两个不同的操作。有可能在这两个操作之间发生故障,即这两个写操作只完成了一个。如果先写了数据库修改,而在运行记录中没有登记这个修改,则以后就无法恢复这个修改了。如果先写日志,但没有修改数据库,按日志文件恢复时只不过是多执行一次不必要的撤销操作,并不会影响数据库的正确性。所以为了安全,一定要先写日志文件,即首先把日志记录写到日志文件中,然后写数据库的修改,这就是"先写日志文件"的原则。

4.日志文件的维护

日志文件的维护工作主要包括周期性地更新日志文件、定期备份日志文件、定期删除旧的日志文件。

(1)周期性地更新日志文件。日志文件可能很庞大,而且不可能无休止地被保护,所以需要周期性地用新的日志文件覆盖旧的日志文件。

(2)定期备份日志文件。定期备份日志文件,以便利用日志文件恢复出现故障的数据库。

(3)定期删除旧的日志文件。旧的日志文件保存到一段时间后应当予以清除,以节省磁盘空间。

9.4 恢 复 策 略

当系统运行过程中发生故障时,利用数据库后备副本和日志文件就可以将数据库恢复到故障前的某个一致性状态,不同故障其恢复策略和方法也不一样。

9.4.1　事务故障的恢复

事务故障是指事务在运行至正常终止点前被终止,这时恢复子系统应利用日志文件撤销此事务已对数据库进行的修改。事务故障的恢复是由系统自动完成的,对用户是透明的。系统的恢复步骤如下。

(1)反向扫描日志文件(从最后向前扫描日志文件),查找该事务的更新操作。

(2)对该事务的更新操作执行逆操作,即将日志记录中更新前的值写入数据库。这样,如果记录中是插入操作,则相当于执行删除操作(此时更新前的值为空);若记录中是删除操作,则执行插入操作;若是修改操作,则相当于用修改前的值代替修改后的值。

(3)反向扫描日志文件,查找该事务的其他更新操作,并做同样的处理。

(4)如此处理下去,直至读到此事务的开始标记,事务故障恢复就完成了。

9.4.2　系统故障的恢复

系统故障造成数据库不一致状态的原因有两个:一是未完成事务对数据库的更新可能已写入数据库;二是已提交事务对数据库的更新可能还留在缓冲区没来得及写入数据库。因此,恢复操作就是要撤销故障发生时未完成的事务,重做已完成的事务。

系统故障的恢复是由系统在重新启动时自动完成的,不需要用户干预。系统的恢复步骤如下。

(1)正向扫描日志文件(从头扫描日志文件,找出在故障发生前已经提交的事务(这些事务既有 BEGIN TRANSACTION 记录,也有 COMMIT 记录),将其事务标识记入重做队列。同时找出故障发生时尚未完成的事务(这些事务只有 BEGIN TRANSACTION 记录,无相应的 COMMIT 记录),将其事务标识记入撤销队列。

(2)对撤销队列中的各个事务进行撤销处理。进行撤销处理的方法是反向扫描日志文件,对每个撤销事务的更新操作执行逆操作,即将日志记录中更新前的值写入数据库。

(3)对重做队列中的各个事务进行重做处理。

进行重做处理的方法是:正向扫描日志文件,对每个重做事务重新执行日志文件登记的操作,即将日志记录中更新后的值写入数据库。

9.4.3　介质故障的恢复

发生介质故障后,磁盘上的物理数据和日志文件被破坏,这是最严重的一种故障,恢复方法是重装数据库,然后重做已完成的事务。

(1)装入最新的数据库后备副本(离故障发生时刻最近的转储副本),使数据库恢复到最近一次转储时的一致性状态。

对于动态转储的数据库副本,还需同时装入转储开始时刻的日志文件副本,利用恢复系统故障的方法(REDO+UNDO),才能将数据库恢复到一致性状态。

(2)装入相应的日志文件副本(转储结束时刻的日志文件副本),重做已完成的事务。即首先扫描日志文件,找出故障发生时已提交的事务的标识,将其记入重做队列。然后正向扫描日志文件,对重做队列中的所有事务进行重做处理,即将日志记录中更新后的值写入数据库。

这样就可以将数据库恢复至故障前某一时刻的一致状态了。

介质故障的恢复需要 DBA 介入,但 DBA 只需要重装最近转储的数据库副本和有关的各日志文件副本,然后执行系统提供的恢复命令即可,具体的恢复操作仍由 DBMS 完成。

9.5　具有检查点的恢复技术

利用日志技术进行数据库恢复时,恢复子系统必须搜索日志,确定哪些事务需要重做,哪些事务需要撤销。一般来说,需要检查所有日志记录。这样做有两个问题:一是搜索整个日志将耗费大量的时间;二是很多需要重做的事务实际上已经将它们的更新操作结果写到数据库中了,然而恢复子系统又重新执行了这些操作,浪费了大量时间。为了解决这些问题,又发展了具有检查点的恢复技术。这种技术在日志文件中增加了一类新的记录——检查点(checkpoint),增加了一个重新开始文件,并让恢复子系统在登录日志文件期间动态地维护日志。

检查点记录的内容如下。

(1)建立检查点时刻所有正在执行的事务清单。

(2)这些事务最近一个日志记录的地址。

重新开始文件用来记录各个检查点记录在日志文件中的地址。图 9.3 说明了建立检查点 C_i 时对应的日志文件和重新开始文件。

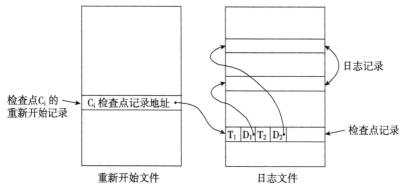

图 9.3　建立检查点对应的日志文件和重新开始文件

动态维护日志文件的方法是,周期性地执行如下操作:建立检查点,保存数据库状态。具体步骤如下。

(1)当前日志缓冲区中的所有日志记录写入磁盘的日志文件上。

(2)在日志文件中写入一个检查点记录。

(3)将当前数据缓冲区的所有数据记录写入磁盘的数据库中。

(4)检查点记录在日志文件中的地址写入一个重新开始文件。

恢复子系统可以定期或不定期地建立检查点保存数据库状态。检查点可以按照预定的一个时间间隔建立,如每隔一小时建立一个检查点;也可以按照某种规则建立检查点,如日志文件已写满一半建立一个检查点。

检查点技术的优点如下。

使用检查点方法可以改善恢复效率。当事务 T 在一个检查点之前提交时，T 对数据库所作的修改一定都已写入数据库，写入时间是在这个检查点建立之前或在这个检查点建立之时。这样，在进行恢复处理时，没有必要对事务 T 执行重做操作。

系统出现故障时，恢复子系统将根据事务的不同状态采取不同的恢复策略，如图 9.4 所示。

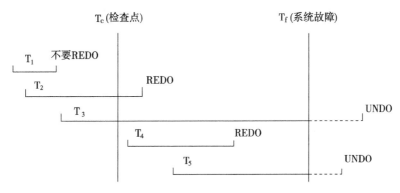

图 9.4　故障恢复

T_1：在检查点之前提交。

T_2：在检查点之前开始执行，在检查点之后故障点之前提交。

T_3：在检查点之前开始执行，在故障点时还未完成。

T_4：在检查点之后开始执行，在故障点之前提交。

T_5：在检查点之后开始执行，在故障点时还未完成。

T_3 和 T_5 在故障发生时还未完成，所以予以撤销；T_2 和 T_4 在检查点之后才提交，它们对数据库所作的修改在故障发生时可能还在缓冲区中，尚未写入数据库，所以要重做；T_1 在检查点之前已提交，所以不必执行重做操作。

系统使用检查点方法进行恢复的步骤如下。

(1)从重新开始文件中找到最后一个检查点记录在日志文件中的地址，由该地址在日志文件中找到最后一个检查点记录。

(2)由该检查点记录得到检查点建立时刻所有正在执行的事务清单 ACTIVE-LIST。

这里建立如下两个事务队列。

UNDO-LIST：需要执行撤销操作的事务集合。

REDO-LIST：需要执行重做操作的事务集合。

把 ACTIVE-LIST 暂时放入 UNDO-LIST 队列，重做队列暂时为空。

(3)从检查点开始正向扫描日志文件。如有新开始的事务 T_i，则把 T_i 暂时放入 UNDO-LIST 队列。如有提交的事务 T_j，则把 T_j 从 UNDO-LIST 队列移到 REDO-LIST 队列，直到日志文件结束。

(4)对 UNDO-LIST 中的每个事务执行撤销操作，对 REDO-LIST 中的每个事务执行重做操作。

9.6　数据库镜像

介质故障是对系统影响最为严重的一种故障。系统出现介质故障后,用户应用全部中断,恢复起来也比较费时。而且 DBA 必须周期性地转储数据库,这也加重了 DBA 的负担。如果不及时而正确地转储数据库,一旦发生介质故障会造成较大的损失。为避免磁盘介质出现故障影响数据库的可用性,许多数据库管理系统提供了数据库镜像(mirror)功能用于数据库恢复。

根据 DBA 的要求,自动把整个数据库或其中的关键数据复制到另一个磁盘上。每当主数据库更新时,DBMS 自动把更新后的数据复制过去,即 DBMS 自动保证镜像数据与主数据库数据的一致性(图 9.5(a))。这样,一旦出现介质故障,可由镜像磁盘继续提供使用,同时 DBMS 自动利用镜像磁盘数据进行数据库的恢复,不需要关闭系统和重装数据库副本(图 9.5(b))。在没有出现故障时,数据库镜像还可用于并发操作,即当一个用户对数据加排它锁修改数据时,其他用户可以读镜像数据库上的数据,而不必等待该用户释放锁。

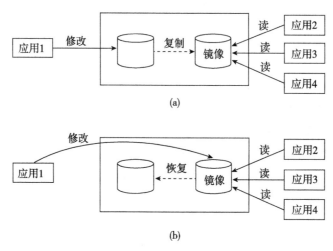

图 9.5　数据库镜像

由于数据库镜像是通过复制数据实现的,频繁地复制数据自然会降低系统运行效率,因此在实际应用中用户往往只选择对关键数据和日志文件镜像,而不是对整个数据库镜像。

数据库镜像是一种简单的策略,具有下列优点。

(1)增强数据保护功能。数据库镜像提供完整或接近完整的数据冗余。

(2)提高数据库的可用性。发生故障时,可使用镜像数据而不会发生数据丢失。

由于数据库镜像通过复制数据实现,频繁地复制数据自然会降低系统运行效率,因此在实际应用中用户往往只选择对关键数据和日志文件镜像,而不是对整个数据库镜像。所以,数据库镜像只是考虑数据库的安全性,不但不会提高数据库的运行效率,反而会降低效率。

9.7 小 结

保证数据一致性是对数据库最基本的要求,因此只要 DBMS 能够保证系统中一切事务的原子性、一致性、隔离性和持续性,也就保证了数据库处于一致状态。为了保证事务的原子性、一致性、隔离性与持续性,DBMS 必须对事务故障、系统故障和介质故障进行恢复。数据库转储和登记日志文件是恢复中最常使用的技术。恢复的基本原理就是利用存储在后备副本、日志文件和数据库镜像中的冗余数据来重建数据库。

·····**本章知识结构图** ···

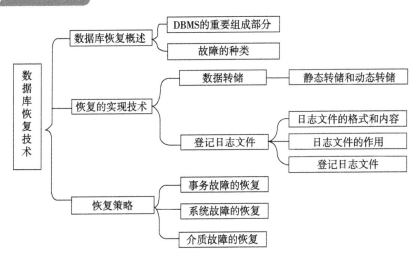

习 题

一、填空

1.对数据库的保护一般包括_____、_____、_____和_____ 4 方面的内容。

2.对数据库_____性的保护就是指采取措施,防止数据库中数据被非法访问、修改,甚至恶意破坏。

3.安全性控制的一般方法有_____、_____、_____、_____和_____ 5 种。

4.用户鉴定机制包括_____和_____两部分。

5.在 SQL 中,_____语句用于提交事务,_____语句用于回滚事务。

6.基于日志的恢复方法需要使用两种冗余数据,即_____和_____。

二、简答题

1.试述事务的概念及事务的四个特性。恢复技术能保证事务的哪些特性?

2.为什么事务非正常结束时会影响数据库数据的正确性?请举例说明。

3.数据库中为什么要有恢复子系统?它的功能是什么?

4.数据库运行过程中可能产生的故障有哪几类?哪些故障影响事务的正常执行?哪些故障会破坏数据库数据?

5.数据库恢复的基本技术有哪些?

6.数据库转储的意义是什么?试比较各种数据转储方法。

7. 什么是日志文件？为什么要设立日志文件？

8. 登记日志文件时为什么必须先写日志文件，后写数据库？

9. 针对不同的故障，试给出恢复的策略和方法。即如何进行事务故障的恢复？如何进行系统故障的恢复？如何进行介质故障恢复？

10. 什么是检查点记录？检查点记录包括哪些内容？

11. 具有检查点的恢复技术有什么优点？试举一个具体的例子加以说明。

12. 试述使用检查点方法进行恢复的步骤。

13. 什么是数据库镜像？它有什么用途？

本章参考文献

［1］Reuter A. A Fast Transaction-oriented logging scheme for UNDO recovery. IEEE Transactions on Software Engineering,1980,SE-6(4):348-356.

［2］Verhofstad J S M. Recovery techniques for database system. ACM Computing Surveys,1978,10(2):167-195.

［3］Bernstein A,Hadzilacos V,Goodman W. Concurrency Control and Recovery in Database Systems. P. A. Bernstein:Addison-Wesley,1987.

［4］Korth H F,Speegle G. Long duration transactions in software design projects. Proceedings of the International Conference on Data Engineering,1990.

［5］Korth H F,Levy E,Silberschatz A. A formal approach to recovery by compensating transactions. Proceedings of the International Conference on Very Large Data Bases,1990.

第10章 数据库设计

数据库设计是建立数据库及其应用系统的技术,是信息系统开发和建设中的核心技术。由于数据库应用系统的复杂性,为了支持相关程序运行,数据库设计就变得异常复杂,因此最佳设计不可能一蹴而就,而只能是一个"反复探寻,逐步求精"的过程,也就是规划和结构化数据库中的数据对象以及这些数据对象之间关系的过程。

本章围绕一个具体事例——学生学籍管理系统来介绍基于 RDBMS 的关系数据库设计的 6 个阶段,即需求分析阶段、逻辑结构设计阶段、概念结构设计阶段、物理结构设计阶段、实施阶段、运行和维护阶段。

10.1 数据库设计概述

首先,什么是数据库设计呢?下面给出数据库设计的一般定义。

数据库设计是指对于一个给定的应用环境,构造(设计)优化的数据库逻辑模式和物理结构,并据此建立数据库及其应用系统,使之能够有效地存储和管理数据,满足各种用户的应用需求,包括信息管理要求和数据操作要求。

信息管理要求是指在数据库中应该存储和管理哪些数据对象;数据操作要求是指对数据对象需要进行哪些操作,如查询、增、删、改、统计等操作。

为什么要进行数据库设计呢?

简单来说,数据库设计的目标就是为用户和各种应用系统提供一个信息基础设施和高效率的运行环境。然后使用这个环境来表达用户的需求,构造最优的数据库模式,建立数据库及围绕数据库展开的应用系统,使之能够有效地收集、存储、操作和管理数据,满足企业组织中各类用户的应用需求(信息需求和处理需求)。

10.1.1 数据库设计的特点

大型数据库设计和开发是一项庞大的工程,是涉及多学科的综合性技术,其开发周期长、耗资多、失败的风险也大。数据库建设是指数据库应用系统从设计、实施到运行与维护的全过程。数据库建设和一般的软件系统的设计、开发、运行与维护有许多相同之处,更有其自身的特点。

1. 数据库建设的基本规律

数据库建设主要是指它在数据库建设中不仅涉及技术,还涉及管理。要建设好一个数据库应用系统,不仅要顾及开发技术,还应该兼顾管理(这里的管理不仅仅包括数据库建设作为一个大型的工程项目本身的项目管理,而且包括该企业的业务管理),所以数据库建设是硬件、软件和干件(技术和管理的界面)的结合。

若数据库成了"死库",系统也就失去了应用价值,原来的投资也就失败了。

2. 结构(数据)设计和行为(处理)设计相结合

数据库设计应该和应用系统设计相结合。也就是说,整个设计过程中要把数据库结构设计和对数据的处理设计密切结合起来,这是数据库设计的特点之二。

何谓结构设计和行为设计呢? 首先,结构设计指的是数据库总体概念的设计,所涉及的数据库应具有最小数据冗余,能反映不同用户需求,能实现数据充分共享。而行为特性指的是数据库用户的业务活动,是通过应用程序来实现的。早期的数据库应用系统开发致力于数据模型和建模方法的研究和应用中数据结构特性的设计,而忽略了对数据行为的设计。由于数据库设计有它专门的技术和理论,所以需要专门来讲解数据库设计。这并不等于数据库设计和在数据库之上开发应用系统是相互分离的,相反,必须强调设计过程中数据库设计和应用程序设计的密切结合,并把它作为数据库设计的重要特点。

10.1.2 数据库设计方法

大型数据库设计是涉及多学科的综合性技术,又是一项庞大的工程项目。它要求从事数据库设计的专业人员具备多方面的技术和知识,主要包括如下几方面的知识。

(1)计算机的基础知识。

(2)软件工程的原理和方法。

(3)程序设计的方法和技巧。

(4)数据库的基本知识。

(5)数据库设计技术。

(6)应用领域的知识。

这样才能设计出符合具体领域要求的数据库及其应用系统。

早期数据库设计主要采用手工与经验相结合的方法,设计质量往往与设计人员的经验与水平有直接的关系。数据库设计是一门技艺,缺乏科学理论和工程方法的支持,设计质量难以保证。常常是数据库运行一段时间后又不同程度地发现各种问题,需要进行修改甚至重新设计,增加了系统维护的代价。

为此,人们经过努力探索,提出了规范设计法,其基本思想是过程迭代和逐步求精,典型的方法有如下几种。

(1)新奥尔良(new Orleans)方法。该方法把数据库设计分为若干阶段和步骤,并采用一些辅助手段实现每一过程。它运用软件工程的思想,按照一定的设计规程用工程化的方法设计数据库。新奥尔良方法属于规范设计法。

(2)基于视图概念的数据库设计方法。此法是先分析各个应用的数据,为每个应用建立自己的视图,然后把这些视图汇总起来合并成整个数据库的概念模型。合并时必须注意解决下面的问题:

①消除命名冲突;

②消除视图和联系的冗余;

③进行模型重构。在消除了命名冲突和冗余后,需要对整个汇总模型进行调整,使其满

足全部完整性约束条件。

（3）基于 E-R 模型的数据库设计方法，该方法用 E-R 模型来设计数据库的概念模型，是数据库概念设计阶段广泛采用的方法。

（4）3NF 的设计方法。该方法以关系数据库理论为指导来设计数据库的逻辑模型，是设计关系数据库时在逻辑阶段可以采用的一种有效方法。

（5）ODL（object definition language）方法。这是面向对象的数据库设计方法，该方法用面向对象的概念和术语来说明数据库结构。ODL 可以描述面向对象数据库结构设计，可以直接转换为面向对象的数据库。

数据库工作者一直在研究和开发数据库设计工具，经过多年的努力，数据库设计工具已经实用化和产品化。例如，Designer 2000 和 PowerDesigner 分别是 Oraclf 公司和 Sybase 公司推出的数据库设计工具软件，这些工具软件可以帮助设计人员完成数据库设计过程中的很多任务，已经普遍应用于大型数据库设计之中。

10.1.3　数据库设计的基本任务

前面提到了数据库设计的目标就是为用户和各种应用系统提供一个信息基础设施和高效率的运行环境，那么进行数据库设计的任务又是什么呢？下面简单说明。

数据库设计的基本任务是根据用户的信息需求、处理需求和数据库的支持环境（包括硬件、操作系统、系统软件和 DBMS）设计出相应的数据模式（包括外模式、逻辑概念模式和内模式）以及典型的应用程序。

（1）信息需求（静态需求），主要是指用户对象的数据及其结构，也就是数据库应用系统的结构特性的设计。它负责设计各级数据库模式，决定数据库系统的信息内容。

（2）处理需求（动态需求），主要是指用户对象的数据处理过程和方式，也就是数据库应用系统的行为特性设计。它决定数据库系统的功能，是事务处理等应用程序的设计。

（3）数据模式，是以上述两者为基础，在一定平台（支持环境）制约下进行设计而得到的最终产物。

10.1.4　数据库设计的基本步骤

当前设计数据库系统主要采用的是以逻辑数据库设计和物理数据库设计为核心的规范设计方法。规范设计方法之一——新奥尔良法把数据库设计分成四个阶段，即需求分析、概念结构设计、逻辑结构设计和数据库物理设计阶段。按照这种规范设计方法，结合数据库及其应用系统开发全过程，通常将数据库设计分为 6 个阶段（图 10.1）：需求分析、概念结构设计、逻辑结构设计、物理结构设计、数据库实施、数据库运行和维护。

在数据库设计过程中，需求分析和概念设计可以独立于任何数据库管理系统进行。逻辑设计和物理设计与选用的 DBMS 密切相关。

数据库设计开始之前，首先必须选定参加设计的人员，包括系统分析人员、数据库设计人员、应用开发人员、数据库管理员和用户代表。系统分析和数据库设计人员是数据库设计的核心人员，他们将自始至终参与数据库设计，他们的水平决定了数据库系统的质量。用户和数据库管理员在数据库设计中也是举足轻重的，他们主要参加需求分析和数据库的运行和维护,他们的积极参与(不仅仅是配合)不但能加速数据库设计,而且是决定数据库设计质量的重要因素。应用开发人员(包括程序员和操作员)分别负责编制程序和准备软硬件环境,他们在系统实施阶段参与进来。

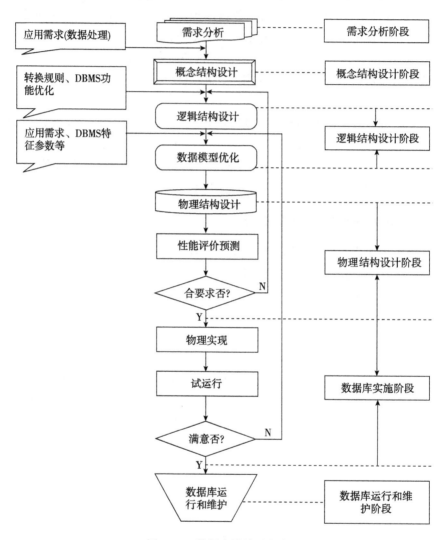

图 10.1　数据库设计基本步骤

1. 需求分析阶段

要进行数据库设计,首先必须准确了解与分析用户需求(包括数据与处理)。需求分析是整个设计过程的基础,是最困难、最耗时的一步。作为"地基"的需求分析是否做得准确,决定了在其上构建数据库的速度与质量。需求分析做得不好,甚至会导致整个数据库设计返工重做。

2. 概念结构设计阶段

概念结构设计是整个数据库设计的关键,它通过对用户需求进行综合、归纳与抽象,形成一个独立于具体 DBMS 的概念模型。

3.逻辑结构设计阶段

逻辑结构设计是将概念结构转换为某个 DBMS 所支持的数据模型,并对其进行优化。

4.物理结构设计阶段

物理结构设计是为逻辑模型选取一个适合应用环境的物理结构(包括存储结构和存取方法)。

5.数据库实施阶段

在数据库实施阶段,设计人员运用 DBMS 提供的数据库语言(如 SQL)及其宿主语言,根据逻辑设计和物理设计的结果建立数据库,编制与调试应用程序,组织数据入库,并试运行。

6.数据库运行和维护阶段

数据库应用系统经过试运行后即可投入正式运行,在数据库系统运行过程中必须不断地对其进行评价、调整与修改。

设计一个完善的数据库应用系统是不可能一蹴而就的,它往往是上述 6 个阶段的不断重复。

需要指出的是,这个设计步骤既是数据库设计的过程,也包括了数据库应用系统的设计过程。在设计过程中把数据库的设计和对数据库中数据处理的设计紧密结合起来,将这两方面的需求分析、抽象、设计、实现在各个阶段同时进行、相互参照、相互补充,以完善两方面的设计。事实上,如果不了解应用环境对数据的处理要求,或没有考虑如何实现这些处理要求,是不可能设计出一个良好的数据库结构的。

下面分别介绍各个阶段的主要内容。

10.2　需 求 分 析

需求分析简单地说就是分析用户的要求。需求分析是设计数据库的起点,需求分析的结果是否准确地反映了用户的实际要求,将直接影响到后面各个阶段的设计,并影响到设计结果是否合理和实用。

10.2.1　需求分析的任务

需求分析的任务是通过详细调查现实世界要处理的对象(组织、部门、企业等),充分了解原系统(手工系统或计算机系统)的工作概况,明确用户的各种需求,然后在此基础上确定新系统的功能。新系统必须充分考虑今后可能的扩充和改变,不能仅仅按当前应用需求来设计数据库。

调查的重点是"数据"和"处理",通过调查、收集与分析,获得用户对数据库的如下要求。

(1)信息要求,指用户需要从数据库中获得信息的内容与性质。由信息要求可以导出数据要求,即在数据库中需要存储哪些数据。

(2)处理要求,指用户要完成什么处理功能,对处理的响应时间有什么要求,处理方式是批处理还是联机处理。

(3)安全性与完整性要求。

确定用户的最终需求是一件很困难的事,这是因为一方面用户缺少计算机知识,开始时无法确定计算机究竟能为自己做什么,不能做什么,所以往往不能准确地表达自己的需求,所提出的需求往往不断地变化。另一方面,设计人员缺少用户的专业知识,不易理解用户的真正需求,甚至误解用户的需求。因此,设计人员必须不断深入地与用户交流,才能逐步确定用户的实际需求。

10.2.2　需求分析的方法和过程

进行需求分析首先要调查清楚用户的实际要求,与用户达成共识,然后分析与表达这些需求。

一般来讲,需求分析的具体步骤(图 10.2)如下。

(1)调查组织机构情况,包括了解该组织的部门组成情况、各部门的职责等,为分析信息流程做准备。

(2)调查各部门的业务活动情况,包括了解各个部门输入和使用什么数据、如何加工处理这些数据、输出什么信息、输出到什么部门、输出结果的格式,这是调查的重点。

(3)在熟悉了业务活动的基础上,协助用户明确对新系统的各种要求,包括信息要求、处理要求、安全性与完整性要求,这是调查的又一个重点。

(4)确定新系统的边界。对前面调查的结果进行初步分析,确定哪些功能由计算机完成或将来准备让计算机完成,哪些活动由人工完成。由计算机完成的功能就是新系统应该实现的功能。

(5)分析系统功能。

(6)分析系统数据。

(7)编写分析报告。

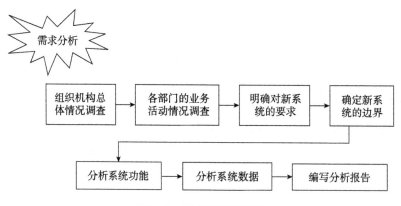

图 10.2　需求分析的过程

在调查过程中,可以根据不同的问题和条件使用不同的调查方法,常用的调查方法如下。

(1)跟班作业。通过亲身参加业务工作来了解业务活动的情况。

(2)开调查会。通过与用户座谈来了解业务活动情况的用户需求。

（3）请专人介绍。

（4）询问。对某些调查中的问题，可以找专人询问。

（5）设计调查表请用户填写，如果调查表设计得合理，这种方法是很有效的。

（6）查阅记录。查阅与原系统有关的数据记录。

做需求调查时，往往需要同时采用上述多种方法。无论使用何种调查方法，都必须有用户的积极参与和配合。

调查了解了用户需求以后，还需要进一步分析和表达用户的需求。在众多的分析方法中结构化分析（structured analysis，SA）方法是一种简单实用的方法。SA 方法从最上层的系统组织机构入手，采用自顶向下、逐层分解的方式分析系统。SA 方法把任何一个系统都抽象为图 10.3 所示的形式。

图 10.3 绘出的只是最高层抽象的系统概貌，要反映更详细的内容，可将处理功能分解为若干子功能，每个子功能还可以继续分解，直到把系统工作过程表示清楚。在处理功能逐步分解的同时，它们所用的数据也逐级分解，形成若干层的数据流图。

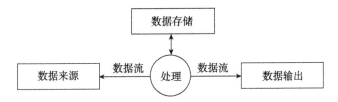

图 10.3　系统最高层数据抽象图

数据流图表达了数据和处理过程的关系，在 SA 方法中，处理过程的处理逻辑常常借助判定表或判定树来描述。系统中的数据则借助数据字典（data dictionary，DD）来描述。

对用户需求进行分析与表达后，必须提交给用户，征得用户的认可。

10.2.3　数据流图和数据字典

在需求分析过程中，通过了解用户的组织机构和各部门业务活动情况，逐步形成了用户业务处理的数据流（信息流）和数据字典。数据流图表达了数据和处理的关系，数据字典是系统中各类数据描述的集合，是进行详细的数据收集和数据分析所获得的主要成果。数据字典在数据库设计中占有很重要的地位。

1. 数据流图

数据流是数据在系统内的传输途径，数据流图从数据传递和加工的角度，以图形的方式刻画数据流从输入到输出的变换过程。它也是软件工程中专门描绘信息在系统中流动和处理过程的图形化工具。因为数据流图是逻辑系统的图形表示，即使不是专业的计算机技术人员也容易理解，所以是极好的交流工具。

1）数据流图的基本元素

数据流图的基本元素包括数据流、加工、数据存取文件、输入数据的源点和输出数据的汇点 4 类。为了方便绘制数据流图，减少歧义性，常采用如表 10.1 所示的两种等价图形符号。

表 10.1 数据流图基本图形符号

图形符号	等价符号	描述
		数据输入的源点和数据输出的汇点
		加工,输入数据在此进行变换
		数据流,被加工的数据与流向
		数据存储文件,必须加以命名

绘制数据流图时,应先找出系统的数据源点与汇点及对应的输出数据流与输入数据流,然后从输入数据流(系统的源点)出发,按照系统的逻辑需要逐步画出系统逻辑加工,直到所需的输出数据流(系统的汇点),形成数据流的封闭。

数据流在传递过程中需要一些加工处理。常见的加工关系及对应的图形符号如表 10.2 所示。

表 10.2 数据流图加工关系

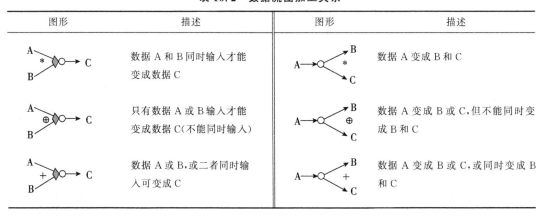

图形	描述	图形	描述
A * B → C	数据 A 和 B 同时输入才能变成数据 C	A → B * C	数据 A 变成 B 和 C
A ⊕ B → C	只有数据 A 或 B 输入才能变成数据 C(不能同时输入)	A → B ⊕ C	数据 A 变成 B 或 C,但不能同时变成 B 和 C
A + B → C	数据 A 或 B,或二者同时输入可变成 C	A → B + C	数据 A 变成 B 或 C,或同时变成 B 和 C

2)分层数据流图

较复杂的实际问题中,仅用一个数据流图很难表达数据处理过程和数据加工情况,需按照问题的层次结构逐步分解,并以分层的数据流图反映这种结构关系。

首先确定顶层数据流图,把整个数据处理过程暂且看成一个加工,它的输入数据和输出数据实际上反映了系统与外界环境的接口,这就是顶层数据流图。

然后在顶层数据流图的基础上进一步细化。如果一个数据处理包括 3 个子系统,就可以画出表示这 3 个子系统 1、2、3 的加工及其相关的数据流。这是第一层数据流图,继续分解这 3 子系统,可得到第二层数据流图。如此细化,直到清晰地表达整个数据加工系统的真实情况。

3)画数据流图的步骤和原则

画数据流图的基本步骤是自外向内、自顶向下、逐层细化、完善求精的过程,并且需要遵循以下基本原则。

(1)顶层数据流图上的数据流必须封闭在外部实体之间。

(2)每个加工至少有一个输入数据流和一个输出数据流。

(3)在数据流图中,需按层给加工进行编号。编号应表明该加工处在哪一层,以及与上下层的父图与子图的对应关系。

(4)任何一个数据流子图必须与它上一层的一个加工对应,两者的输入数据流和输出数据流必须一致,即父图与子图平衡。

(5)图上每个元素都必须有名字。一般来说,数据流和数据文件的名字应当表明流动的数据是什么,加工的名字应当表明做什么事情。

(6)数据流图中不可夹带控制流。

数据流图可以采用 CASE 工具(如 PowerDesinger、RationalRose)和一些绘图软件(如 Visio)来绘制。CASE 工具不仅能提供绘制数据流图的基本功能,还能提供辅助分析功能,是绘制数据流图的首选工具。

2. 数据字典

数据字典通常包括数据项、数据结构、数据流、数据存储和处理过程 5 个部分。其中数据项是数据的最小组成单位,若干数据项可以组成一个数据结构,数据字典通过对数据项和数据结构的定义来描述数据流、数据存储的逻辑内容。

1)数据项

数据项是不可再分的数据单位,对数据项的描述通常包括以下内容:

数据项描述＝{数据项名,数据项含义说明,别名,数据类型,长度,取值范围,取值含义,
　　　　　　与其他数据项的逻辑关系,数据项之间的联系}

其中,取值范围、与其他数据项的逻辑关系(例如,该数据项等于另外几个数据项的和,该数据项值等于另一数据项的值等)定义了数据的完整性约束条件,是设计数据检验功能的依据。

可以关系规范化理论为指导,用数据依赖的概念分析和表示数据项之间的联系。即按实际语义写出每个数据项之间的数据依赖,它们是数据库逻辑设计阶段数据模型优化的依据。

2)数据结构

数据结构反映了数据之间的组合关系。一个数据结构可以由若干数据项组成,也可以由若干数据结构组成,或由若干数据项和数据结构混合组成。对数据结构的描述通常包括以下内容:

数据结构描述＝{数据结构名,含义说明,组成:{数据项或数据结构}}

3)数据流

数据流是数据结构在系统内传输的路径,对数据流的描述通常包括以下内容:

数据流描述＝{数据流名,说明,数据流来源,数据流去向,组成:{数据结构},平均流量,
　　　　　　高峰期流量}

其中,"数据流来源"说明该数据流来自哪个过程;"数据流去向"说明该数据流将到哪个

过程去；"平均流量"是指在单位时间（每天、每周、每月等）里的传输次数，"高峰期流量"是指在高峰时期的数据流量。

4）数据存储

数据存储是数据结构停留或保存的地方，也是数据流的来源和去向之一。它可以是手工文档或手工凭单，也可以是计算机文档。对数据存储的描述通常包括以下内容：

数据存储描述＝{数据存储名,说明,编号,输入的数据流,输出的数据流,组成:{数据结构},数据量,存取额度,存取方式}

其中，"存取额度"指每小时、每天或每周存取几次、每次存取多少数据等信息；"存取方式"包括是批处理还是联机处理、是检索还是更新、是顺序检索还是随机检索等；另外，"输入的数据流"要指出其来源；"输出的数据流"要指出其去向。

5）处理过程

处理过程的具体处理逻辑一般用判定表或判定树来描述。数据字典中只需要描述处理过程的说明性信息，通常包括以下内容：

处理过程描述＝{处理过程名,说明,输入:{数据流},输出:{数据流},处理:简要说明}

其中，"简要说明"中主要说明该处理过程的功能及处理要求。功能是指该处理过程用来做什么（而不是怎么做），处理要求包括处理额度要求，如单位时间内处理多少事务、多少数据量、响应时间要求等。这些处理要求是后面物理设计的输入及性能评价的标准。

可见，数据字典是关于数据库中数据的描述，即元数据，而不是数据本身。

数据字典是在需求分析阶段建立，在数据库设计过程中不断修改、充实、完善的。

明确地把需求收集和分析作为数据库设计的第一阶段是十分重要的。这一阶段收集到的基础数据（用数据字典来表达）和一组数据流图（data flow diagram，DFD）是下一步进行概念设计的基础。

最后要强调以下两点。

（1）需求分析阶段的一个重要而困难的任务是收集将来应用所涉及的数据，设计人员应充分考虑到可能的扩充和改变，使设计易于更改，系统易于扩充。

（2）必须强调用户的参与，这是数据库应用系统设计的特点。数据库应用系统和广泛的用户有密切的联系，许多人要使用数据库，数据库的设计和建立又可能对更多人的工作环境产生重要影响。因此，用户的参与是数据库设计不可分割的一部分。在数据分析阶段，任何调查研究没有用户的积极参与是寸步难行的，设计人员应该和用户取得共同的语言，帮助不熟悉计算机的用户建立数据库环境下的共同概念，并对设计工作的最后结果承担共同的责任。

10.2.4　实例——学生学籍管理系统需求分析

在实际工作中，学籍管理涉及的内容比较多，业务逻辑也较复杂。在不失一般性的基础上，本实例简化了学籍管理的业务逻辑，作为数据库设计和 SQL 程序设计的实例。

1. 需求描述

学籍管理是学校管理中一项烦琐的工作，管理人员需要建立学生的学籍，汇总每学期没有拿到规定学分的学生及这些学生的详细情况;学生完成一门课程的学习后,教师需要录入学生的考试成绩,计算平均成绩,汇总各分数段的人数;学生需要查询已结业的各门课程成绩;班主任需要查询本班学习情况,包括各门课程的平均成绩和每个学生考试通过情况。

这些汇总统计工作是重复而烦琐的,设计实现一套简单的学籍管理系统就可以简化管理人员、班主任、任课教师的工作,方便学生及时掌握自己的情况。系统初步要求可以归纳如下。

(1)系统使用者:管理人员、班级辅导员(或班主任)、教师、学生等。

(2)系统运行环境:网络运行。

(3)根据系统初步要求整理出如图 10.4 所示的系统主要功能。

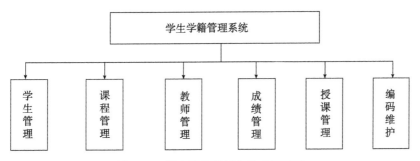

图 10.4　学生学籍管理系统功能说明

其中每个功能都由若干相关联的子功能模块组成,下面将对这些模块进行简要介绍。

学生管理:登记学生的基本信息(姓名、性别、班级等),并提供查询功能。

课程管理:登记课程基本情况(课程名称、开课学期、课程类型、学分等),提供查询功能。

教师管理:登记教师基本情况(姓名、年龄、性别、学历等),提供查询统计功能。

成绩管理:登记学生各门课程的考试成绩,提供查询、统计功能。

授课管理:登记教师讲授课程、授课地点和授课学期,提供查询功能。

编码维护:维护系统中使用的编码(如职称编码、学院编码、班级编码等)。

2. 分析设计顶层数据流图

根据系统初步需求,管理人员、教师、班主任、学生等都会产生数据,通过使用本系统得到所需的查询统计结果,因此管理人员、教师、班主任、学生等是数据输入的源点和数据输出的汇点。系统中需要存储学生信息、课程信息、考试成绩信息、教师信息以及各类编码等,因此要求学生基本信息、教师信息、课程信息、教学计划、考试成绩等是数据存储文件。

根据以上分析结果,学生学籍管理系统的顶层数据流图如图 10.5 所示。

3. 逐步细化数据流图

根据图 10.4 中列出的学籍管理的主要功能,将学籍管理加工细化分解为学生管理、课程管理、教师管理、成绩管理、授课管理和编码维护等子加工。在图 10.5 所示的顶层数据流图的基础上进行分解细化,得到如图 10.6 所示学籍管理的 1 层数据流图。

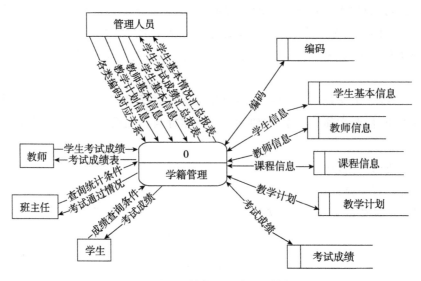

图 10.5　学生学籍管理系统顶层数据流图

　　根据实际业务分析各处理流程,如图 10.6 所示的学籍管理的 1 层数据流图还需要继续细化,直到数据流图中出现的每个加工处理都不能再分解为止。

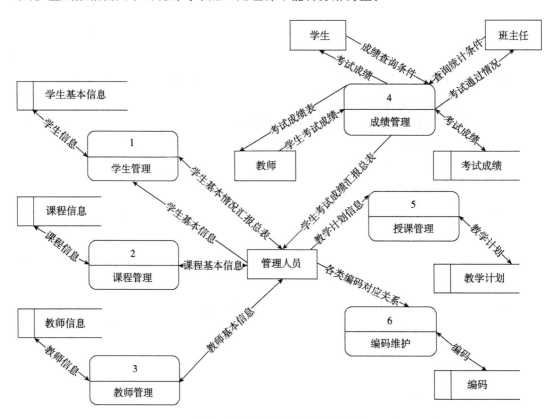

图 10.6　学籍管理 1 层数据流图

　　成绩管理可以继续细化为如图 10.7 所示的成绩管理数据流图。

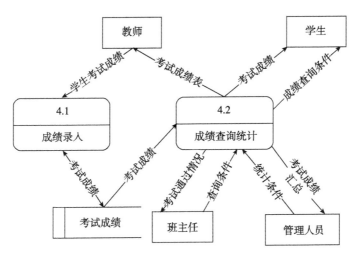

图 10.7　成绩管理数据流图

图 10.7 所示的成绩管理数据流图还可以继续分解,其中的加工(成绩录入和成绩查询)都可以继续分解。成绩录入加工可以继续细化为增加成绩、修改成绩、删除成绩等子加工,为了方便成绩录入,还需要班级学生名单查询子过程,因此图 10.7 所示的成绩管理的 2 层数据流图的成绩录入加工可以继续细化分解为图 10.8 所示成绩录入的 3 层数据流图。

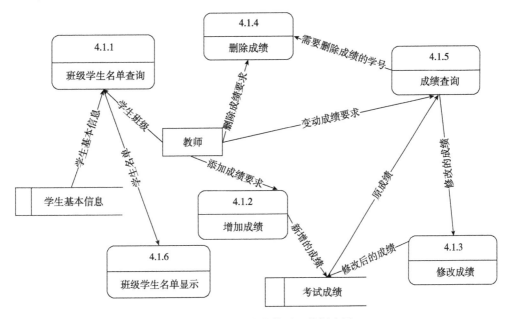

图 10.8　细化后的成绩录入数据流图

至此,图 10.8 所示的成绩录入数据流图中的每一个加工都分解得足够细,分解工作结束。图 10.6 和图 10.7 所示的其他加工还需要按照上述方法继续进行分解。

4. 制定整理数据字典

数据流图反映了数据和处理之间的关系,数据字典是系统中各类数据描述的集合,通常包括数据项、数据结构、数据流、数据存储和处理过程 5 部分。

分析图 10.8 所示的成绩录入数据流图,该数据流图涉及学生名单、学号姓名、选定删除的学号姓名、选定修改的学号姓名等数据流,同时涉及学生信息、考试成绩等数据存储,包括班级学生名单查询、班级学生名单显示、增加学生成绩、修改成绩、删除成绩、成绩查询等处理过程。

1)数据项的描述

在图 10.8 所示的成绩录入数据流图中,包含学号、成绩、姓名等数据项,这些数据项都是不可再分的数据单位。

下面描述学号数据项,其他数据项可以根据实际业务进行描述。

数据项名称:学号。

含义说明:唯一标识每个学生。

别名:学号。

类型:字符型。

长度:5。

取值范围:00000～99999。

取值含义:前两位标识该学生所在年级,后 3 位为顺序编号。

2)数据流的描述

在图 10.8 所示的成绩录入数据流图中,包含学生名单、变动成绩要求、删除成绩要求、添加成绩要求、新增的成绩、原成绩、删除的成绩、修改后的成绩等数据流。

下面描述学生名单数据流,其他数据流可以根据实际业务进行描述。

数据流名称:学生名单。

说明:某班全部学生的名单。

数据流来源:学生信息。

数据流去向:班级学生名单显示。

组成:班级、学号、姓名。

平均流量:k。

高峰期流量:m。

3)数据存储的描述

在图 10.8 所示的成绩录入数据流图中,包含学生信息、考试成绩等数据存储。下面描述数据存储考试成绩的描述,其他数据存储可以根据实际业务进行描述。

数据存储:考试成绩。

说明:保存学生各门课程的考试成绩。

流入数据流:新增的成绩、修改后的成绩。

流出数据流:原成绩。

组成:学号、姓名、成绩。

数据量:3000(学生)×15(课程)。

存取方式:随机存取。

4)处理过程的描述

在图 10.8 所示的成绩录入数据流图中,包含班级学生名单查询、增加学生成绩、修改成绩、删除成绩、成绩查询等处理过程。下面列出的是处理过程增加学生成绩的描述,其他处理过程可以根据实际业务进行描述。

处理过程:增加学生成绩。

说明:录入一个学生某门课程的考试成绩。

输入:学号、课程、成绩。

输出:考试成绩。

处理:在考试成绩数据存储中增加一个学生的考试成绩。

10.3　概念结构设计

将需求分析得到的用户需求抽象为信息结构(概念模型)的过程就是概念结构设计,它是整个数据库设计的关键。

10.3.1　概念结构

在需求分析阶段所得到的应用需求应该首先抽象为信息世界的结构,才能更好地、更准确地用某一 DBMS 实现这些需求。

概念结构的主要特点如下。

(1)能真实、充分地反映现实世界,包括事物和事物之间的联系,能满足用户对数据的处理要求,是对现实世界的真实反映。

(2)易于理解,从而可以用它和不熟悉计算机的用户变换意见,用户的积极参与是数据库设计成功的关键。

(3)易于更改,当应用环境和应用要求改变时,容易对概念模型进行修改和扩充。

(4)易于向关系、网状、层次等各种数据模型转换。

概念结构是各种数据模型的共同基础,它比数据模型更独立于机器、更抽象,从而更加稳定。描述概念模型的有力工具是 E-R 模型,有关 E-R 模型的基本概念已在前面介绍,下面将用 E-R 模型来描述概念结构。

10.3.2　概念结构设计的方法与步骤

设计概念结构通常有四类方法。

(1)自顶向下。首先定义全局概念结构的框架,然后逐步细化。

(2)自底向上。首先定义各局部应用的概念结构,然后将它们集成起来,得到全局概念结构。

(3)逐步扩张。首先定义最重要的核心概念结构,然后向外扩充,以滚雪球的方式逐步生成其他概念结构,直至总体概念结构。

(4)混合策略。将自顶向下和自底向上方法相结合,用自顶向下策略设计一个全局概念结构的框架,以它为骨架集成由自底向上策略中设计的各局部概念结构。

其中最常用的策略是自底向上方法,即自顶向下地进行需求分析,再自底向上地设计概念结构。

这里只介绍自底向上设计概念结构的方法,它通常分为两步:第一步是抽象数据并设计局部视图;第二步是集成局部视图,得到全局的概念结构,如图 10.9 所示。

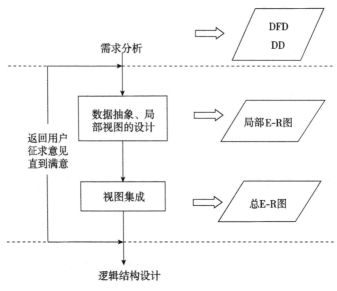

图 10.9 概念结构设计

10.3.3 数据抽象与局部视图设计

概念结构是对现实世界的一种抽象。所谓抽象是对实际的人、物、事和概念进行人为处理,抽取所关心的共同特性,忽略非本质的细节,并把这些特性用各种概念精确地加以描述,这些概念组成了某种模型。

一般有以下三种抽象。

1. 分类(classification)

定义某一类概念作为现实世界中一组对象的类型,这些对象具有某些共同的特性和行为。它抽象了对象值和型之间的"is member of"的语义。在 E-R 模型中,实体型就是这种抽象。例如,在学校环境中,张英是学生,表示张英是学生中的一员,具有学生共同的特性和行为:在某个班学习某专业,选修某些课程。

2. 聚类(aggregation)

聚类用于定义某一类型的组成成分,它抽象了对象内部类型和成分之间"is part of"的语义。在 E-R 模型中若干属性的聚集组成了实体型,就是这种抽象。

3. 概括(generalization)

概括用来定义类型之间的一种子集联系,它抽象了类型之间的"is subset of"的语义。例如,学生是一个实体型,本科生、研究生也是实体型。本科生、研究生均是学生的子集。把学生称为超类(superclass),本科生、研究生称为学生的子类(subclass)。

原 E-R 模型不具有概括,本书对 E-R 模型作了扩充,允许定义超类实体型和子类实体型。并用双竖边的矩形框表示子类,用直线加小圆腰表示超类-子类的联系,如图 10.10 所示。

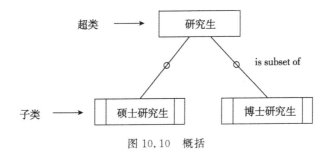

图 10.10　概括

概括有个很重要的性质:继承性。子类继承超类上定义的所有抽象。这样,本科生、研究生继承了学生类型的属性。当然,子类可以增加自己的某些特殊属性。

概念结构设计的第一步就是利用上面介绍的抽象机制对需求分析阶段收集到的数据进行分类、组织(聚集),形成实体、实体的属性、标识实体的码,确定实体之间的联系类型(1∶1,1∶n,m∶n),设计局部 E-R 图,具体做法如下。

1)选择局部应用

根据某个系统的具体情况,在多层的数据流图中选择一个适当层次的数据流图,作为设计局部 E-R 图的出发点。让这组图中每部分对应一个局部应用。

由于高层的数据流图只能反映系统的概貌,而中层的数据流图能较好地反映系统中各局部应用的子系统组成,因此人们往往以中层数据流图作为设计局部 E-R 图的依据。

2)逐一设计局部 E-R 图

选择好局部应用之后,就要对每个局部应用逐一设计局部 E-R 图。

在前面选好的某一层次的数据流图中,每个局部应用都对应一组数据流图,局部应用涉及的数据都已经收集在数据字典中了。现在就是要将这类数据从数据字典中抽取出来,参照数据流图标定局部应用中的实体、实体的属性、标识实体的码,确定实体之间的联系及其类型。

事实上,在现实世界中具体的应用环境常常对实体和属性已经作了大体的自然的划分。在数据字典中,数据结构、数据流和数据存储都是若干属性有意义的聚合,体现了这种划分。可以先从这些内容出发定义 E-R 图,再进行必要的调整。在调整中遵循的一条原则是:为了简化 E-R 图的处理,现实世界的事物能作为属性对待的尽量作为属性对待。

那么符合什么条件的事物可以作为属性对待呢? 本来,实体与属性之间并没有形式上可以截然划分的界限,但可以给出两条准则。

(1)作为属性,不能再具有需要描述的性质,属性必须是不可分的数据项,不能包含其他属性。

(2)属性不能与其他实体具有联系,即 E-R 图中所表示的联系是实体之间的联系。

凡满足上述两条准则的事物一般均可作为属性对待。

10.3.4　视图的集成

各子系统的局部 E-R 图设计好以后,下一步就是要将所有的局部 E-R 图综合成一个系统的总 E-R 图。一般来说,视图集成有两种方式。

(1)多个局部 E-R 图一次集成。

(2)逐步集成,用累加的方式一次集成两个局部 E-R 图。

第一种方法比较复杂,实现起来难度较大。第二种方法每次只集成两个局部 E-R 图,可以降低复杂度。

由于分数据流图是在局部应用的基础上设计的,表现了局部应用的信息使用和处理情况,在此基础上设计的局部 E-R 图势必会存在一些冲突和冗余。试图集成就需要进行局部 E-R 图的合并、修改和重构。消除不必要的冗余,生成基本 E-R 图。

1. 合并局部 E-R 图,生成初步 E-R 图

各个局部应用所面向的问题不同,且通常是由不同的设计人员进行局部视图设计,这就导致各个局部 E-R 图之间必定存在许多不一致的地方,称为冲突。因此,合并局部 E-R 图时并不能简单地将各个局部 E-R 图画到一起,而是必须着力清除各个局部 E-R 图中的不一致,以形成一个能为全系统中所有用户共同理解和接受的统一的概念模型。合理消除各局部 E-R 图的冲突是合并局部 E-R 图的主要工作与关键所在。

各局部 E-R 图之间的冲突主要有三类:属性冲突、命名冲突和结构冲突。

1)属性冲突

(1)属性域冲突,即属性值的类型、取值范围或取值集合不同。例如,对于零件号,有的部门把它定义为整数,有的部门把它定义为字符型,不同的部门对零件号的编码也不同。又如年龄,某些部门以出生日期形式表示职工的年龄,而另一些部门用整数表示职工的年龄。

(2)属性取值单位冲突。例如,零件的重量有的以千克为单位,有的以克为单位。

属性冲突理论上好解决,但实际上需要各部门讨论协商,解决起来并非易事。

2)命名冲突

(1)同名异义,即不同意义的对象在不同的局部应用中具有相同的名字。

(2)异名同义(一义多名),即同一意义的对象在不同的局部应用中具有不同的名字。例如,对科研项目,财务科称为项目,科研处称为课题,生产管理处称为工程。

命名冲突可能发生在实体、联系一级上,也可能发生在属性一级上,其中属性的命名冲突更为常见。处理命名冲突通常也像处理属性冲突一样,通过讨论、协商等行政手段来解决。

3)结构冲突

(1)同一对象在不同应用中具有不同的抽象。例如,职工在某一局部应用中被当作实体,而在另一局部应用中则被当作属性。

解决方法通常是把属性变换为实体或把实体变换为属性,使同一对象具有相同的抽象,但变换时仍要遵循 10.3.3 节中讲述的两个准则。

(2)同一实体在不同局部 E-R 图中所包含的属性个数和属性排列次序不完全相同。

这是很常见的一类冲突,原因是不同的局部应用关心的是该实体的不同侧面。解决方法是使该实体的属性取各局部 E-R 图中属性的并集,再适当调整属性的次序。

实体间的联系在不同的局部 E-R 图中为不同的类型,例如,实体 E1 与 E2 在一个局部 E-R 图中是多对多联系,在另一个局部 E-R 图中是一对多联系;又如,在一个局部 E-R 图中 E1 与 E2 发生联系,而在另一个局部 E-R 图中 E1、E2、E3 三者之间有联系。

解决方法是根据应用的语义对实体联系的类型进行综合或调整。

2. 消除不必要的冗余,设计基本 E-R 图

在初步 E-R 图中,可能存在一些冗余的数据和实体间的联系。所谓冗余的数据是指可由基本数据导出的数据,冗余的联系是指可由其他联系导出的联系。冗余数据和冗余联系容易破坏数据库的完整性,给数据库维护增加困难,应当予以消除。消除了冗余后的初步 E-R 图称为基本 E-R 图。

消除冗余主要采用分析方法,即以数据字典和数据流图为依据,根据数据字典中关于数据项之间逻辑关系的说明来消除冗余。

但并不是所有的冗余数据与冗余联系都必须加以消除,有时为了提高效率,不得不以冗余信息作为代价。因此在设计数据库概念结构时,哪些冗余信息必须消除,哪些冗余信息允许存在,需要根据用户的整体需求来确定。如果人为地保留了一些冗余数据,则应把数据字典中数据关联的说明作为完整性约束条件。

除分析方法外,还可以用规范化理论来消除冗余。在规范化理论中,函数依赖的概念提供了消除冗余联系的形式化工具,具体方法如下。

(1)确定局部 E-R 图实体之间的数据依赖。实体之间一对一、一对多、多对多的联系可以用实体码之间的函数依赖来表示。设得到的函数依赖集为 F_L。

(2)求 F_L 的最小覆盖 G_L,差集为

$$D = F_L - G_L$$

逐一考察 D 中的函数依赖,确定是否是冗余的联系,若是就把它去掉。由于规范化理论受到泛关系假设的限制,应注意下面两个问题。

(1)冗余的联系一定在 D 中,而 D 中的联系不一定是冗余的。

(2)当实体之间存在多种联系时,要将实体之间的联系在形式上加以区分。

10.3.5　实例——学生学籍管理系统概念结构设计

1. 数据抽象、确定实体及其属性与码

在确定抽象实体及其属性时要注意,实体和属性虽然没有本质区别,但是要求:

①属性必须是不可分的数据项;

②属性不能与其他实体具有联系。

例如,班级可以是学生的属性,但是一方面,班级包含班级编号的属性,另一方面,班级与班主任实体存在一定的联系(一个班主任管理一个班级),因此需要将班级抽象为一个独立实体,如图 10.11 所示。

因此学生实体的属性为(学号,姓名,性别,出生日期,班级名称),其中学号为码。班级实体的属性为(班级编号、班级名称),其中班级编号为码。

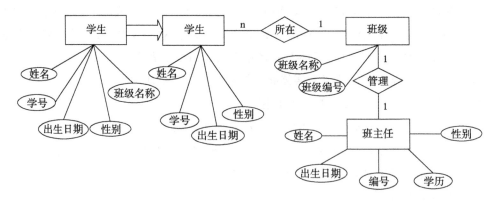

图 10.11　班级作为属性或一个实体

同样的道理,院系虽然可以作为班级的属性,但是该属性仍然含有院系名称和院系代码等数据项,因此院系也需要抽象为一个实体。

按照上面的方法,可以抽象出学生学籍管理系统中的其他实体:课程、授课教师、职称、院系、课程类型等。

2. 确定实体间的关系,设计局部 E-R 图

为了便于说明,使用以下约束。

(1)一个教师只讲授一门课程,一门课程可以由多个教师讲授。

(2)一个班级只有一个班主任、一个教师只担任一个班级的班主任。

(3)一门课程只有一门先修课程。

根据学生学籍管理系统中的学生管理的局部应用,确定出如图 10.12 所示的学生管理局部 E-R 图。根据课程管理和成绩管理局部应用设计出图 10.13 所示的课程管理局部E-R 图。

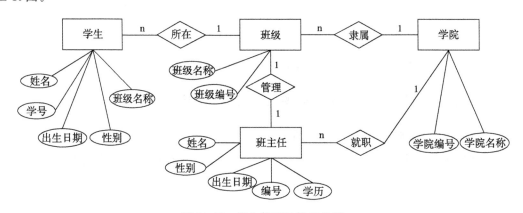

图 10.12　学生管理局部 E-R 图

3. 合并局部 E-R 图,消除冗余,设计基本 E-R 图

由于局部 E-R 图是分开设计的,所以局部 E-R 图之间可能存在冗余和冲突(如属性冲突、命名冲突、结构冲突)。在形成初步 E-R 图时,一定要解决冗余和冲突。如图 10.11 所示的 E-R 图中的班主任和图 10.12 所示的 E-R 图中的教师是冗余实体,需要消除。

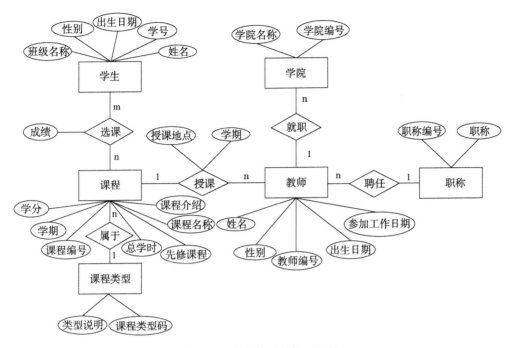

图 10.13　课程管理局部 E-R 图

图 10.11 所示的 E-R 图中的学生的实体属性和图 10.12 所示的 E-R 图中的学生的实体属性不一致,属于结构冲突,需要合并属性。

　　按照上述方法,解决冲突,消除冗余之后形成图 10.14 所示的基本 E-R 图。

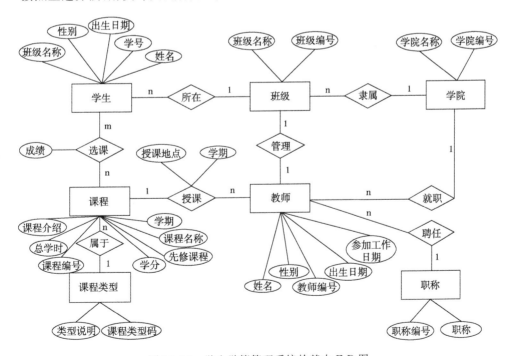

图 10.14　学生学籍管理系统的基本 E-R 图

10.4　逻辑结构设计

概念结构是独立于任何一种数据模型的信息结构。逻辑结构设计的任务就是把概念结构设计阶段设计好的基本 E-R 图转换为与选用 DBMS 产品所支持的数据模型相符合的逻辑结构。

从理论上讲,设计逻辑结构应该选择最适于相应概念结构的数据模型,然后对支持这种数据模型的各种 DBMS 进行比较,从中选出最合适的 DBMS。但实际情况往往是已给定了某种 DBMS,设计人员没有选择的余地。目前的 DBMS 产品一般支持关系、网状、层次三种模型中的某一种。对某一种数据模型,各个机器系统又有许多不同的限制,提供不同的环境与工具。所以设计逻辑结构时一般要分 3 步进行。

(1)将概念结构转换为一般的关系、网状、层次模型。

(2)将转换来的关系、网状、层次模型向特定 DBMS 支持下的数据模型转换。

(3)对数据模型进行优化。

目前新设计的数据库应用系统大都采用 RDBMS,所以这里只介绍 E-R 图向关系模型的转换原则与方法。

10.4.1　E-R 图向关系模型的转换

E-R 图向关系模型的转换要解决的问题是如何将实体型和实体间的联系转换为关系模式,以及如何确定这些关系模式的属性和码。

关系模型的逻辑结构是一级关系模式的集合。E-R 图是由实体型、实体的属性和实体型之间的联系 3 个要素组成的,所以将 E-R 图转换为关系模型实际上就是要将实体型、实体的属性和实体型之间的联系转换为关系模式,这种转换一般遵循如下原则:一个实体型转换为一个关系模式,实体的属性就是关系的属性,实体的码就是关系的码。

对于实体型间的联系有以下不同的情况。

(1)一个 1∶1 联系可以转换为一个独立的关系模式,也可以与任意一端对应的关系模式合并。如果转换为一个独立的关系模式,则与该联系相连的各实体的码以及联系本身的属性均转换为关系的属性,每个实体的码均是该关系的候选码。如果与某一端实体对应的关系模式合并,则需要在该关系模式的属性中加入另一个关系模式的码和联系本身的属性。

例如,教师与班级的"管理"为 1∶1 联系,可以将其转换为一个独立的关系模型:

管理(教师编号,班级编号)

其中,教师编号是教师关系的码,班级编号是班级关系的码。教师编号和班级编号都可以是"管理"关系模式的候选码。

也可以将"管理"联系与教师或班级的关系模式合并,如将"管理"联系与班级模式合并为:

班级(班级编号,班级名称,教师编号)

也可以将"管理"联系与教师关系模式合并,只需在教师关系中加入班级关系的码——班级编号即可。

（2）一个 1∶n 联系可以转换为一个独立的关系模式，也可以与 n 端对应的关系模式合并。如果转换为一个独立的关系模式，则与该联系相连的各实体的码以及联系本身的属性均转换为关系的属性，而关系的码为 n 端实体的码。

例如，学院与班级的"隶属"联系为 1∶n 联系，一种方法是使其转换为一个独立的关系模式：

隶属(<u>班级编号</u>,学院编号)

其中，班级编号为"隶属"关系的码。

另一种方法是将其与班级关系模式合并，这时班级关系模式为：

班级(<u>班级编号</u>,班级名称,学院编号)

班级关系模式的码仍为班级编码。这种方法可以减少系统中的关系个数，是设计中经常采用的方法。

（3）一个 m∶n 联系转换为一个关系模式。与该联系相连的各实体的码以及联系本身的属性均转换为关系的属性，各实体的码组成关系的码或关系码的一部分。

例如，"选课"联系是一个 m∶n 联系，可以将其转化为一个关系模式：

选课(<u>学号</u>,<u>课程编号</u>,成绩)

码是学号与课程编号的组合。

需要注意，联系转化为关系模式时，可以根据需要进行合并。例如，学生选修课程后必须进行考试，而考试是因为学生选修了该课程。因此，选修和考试联系可以合并为一个关系模式：

选修(<u>学号</u>,<u>课程编号</u>,选修学期,成绩)

（4）3 个或 3 个以上实体间的一个多元联系可以转换为一个关系模式。与该多元联系相连的各实体的码以及联系本身的属性均转换为关系的属性，各实体的码组成关系的码或关系码的一部分。

（5）具有相同码的关系模式可合并。

10.4.2　数据模型的优化

数据库逻辑设计的结果不是唯一的，为了进一步提高数据库应用系统的性能，还应该根据应用需要适当地修改、调整数据模型的结构，这就是数据模型的优化。关系模型的优化通常以规范化理论为指导，方法如下。

（1）确定数据依赖。用数据依赖的概念分析和表示数据项之间的联系，写出每个数据项之间的数据依赖。按需求分析阶段所得到的语义，分别写出每个关系模式内部各属性之间的数据依赖以及不同关系模式属性之间的数据依赖。

（2）对于各个关系模式之间的数据依赖进行极小化处理，消除冗余之间的联系。

（3）按照数据依赖的理论对关系模式逐一进行分析，考察是否存在部分函数依赖、传递函数依赖、多值依赖等，确定各关系模式分别属于第几范式。

（4）按照需求分析阶段得到的处理要求，分析对于这样的应用环境这些模式是否合适，确定是否要对某些模式进行合并或分解。

必须注意的是,并不是规范化程度越高的关系就越优。例如,当查询经常涉及两个或多个关系模式的属性时,系统经常进行连接运算。连接运算的代价是相当高的,可以说关系模型低效的主要原因就是连接运算引起的。这时可以考虑将这几个关系合并为一个关系。因此在这种情况下,第二范式甚至第一范式也许是合适的。

又如,非 BCNF 的关系模式虽然从理论上分析会存在不同程度的更新异常或冗余,但如果在实际应用中对此关系模式只是查询,并不执行更新操作,不会产生实际影响。所以对于一个具体应用来说,到底规范化到什么程度,需要权衡响应时间和潜在问题两者的利弊决定。

(5)对关系模式进行必要的分解,提高数据操作的效率和存储空间的利用率。常用的两种分解方法是水平分解和垂直分解。

水平分解是把(基本)关系的元组分为若干子集合,定义每个子集合为一个子关系,以提高系统的效率。根据 80/20 原则,一个大关系中,经常被使用的数据只是关系的一部分,约 20%,可以把经常使用的数据分解出来,形成一个子关系。如果关系 R 上具有 n 个事务,而且多数事务存取的数据不相交,则 R 可分解为少于或等于 n 个子关系,使每个事务存取的数据对应一个关系。

垂直分解是把关系模式 R 的属性分解为若干子集合,形成若干子关系模式。垂直分解的原则是,经常在一起使用的属性从 R 中分解出来形成一个子关系模式。垂直分解可以提高某些事务的效率,但也可能使另一些事务不得不执行连接操作,从而降低了效率。因此,是否进行垂直分解取决于分解后 R 上的所有事务的总效率是否得到了提高。垂直分解需要确保无损连接性和保持函数依赖,即保证分解后的关系具有无损连接性和保持函数依赖性。这可以用模式分解算法对需要分解的关系模式进行分解和检查。

规范化理论为数据库设计人员判断关系模式优劣提供了理论标准,可用来预测模式可能出现的问题,使数据库设计工作有了严格的理论基础。

10.4.3　设计用户子模式

将概念模型转换为全局逻辑模型后,还应该根据局部应用需求,结合具体 DBMS 的特点,设计用户的外模式。

目前关系数据库管理系统一般都提供了视图的概念,可以利用这一功能设计更符合局部用户需要的用户外模式。

定义数据库全局模式主要是从系统的时间效率、空间效率、易维护等角度出发。由于用户外模式与模式是相对独立的,所以在定义用户外模式时可以着重考虑用户的习惯与方便。

(1)使用更符合用户习惯的别名。

在合并各局部 E-R 图时,曾做了消除命名冲突的工作,以使数据库系统中同一关系和属性具有唯一的名字。这在设计数据库整体结构时是非常必要的。用视图机制可以在设计用户视图时重新定义某些属性名,使其与用户习惯一致,以方便使用。

(2)可以对不同级别的用户定义不同的视图,以保证系统的安全性。

假设有关系模式产品(产品号,产品名,规格,单价,生产车间,生产负责人,产品成本,产品合格率,质量等级),可以在产品关系上建立两个视图。

为一般顾客建立视图：

产品 1(产品号,产品名,规格,单价)

为产品销售部门建立视图：

产品 2(产品号,产品名,规格,单价,车间,生产负责人)

顾客视图中只包含允许顾客查询的属性;销售部门视图中只包含允许销售部门查询的属性;生产部门领导则可以查询全部产品数据。这样就可以防止用户非法访问本来不允许他们查询的数据,保证了系统的安全性。

(3)简化用户对系统的使用。

如果某些局部应用中经常要使用某些较复杂的查询,为了方便用户,可以将这些复杂查询定义为视图,用户每次只对定义好的视图进行查询,大大简化了用户的使用。

10.4.4　实例——学生学籍管理系统逻辑结构设计

在如图 10.14 所示的学籍管理的基本 E-R 图的基础上,按照逻辑结构的设计方法和步骤,逐步设计学籍管理的逻辑结构。

1. 数据模型

1)将实体转化为关系模型

根据图 10.14 所示的学籍管理基本 E-R 图,将其中的实体转化为如下关系(关系的码用下划线标出)。

(1)将学生实体转换为学生关系(学号,姓名,性别,出生日期,班级名称)。

(2)将班级实体转换为班级关系(班级编号、班级名称)。

(3)将学院实体转换为学院关系(学院编号、学院名称)。

(4)将课程实体转换为课程关系(课程编号、课程名称、课程介绍、开设学期、总学时、学分、先修课程)。

(5)将课程类型实体转换为课程类型关系(课程类型码、类型说明)。

(6)将教师实体转换为教师关系(教师编号、姓名、性别、出生日期、参加工作日期)。

(7)将职称实体转换为职称关系(职称编码、职称)。

2)将联系转化为关系模型

根据图 10.14 所示的学籍管理基本 E-R 图,将其中的联系转化为如下关系(关系的码用下划线标出)。

(1)将 1∶1 联系转化为关系模式。

教师与班级的“管理”联系为 1∶1 联系,可以使用下面任一种方法转换。

①将其转换为一个独立的关系模型：

管理(教师编号,班级编号)

其中,教师编号是教师关系的码,班级编号是班级关系的码。教师编号与班级编号都可以是管理关系的候选码,此处选择教师编号作为管理关系的码。

②将管理联系合并到班级关系模式中。在班级关系模式中加入教师关系的码——教师编号,形成如下关系模式：

班级(班级编号,班级名称,教师编号)

③将管理联系合并到教师关系模式中。在教师关系中加入班级关系的码——班级编号,形成如下关系模式:

教师(<u>教师编号</u>,姓名,性别,出生日期,参加工作日期,班级编号)。

(2)将1∶n联系转化为关系模式。

①学院与班级的"隶属"联系。学院与班级的"隶属"联系可以使用下面任一种方法转换成关系模式。

一种方法是使其转换为一个独立的关系模式:

隶属(<u>班级编号</u>,学院编号)

其中,班级编号为"隶属"关系的码。

另一种方法是将其与班级关系模式合并,这时班级关系模式修改为:

班级(<u>班级编号</u>,班级名称,学院编号)

其中,班级关系模式的码仍为班级编号。

后一种方式是常用的转换方法,下面的1∶n联系采用将联系与n端对应的关系模式合并的方法。

②教师与学院的"就职"联系。将"就职"联系与教师关系合并,教师关系模式变为:

教师(<u>教师编号</u>,姓名,性别,出生日期,参加工作日期,学院编号)

③教师与职称的"聘任"联系。将"聘任"联系与教师关系合并,教师关系模式变为:

教师(<u>教师编号</u>,姓名,性别,出生日期,参加工作日期,学院编号,职称编号)

④课程与课程类型的"属于"联系。将课程与课程类型的"属于"联系与课程关系合并,课程关系模式变为:

课程(<u>课程编号</u>,课程名称,课程介绍,开设学期,总学时,学分,先修课程,课程类型编码)

⑤学生与班级"所在"联系。将学生与班级"所在"联系与学生关系合并,学生关系模式变为:

学生(<u>学号</u>,姓名,性别,出生日期、班级编号)

(3)将m∶n的联系转化为关系模式。

①学生与课程的"选课"联系。将"选课"转化为一个关系模式:

选课(<u>学号</u>,<u>课程编号</u>,选修学期)

其中,码是学号与课程编号的组合。

②教师与课程的"授课"联系。将"授课"转化为一个关系模式:

授课(<u>教师编号</u>,<u>课程编号</u>,授课学期、授课地点)

其中,码是教师编号与课程编号的组合。

2. 用户子模式

为了方便不同用户使用,需要使用更符合用户习惯的别名,并且针对不同级别的用户定义不同的视图,以满足系统对安全性的要求。

为了方便查询教师的教学情况,根据需要建立如下子模式:

教师基本信息(教师编号,姓名,性别,学历,职称)

课程开设情况(课程编号,课程名称,课程简介,教师编号,历届成绩,及格率)

为学籍管理人员建立如下子模式：

学生基本情况（学号，姓名，性别，年龄，籍贯，班级，学院，获取总学分）

授课效果（课程编号，选修学期，平均成绩）

为学生建立如下子模式：

考试通过基本情况（学号，姓名，班级，课程名称，成绩）

为教师建立如下子模式：

选修学生情况（课程编号，学号，姓名，班级，学院，平均成绩）

授课效果（课程编号，选修学期，平均成绩）

10.5　物理结构设计

数据库在物理设备上的存储结构与存取方法称为数据库的物理结构，它依赖于选定的数据库管理系统。为一个给定的逻辑模型选取一个最适合应用要求的物理结构的过程，就是数据库的物理结构设计。

数据库的物理结构设计通常分为以下两步。

(1)确定数据库的物理结构，在关系数据库中主要指存取方法和存储结构。

(2)对物理结构进行评价，评价的重点是时间和空间效率。

如果评价结果满足原设计要求，则可进入物理实施阶段，否则需要重新设计或修改物理结构，有时甚至要返回逻辑结构设计阶段修改数据模型。

10.5.1　数据库物理结构设计的内容和方法

不同的数据库产品所提供的物理环境、存取方法和存储结构有很大差别，能供设计人员使用的设计变量、参数范围也很不相同，因此没有通用的物理结构设计方法可遵循，只能给出一般的设计内容和原则。希望设计优化的物理数据库结构，使得在数据库上运行的各种事务响应时间短、存储空间利用率高、事务吞吐率高。为此，首先对要运行的事务进行详细分析，获得选择物理数据库设计所需要的参数。其次，要充分了解所用 RDBMS 的内部特征，特别是系统提供的存取方法和存储结构。

对于数据库查询事务，需要得到如下信息。

(1)查询的关系。

(2)查询条件所涉及的属性。

(3)连接条件所涉及的属性。

(4)查询的投影属性。

对于数据更新事务，需要得到如下信息。

(1)被更新的关系。

(2)每个关系上的更新操作条件所涉及的属性。

(3)修改操作要改变的属性值。

除此之外，还需要知道每个事务在各关系上运行的频率和性能要求。例如，事务 T 必须在 10 秒内结束，这对于存取方法的选择具有重大影响。

上述信息是确定关系的存取方法的依据。

应该注意的是,数据库上运行的事务会不断变化,以后需要根据上述设计信息的变化调整数据库的物理结构。

通常关系数据库物理结构设计包括以下主要内容。

(1)为关系模式选择存取方法。

(2)设计关系、索引等数据库文件的物理存储结构。

下面介绍这些设计内容和方法。

10.5.2 关系模式存取方法选择

数据库系统是多用户共享的系统,对同一关系要建立多条存取路径才能满足多用户的多种应用要求。物理设计的任务之一就是要确定选择哪些存取方法,即建立哪些存取路径。

存取方法是快速存取数据库中数据的技术,数据库管理系统一般都提供多种存取方法,常用的存取方法有三类:第一类是索引方法,目前主要是 B+ 树索引方法;第二类是聚簇(cluster)方法;第三类是 Hash 方法。

B+ 树索引方法是数据库中经典的存取方法,使用最普遍。

1. 索引存取方法的选择

所谓选择索引存取方法,实际上就是根据应用要求确定对关系的哪些属性列建立索引、哪些属性列建立组合索引、哪些索引要设计为唯一索引等。

(1)如果一个(或一组)属性经常在查询条件中出现,则考虑在这个(或这组)属性上建立索引(或组合索引)。

(2)如果一个属性经常作为最大值或最小值等聚集函数的参数,则考虑在这个属性上建立索引。

(3)如果一个(或一组)属性经常在连接操作的连接条件中出现,则考虑在这个(或这组)属性上建立索引。

关系上定义的索引数并不是越多越好,系统为维护索引就要付出代价,查找索引也要付出代价。例如,若一个关系的更新频率很高,则这个关系上定义的索引数不能太多。因为更新一个关系时,必须对这个关系上的有关索引进行相应的修改。

2. 聚簇存取方法的选择

为了提高某个属性(或属性组)的查询速度,把这个或这些属性上具有相同值的元组集中存放在连续的物理块称为聚簇。

聚簇功能可以大大提高按聚簇码进行查询的效率。例如,要查询信息系的所有学生名,设信息系有 500 名学生,在极端情况下,这 500 名学生所对应的数据元组分布在 500 个不同的物理块上。尽管对学生关系已按所在系建有索引,由索引很快找到了信息系学生的元组标识,避免了全表扫描,在由元组标识访问数据块时就要存取 500 个物理块,执行 500 次 I/O 操作。如果将同一系的学生元组集中存放,则每读一个物理块可得到多个满足查询条件的元组,从而显著地减少了访问磁盘的次数。

聚簇功能不但适用于单个关系,而且适用于经常进行连接操作的多个关系。即把多个连接关系的元组连接属性值聚集存放,聚簇中的连接属性称为聚簇码。这就相当于把多个关系以"预连接"的形式存放,从而大大提高了连接操作的效率。

一个数据库可以建立多个聚簇,一个关系只能加入一个聚簇。

选择聚簇存取方法,即确定需要建立多少个聚簇,每个聚簇中包括哪些关系。

下面先设计候选聚簇,适合建立聚簇的情况如下。

(1)对经常在一起进行连接操作的关系可以建立聚簇。

(2)如果一个关系的组属性经常出现在相等比较条件中,则该单个关系可建立聚簇。

(3)如果一个关系的一个(或一组)属性上的值重复率很高,则此单个关系可建立聚簇。即对应每个聚簇码值的平均元组数不太少,如果太少了,聚簇的效果就不明显。

然后检查候选聚簇中的关系,取消其中不必要的关系。

(1)从聚簇中删除经常进行全表扫描的关系。

(2)从聚簇中删除更新操作远多于连接操作的关系。

(3)不同的聚簇中可能包含相同的关系,一个关系可以在某一个聚簇中,但不能同时加入多个聚簇。要从多个聚簇方案(包括不建立聚簇)中选择一个较优的,即在这个聚簇上运行各种事务的总代价最小。

必须强调的是,聚簇只能提高某些应用的性能,而且建立与维护聚簇的开销是相当大的。对已有关系建立聚簇,将导致关系中元组移动其物理存储位置,并使此关系上原有的索引无效,必须重建。当一个元组的聚簇码值改变时,该元组的存储位置也要进行相应移动,聚簇码值要相对稳定,以减少修改聚簇码值所引起的维护开销。

因此,若通过聚簇码进行访问或连接是该关系的主要应用,与聚簇码无关的其他访问很少或者是次要的,这时可以使用聚簇。尤其当 SQL 语句中包含与聚簇码有关的 ORDER BY、GROUP BY、UNION、DISTINCT 等子句或短语时,使用聚簇特别有利,可以省去对结果集的排序操作,否则很可能会适得其反。

3. Hash 存取方法的选择

有些数据库管理系统提供了 Hash 存取方法,选择 Hash 存取方法的规则如下。

如果一个关系的属性主要出现在等值连接条件中或主要出现在相等比较选择条件中,而且满足下面两个条件之一,则此关系可以选择 Hash 存取方法。

(1)一个关系的大小可预知,而且不变。

(2)关系的大小动态改变,而且数据库管理系统提供了动态 Hash 存取方法。

10.5.3　确定数据库的存储结构

确定数据库物理结构主要指确定数据的存放位置和存储结构,包括确定关系、索引、聚簇、日志、备份等的存储安排和存储结构,确定系统配置等。

确定数据的存放位置和存储结构时要综合考虑存取时间、存储空间利用率和维护代价三方面的因素。这三方面常常是相互矛盾的,因此需要进行权衡,选择一个折中方案。

1. 确定数据的存放位置

为了提高系统性能,应该根据应用情况将数据的易变部分与稳定部分、经常存取部分和存取频率较低部分分开存放。

例如,目前许多计算机有多个磁盘或磁盘阵列,可以将表和索引放在不同的磁盘上,在查询时，由于磁盘驱动器并行工作，可以提高物理 I/O 的效率；也可以将比较大的表分放在两个磁盘上，以加快存取速度，这在多用户环境下特别有效；还可以将日志文件与数据库对象（表、索引等）放在不同的磁盘上，以提高系统的性能。

由于各个系统所能提供的对数据进行物理安排的手段、方法差异很大，所以设计人员应仔细了解给定的 RDBMS 提供的方法和参数，针对应用环境的要求，对数据进行适当的物理安排。

2. 确定系统配置

DBMS 产品一般都提供了一些系统配置变量、存储分配参数，供设计人员和 DBA 对数据库进行物理优化。初始情况下，系统都为这些变量赋予了合理的默认值，但是这些值不一定适合每一种应用环境，在进行物理设计时，需要重新对这些变量赋值，以改善系统的性能。

系统配置变量很多，例如，同时使用数据库的用户数、同时打开的数据库对象数、内存分配参数、缓冲区分配参数（使用的缓冲区长度、个数）、存储分配参数、物理块的大小、物理块装填因子、时间片大小、数据库的大小、锁的数目等。这些参数值影响存取时间和存储空间的分配，在物理设计时就要根据应用环境确定这些参数值，以使系统性能最佳。

在物理设计时对系统配置变量的调整只是初步的，在系统运行时还要根据系统实际运行情况作进一步的调整，以期切实改进系统性能。

10.5.4　评价物理结构

数据库物理结构设计过程中需要对时间效率、空间效率、维护代价和各种用户要求进行权衡，其结果可以产生多种方案。数据库设计人员必须对这些方案进行细致的评价，从中选择一个较优的方案作为数据库的物理结构。

评价物理数据库的方法完全依赖于所选用的 DBMS，主要是从定量估算各种方案的存储空间、存取时间和维护代价入手等方面对估算结果进行权衡、比较，选择一个较优的合理的物理结构。如果该结构不符合用户需求，则需要修改设计。

10.6　数据库的实施和维护

完成数据库的物理结构设计之后，设计人员就要用 RDBMS 提供的数据定义语言和其他实用程序将数据库逻辑设计和物理设计结果严格描述出来，成为 DBMS 可以接受的源代码，再经过调试产生目标模式。然后就可以组织数据入库了，这就是数据库实施阶段。

10.6.1　数据的载入和应用程序的调试

数据库实施阶段包括两项重要的工作：一项是数据的载入，另一项是应用程序的编码和调试。一般数据库系统中，数据量很大，而且数据来源于部门中的各个不同的单位，数据的组织方式、结构和格式都与新设计的数据库系统有相当的差距。组织数据录入就是要将各类源数据从各个局部应用中抽取出来，输入计算机，再分类转换，最后综合成符合新设计的数据库结构的形式，输入数据库。因此，这样的数据转换、组织入库的工作是相当费力费时的。

特别是原系统是手工数据处理系统时,各类数据分散在各种不同的原始表格、凭证、单据之中。在向新的数据库系统输入数据时,还要处理大量的纸质文件,工作量更大。

为提高数据输入工作的效率和质量,应该针对具体的应用环境设计一个数据录入子系统,由计算机来完成数据入库的任务。在源数据入库之前要采用多种方法对它们进行检验,以防止不正确的数据入库,这部分工作在整个数据输入子系统中是非常重要的。

现有的 RDBMS 一般都提供不同 RDBMS 之间数据转换的工具,若原来是数据库系统,就要充分利用新系统的数据转换工具。

数据库应用程序的设计应该与数据库设计同时进行,因此在组织数据入库的同时还要调试应用程序。应用程序的设计、编码和调试的方法、步骤在软件工程等课程中有详细讲解,这里不再赘述。

10.6.2　数据库的试运行

在原有系统的数据有小部分已输入数据库后,就可以开始对数据库系统进行联合调试,这又称为数据库的试运行。

这一阶段要实际运行数据库应用程序,执行对数据库的各种操作,测试应用程序的功能是否满足设计要求。如果不满足,则要对应用程序部分修改、调整,直到达到设计要求。

在数据库试运行时,还要测试系统的性能指标,分析其是否达到设计目标。在对数据库进行物理结构设计时已初步确定了系统的物理参数值,但一般情况下,设计时的考虑在许多方面只是近似的估计,和实际系统运行总有一定的差距,因此必须在试运行阶段实际测量和评价系统性能指标。事实上,有些参数的最佳值往往是经过运行调试后找到的。如果测试的结果与设计目标不符,则要返回物理设计阶段,重新调整物理结构,修改系统参数,某些情况下甚至要返回逻辑设计阶段,修改逻辑结构。

这里特别要强调两点。第一,上面已经讲到组织数据入库是十分费时费力的事,如果试运行后还要修改数据库的设计,则要重新组织数据入库。因此应分期分批地组织数据入库,先输入小批量数据做调试用,待试运行基本合格后,再大批量输入数据,逐步增加数据量,逐步完成运行评价。第二,在数据库试运行阶段,由于系统还不稳定,软硬件故障随时可能发生,而系统的操作人员对新系统还不熟悉,误操作也不可避免,因此应首先调试运行 DBMS 的恢复功能,做好数据库的转储和恢复工作。一旦故障发生,能使数据库尽快恢复,尽量减少对数据库的破坏。

10.6.3　数据库的运行和维护

数据库试运行合格后,数据库开发工作就基本完成,即可投入正式运行了。但是,由于应用环境在不断变化,数据库运行过程中物理存储也会不断变化,对数据库设计进行评价、调整、修改等维护工作是一个长期的任务,也是设计工作的继续和提高。

在数据库运行阶段,对数据库经常性的维护工作主要是由 DBA 完成的,包括以下内容。

1. 数据库的转储和恢复

数据库的转储和恢复是系统正式运行后最重要的维护工作之一。DBA 要针对不同的应用要求制定不同的转储计划，保证一旦发生故障能尽快将数据库恢复到某种一致的状态，并尽可能减小对数据库的破坏。

2. 数据库的安全性、完整性控制

在数据库运行过程中，由于应用环境的变化，对安全性的要求也会发生变化，例如，有的数据原来是机密的，现在是可以公开查询的了，而新加入的数据又可能是机密的；系统中用户的密级也会改变，这些都需要 DBA 根据实际情况修改原有的安全性控制。同样，数据库的完整性约束条件也会变化，也需要 DBA 不断修正，以满足用户需求。

3. 数据库性能的监督、分析和改造

在数据库运行过程中，监督系统运行，对监测数据进行分析，找出改进系统性能的方法是 DBA 的又一项重要任务。目前有些 DBMS 产品提供了监测系统性能参数的工具，DBA 可以利用这些工具方便地得到系统运行过程中一系列性能参数的值。DBA 应仔细分析这些数据，判断当前系统运行状况是否最佳，应当作哪些改进，如调整系统物理参数或对数据库进行重组织或重构造等。

4. 数据库的重组织与重构造

数据库运行一段时间后，由于记录不断增、删、改，会使数据库的物理存储情况变坏，降低了数据的存取效率，使数据库性能下降，这时 DBA 就要对数据库进行重组织或部分重组织（只对频繁增、删的表进行重组织）。DBMS 一般都提供数据重组织用的实用程序，在重组织的过程中，按原设计要求重新安排存储位置、回收垃圾、减少指针链等，以提高系统性能。

数据库的重组织并不修改原设计的逻辑和物理结构，而数据库的重构造则不同，它是指部分修改数据库的模式和内模式。

由于数据库应用环境发生了变化，增加了新的应用或新的实体，取消了某些应用，有的实体与实体间的联系也发生了变化等，使原有的数据库设计不能满足新的需求，需要调整数据库的模式和内模式。例如，在表中增加或删除某些数据项、改变数据项的类型、增加或删除某个表、改变数据库的容量、增加或删除某些索引等。当然数据库的重构也是有限的，只能作部分修改。如果应用变化太大，重构也无济于事，说明此数据库应用系统的生命周期已经结束，应该设计新的数据库应用系统了。

10.7 小 结

本章主要讨论数据库设计的方法和步骤，列举了较多的实例，详细介绍了数据库设计各个阶段的目标、方法和应注意的事项。其中的重点是概念结构设计和逻辑结构设计，这也是数据库设计过程中最重要的两个环节。

学习本章内容，要努力掌握书中讨论的基本方法，还要能在实际工作中运用这些思想，设计符合应用需求的数据库应用系统。

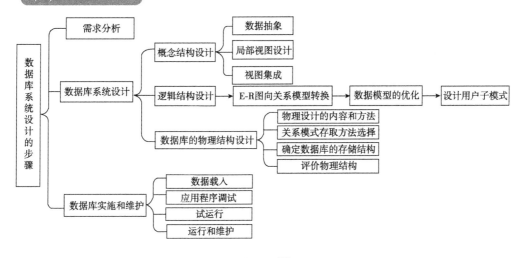

······ **本章知识结构图** ······

习　题

一、单项选择题

1. 数据库设计的根本目的是要解决(　　　)。

A. 数据共享问题　　　　　　　　　　　B. 数据安全问题

C. 大量数据存储问题　　　　　　　　　D. 简化数据维护

2. 数据库设计包括两方面的设计内容,它们是(　　　)。

A. 概念设计和逻辑设计　　　　　　　　B. 模式设计和内模式设计

C. 内模式设计和物理设计　　　　　　　D. 结构特性设计和行为特性设计

3. 设计数据流图属于数据库设计的(　　　)。

A. 可行性分析阶段的任务　　　　　　　B. 概念设计阶段的任务

C. 逻辑设计阶段的任务　　　　　　　　D. 需求分析阶段的任务

4. 在数据库设计中,最常用的数据模型是(　　　)。

A. 实体模型　　　　B. 物理模型　　　　C. 逻辑模型　　　　D. 实体-联系模型

5. 数据库概念设计的 E-R 图方法中,用属性来描述实体的特征,在 E-R 图中用来表示属性的是(　　　)。

A. 矩形　　　　　　B. 菱形　　　　　　C. 椭圆形　　　　　D. 正方形

6. 数据库概念设计的过程中,视图设计一般有三种设计次序,以下各项中不对的是(　　　)。

A. 自顶向下　　　　B. 由底向上　　　　C. 由内向外　　　　D. 由整体到局部

7. 数据库设计的概念设计阶段,表示概念结构的常用方法和描述工具是(　　　)。

A. 实体-联系法和实体-联系图　　　　　B. 数据流程分析法和数据流图

C. 结构分析法和数据流图　　　　　　　D. 层次分析法和层次结构图

8. 数据库设计中,用 E-R 图来描述信息结构但不涉及信息在计算机中的表示,它是数据库设计的(　　　)阶段。

A. 需求分析　　　　B. 概念设计　　　　C. 逻辑设计　　　　D. 物理设计

9. 关系数据库设计中,设计关系模式是(　　　)的任务。

A. 需求分析阶段　　B. 概念设计阶段　　C. 逻辑设计阶段　　D. 物理设计阶段

10. 数据流图的完成是在数据库的（　　）。

　　A. 逻辑设计阶段　　　　　B. 物理设计阶段　　　　C. 需求分析阶段　　　　D. 概念设计阶段

11. 下列选项中属于数据库逻辑设计的内容的是（　　）。

　　A. 设计 E-R 图　　　　　　B. 创建索引　　　　　　C. 创建视图　　　　　　D. B 和 C 都是

12. 在数据库设计中,将 E-R 图转换成关系模型的过程属于（　　）。

　　A. 需求分析阶段　　　　　B. 概念设计阶段　　　　C. 逻辑设计阶段　　　　D. 物理设计阶段

13. 在数据库设计中,在概念设计阶段可以用 E-R 方法设计的图称为（　　）。

　　A. 实体-联系图　　　　　　B. 数据流图　　　　　　C. 实物图　　　　　　　D. 实体表示图

14. 在数据流图中,带有名字的箭头表示（　　）。

　　A. 控制程序的执行顺序　　　　　　　　　B. 模块之间的调用关系

　　C. 数据的流向　　　　　　　　　　　　　D. 程序的组成成分

15. 设计数据库的存储结构属于数据库设计的（　　）。

　　A. 需求分析　　　　　　　B. 逻辑设计　　　　　　C. 物理设计　　　　　　D. 概念设计

二、简答题

1. 请简要说明数据库应用系统设计的步骤。

2. 数据库设计的目的是什么?

3. 基本表设计的主要原则是什么?坚持这些原则有什么好处?

4. 在进行 SQL Server 数据库设计时,一般有哪些命名规则?

5. 什么是数据流图?数据字典的主要作用是什么?

6. 什么是 E-R 图?它的作用是什么?

7. 简要说明需求分析阶段的主要任务和目的。

8. 什么是数据库的重组织和重构造?为什么要进行数据库的重组织和重构造?

9. 现有一局部应用包括两个实体“出版社”和“作者”,这两个实体是多对多联系,请读者自己设计适当的属性,画出 E-R 图,再将其转换为关系模型(包括关系名、属性名、码和完整性约束条件)。

10. 请设计一个图书馆数据库,此数据库中对每个借阅者保存读者记录,包括读者号、姓名、地址、性别、年龄、单位,对每本书存有书号、书名、作者、出版社;对每本被借出的书存有读者号、借出日期和应还日期。要求:画出 E-R 图,再将其转换为关系模型。

三、课程大作业“数据库设计与应用开发”

1. 基本要求

在某个 RDBMS 软件基础上,利用合适的应用系统开发工具为某个部门或单位开发一个数据库应用系统。

2. 实验目的

(1)通过实践掌握本章介绍的数据库设计方法。

(2)学会在一个实际的 RDBMS 软件平台上创建数据库。

(3)培养团队合作精神,要求 5～6 人组成一个开发小组,每人承担不同角色(如项目管理员、DBA、系统分析员、系统设计员、系统开发员、系统测试员)。

3. 内容与具体要求

(1)给出数据库设计各个阶段的详细设计报告。

(2)写出系统的主要功能和使用说明。

(3)提交运行的系统。

(4)写出收获和体会,包括已解决和尚未解决的问题,以及进一步完善的设想与建议。

(5)每个小组进行 60 分钟的报告和答辩,讲解设计方案,运行系统,汇报分工与合作情况。

本章参考文献

［1］王珊,萨师煊.数据库系统概论.4 版.北京:高等教育出版社,2006.

［2］孙锋.数据库原理与应用.天津:天津大学出版社,2008.

［3］杨海霞,相洁,南志红,等.北京:人民邮电出版社,2007.

［4］王晟,马里杰.SQL Server 数据库开发经典案例解析.北京:清华大学出版社,2006.

［5］Smith J,Smith D. Database abstractions:Aggregation and generalization. TODS,1977,2：2.

［6］Hammer M,McLeod D. Database description with SDM:A semantic data model. TODS,1980,6:3.

［7］Elmasri R,Weeldreyer J,Hevner A. The category concept:An extension to the entity-relationship model. International Journal on Data and Knowledge Engineering,1985,1:1.

［8］王珊,吴鸥琦.E-R 图/数据模型转换的一点注记.小型微型计算机系统,1983:60-65.

第11章 数据库技术发展动态

······ **本章要点** ··

　　本章较全面地介绍数据库技术的发展动态。学习本章后,应了解分布式数据库、并行数据库、多媒体数据库、主动数据库和数据仓库的概念及特点,并对各种数据库的结构有一定的了解。为便于读者以后深入学习,本书给出了有关的英文专业词汇。

11.1　本章概述

　　随着计算机应用领域的不断拓展和多媒体技术的发展,数据库已是计算机科学技术中发展最快、应用最广泛的重要分支之一,数据库技术的研究也取得了重大突破,它已成为计算机信息系统和计算机应用系统的重要的技术基础和支柱。从20世纪60年代末开始,数据库系统已从第一代的层次数据库、网状数据库,第二代的关系数据库系统,发展到第三代的以面向对象模型为主要特征的数据库系统。关系数据库理论和技术在20世纪70～80年代得到长足发展和广泛而有效的应用,80年代,关系数据库成为应用的主流,几乎所有新推出的数据库管理系统产品都是关系型的,它在计算机数据管理的发展史上是一个重要的里程碑,这种数据库具有数据结构化、最低冗余度、较高的程序与数据独立性、易于扩充、易于编制应用程序等优点,目前较大的信息系统都是建立在关系数据库系统理论设计之上的。但是这些数据库系统包括层次数据库、网状数据库和关系数据库,不论其模型和技术上有何差别,都主要是面向和支持商业和事务处理应用领域的数据管理。用户应用需求的提高、硬件技术的发展和Internet/Intranet提供的丰富多彩的多媒体交流方式,促进了数据库技术与网络通信技术、人工智能技术、面向对象程序设计技术、并行计算技术等相互渗透与互相结合,成为当前数据库技术发展的主要特征,形成了数据库新技术。

11.2　数据库技术与多学科技术的有机结合

　　各种学科技术与数据库技术的有机结合,使数据库领域中的新内容、新应用、新技术层出不穷,形成了各种新型的数据库系统:面向对象数据库系统、分布式数据库系统、知识数据库系统、模糊数据库系统、并行数据库系统、多媒体数据库系统等;数据库技术被应用到特定的应用领域,又出现了工程数据库、演绎数据库、时态数据库、统计数据库、空间数据库、科学数据库、文献数据库等,它们都继承了传统数据库的理论和技术,但已经不是传统意义上的数据库了,立足于传统数据库已有的成果和技术,加以发展进化,从而形成了新的数据库系统,有人称其为"进化"了的数据库系统;立足于新的应用需求和计算机未来的发展,研究出了全新的数据库系统,有人称其为"革新"了的数据库系统。可以说新一代数据库技术的研究,新一代数据库系统的发展呈现了百花齐放的局面。

11.2.1　面向对象数据库系统

面向对象的方法和技术对数据库发展的影响最为深远,它起源于程序设计语言,把面向对象的相关概念与程序设计技术相结合,是一种认识事物和世界的方法论,它以客观世界中一种稳定的客观存在实体对象为基本元素,并以"类"和"继承"来表达事物间具有的共性和它们之间存在的内在关系。面向对象数据库系统将数据作为能自动重新得到和共享的对象存储,包含在对象中的是完成每一项数据库事务处理指令,这些对象可能包含不同类型的数据,包括传统的数据和处理过程,也包括声音、图形和视频信号,对象可以共享和重用。面向对象数据库系统的这些特性通过重用和建立新的多媒体应用能力使软件开发变得容易,这些应用可以将不同类型的数据结合起来。面向对象数据库系统的好处是它支持 WWW 应用能力。

然而,面向对象数据库是一项相对较新的技术,尚缺乏理论支持,它可能在处理大量包含很多事务的数据方面比关系数据库系统慢得多,但人们已经开发了混合关系对象数据库,这种数据库将关系数据库管理系统处理事务的能力与面向对象数据库系统处理复杂关系与新型数据的能力结合起来。

11.2.2　分布式数据库系统

分布式数据库系统是分布式技术与数据库技术的结合,在数据库研究领域中已有多年的历史,并出现过一批支持分布式数据管理的系统,如 SDD1 系统、DINGRES 系统和 POREL 系统等。从概念上讲,分布式数据库是物理上分散在计算机网络各节点上,而逻辑上属于同一个系统的数据集合。它具有数据的分布性和数据库间的协调性两大特点。系统强调节点的自治性而不强调系统的集中控制,且系统应保持数据的分布透明性,使应用程序编写时可完全不考虑数据的分布情况。

分布式数据库系统是建立在计算机网络基础上管理分布式数据库的数据库系统,它由多个局部数据库系统组成,即在计算机网络的每个节点有一个局部数据库系统。每个节点可以处理那些只对本节点数据进行存取的局部事务,每个节点也可以通过节点之间的通信参与全局事务的处理。

由于分布式数据库系统是在成熟的集中式数据库技术基础上发展起来的,它除了集中式数据库的一些特点(如数据的逻辑独立性和物理独立性)以外,还有很多其他的性质和特点。

(1)网络透明性(network transparency):用户在访问分布式数据库中的数据时,没有必要知道数据分布在网络的哪个节点上,即用户可以像访问集中式数据库一样来访问分布式数据库。网络透明性又称为分布透明性(distribution transparency)。

(2)数据冗余和冗余透明性:共享数据和减少数据冗余是集中式数据库系统的目标之一,这样才能节省存储空间,减少额外的开销。分布式数据库系统通过保留一定程度的冗余数据,以适应分布处理。这种数据冗余对用户是透明的,即用户并不需要知道冗余数据的存在。

（3）数据片段透明性（data fragment transparency）：分布式数据库中一般都把关系划分成多个子集，其中每个子集称为一个数据片段。分布式数据库就是以数据片段为单位分布到各个节点的，但是这些划分和分布的细节对用户也是透明的。

（4）局部自治性：分布在计算机网络的各个节点都具有处理局部事务的能力，即能够独立处理仅涉及本节点数据的存取。

（5）数据库的安全性和一致性：由于数据分布在各个节点上而且存在一定的冗余，所以各个节点之间数据副本的一致性必须得到保证，否则会出现数据存取错误。对于每个局部的数据库，需要保证其安全性，同时对整个全局数据库也要保证其安全性。

无疑分布式是计算机应用的发展方向，也是数据库技术应用的实际需求，其技术基础除计算机软硬件技术支持外，计算机通信与网络技术当然是其最重要的基础。但分布式系统结构、分布式数据库由于其实现技术上的问题，当前并没有完全达到预期的目标，而客户机/服务器（client/server，C/S）体系结构却正在风行，C/S也是一种分布式结构，按照C/S结构，一个数据处理任务至少分布在两个不同的部件上完成。C/S结构把任务分为两部分，一部分是由前端（frontend，即client）运行应用程序，提供用户接口，而另一部分是由后端（backend，即server）提供特定服务，包括数据库或文件服务、通信服务等。客户机通过远程调用或直接请求应用程序提供服务，服务器执行所要求的功能后，将结果返回客户机，客户机和服务器通过网络来实现协同工作。C/S结构具有性能优越、保护投资、易于扩展和保证数据完整性等优点。当前，C/S技术日臻完善，客户机与服务器允许有多种选择，这样计算机系统就可以实现横向集成，将来自不同厂家的、不同领域的最好的产品集成在一起，组成一个性能价格比最优的系统。当前已有多种数据库产品支持C/S结构，其中Sybase是较典型的代表。

11.2.3　多媒体数据库系统

多媒体数据库系统是多媒体技术与数据库技术的结合，早在20世纪80年代初就已经被提出，但限于当时的技术条件，还不可能实现有实用价值的多媒体数据库系统。直到光盘普及以后，多媒体数据有了合适的存储载体，多媒体数据库技术才得到较快发展。早期的多媒体数据库都建立在文件系统上。多媒体数据由一个服务器系统存储和发送，称为多媒体服务器。多媒体服务器实际上是一个面向多媒体数据的文件系统，只是存储容量和存取数据的带宽比较大。有关多媒体数据的处理和查询仍由应用软件或工具软件进行，其用途也比较单一。

目前，大部分关系型数据库管理系统都增加了二进制的大容量数据类型——BLOB（binary large object，大容量二进制对象），这为在通用DBMS上建立多媒体数据库系统创造了条件。但如前所述，BLOB仅仅是DBMS管理下的文件系统，有关多媒体数据的处理和查询仍主要由应用程序和工具进行，只是增加了演示系统和相应的用户接口。尽管如此，它仍是当前最有吸引力的一种技术，其主要特征如下。

（1）多媒体数据库系统必须能表示和处理多种媒体数据。多媒体数据在计算机内的表示方法决定于各种媒体数据所固有的特性和关联。对常规的格式化数据使用常规的数据项表示。对非格式化数据，如图形、图像、声音等，就要根据该媒体的特点来决定表示方法。可见在多媒体数据库中,数据在计算机内的表示方法比传统数据库的表示形式复杂,对非格式化的媒体数据往往要用不同的形式来表示。所以多媒体数据库系统要提供管理这些异构表示形式的技术和处理方法。

(2)多媒体数据库系统必须能反映和管理各种媒体数据的特性,或各种媒体数据之间的空间或时间的关联。在客观世界里,各种媒体信息有其本身的特性或各种媒体信息之间存在一定的自然关联,例如,关于乐器的多媒体数据包括乐器特性的描述、乐器的照片、利用该乐器演奏某段音乐的声音等。这些不同媒体数据之间存在自然的关联,包括时序关系(如多媒体对象在表达时必须保证时间上的同步特性)和空间结构(如必须把相关媒体的信息集成在一个合理布局的表达空间内)。

(3)多媒体数据库系统应提供比传统数据库管理系统更强的适合非格式化数据查询的搜索功能,允许对图像等非格式化数据进行整体和部分搜索,允许通过范围、知识和其他描述符的确定值和模糊值搜索各种媒体数据,允许同时搜索多个数据库中的数据,允许通过对非格式化数据的分析建立图示等索引来搜索数据,允许通过举例查询(query by example)和通过主题描述查询使复杂查询简单化。

(4)多媒体数据库系统还应提供事务处理与版本管理功能。

11.2.4　知识数据库系统

知识数据库系统的功能是如何把由大量的事实、规则、概念组成的知识存储起来,进行管理,并向用户提供方便快速的检索、查询手段。因此,知识数据库可定义为:知识、经验、规则和事实的集合。知识数据库系统应具备对知识的表示方法、对知识系统化的组织管理、知识库的操作、库的查询与检索、知识的获取与学习、知识的编辑、库的管理等功能。知识数据库是人工智能技术与数据库技术的结合。

11.2.5　并行数据库系统

并行数据库系统是并行技术与数据库技术的结合,是在 MPP 和集群并行计算环境的基础上建立的数据库系统,可发挥多处理机结构的优势,将数据库在多个磁盘上分布存储,利用多个处理机对磁盘数据进行并行处理,从而解决了磁盘 I/O 瓶颈问题,通过采用先进的并行查询技术,开发查询间并行、查询内并行以及操作内并行,大大提高查询效率。其目标是提供一个高性能、高可用性、高扩展性的数据库管理系统,而在性能价格比方面,较相应大型机上的 DBMS 高得多。

并行数据库系统作为一个新兴的方向,随着对并行计算技术研究的深入和 SMP、MPP等处理机技术的发展,并行数据库的研究也进入了一个新的领域,因此需要深入研究的问题还很多。同时,集群已经成为并行数据库系统中最受关注的热点。目前,并行数据库领域主要还有下列问题需要进一步研究和解决。

(1)并行体系结构及其应用,这是并行数据库系统的基础问题。为了达到并行处理的目的,参与并行处理的各个处理节点之间是否要共享资源、共享哪些资源、需要多大程度的共享,这些就需要研究并行处理的体系结构及有关实现技术。

(2)并行数据库的物理设计,主要是在并行处理的环境下,对数据分布的算法的研究、数据库设计工具与管理工具的研究。

（3）处理节点间通信机制的研究。为了实现并行数据库的高性能，并行处理节点要最大程度地协同处理数据库事务，因此，节点间必不可少地存在通信问题，如何支持大量节点之间消息和数据的高效通信，也成为并行数据库系统中一个重要的研究课题。

（4）并行操作算法，为提高并行处理的效率，需要在数据分布算法研究的基础上，深入研究连接、聚集、统计、排序等具体的数据操作在多节点上的并行操作算法。

（5）并行操作的优化和同步，为获得高性能，如何将一个数据库处理事务合理地分解成相对独立的并行操作步骤、如何将这些步骤以最优的方式在多个处理节点间进行分配、如何在多个处理节点的同一个步骤和不同步骤之间进行消息和数据的同步，这些问题都值得深入研究。

（6）并行数据库中数据的加载和再组织技术，为了保证高性能和高可用性，并行数据库系统中的处理节点可能需要进行扩充（或者调整），这就需要考虑如何对原有数据进行卸载、加载，以及如何合理地在各个节点上重新组织数据。

可以预见，由于并行数据库系统可以充分利用并行计算机强大的处理能力，必将成为并行计算机最重要的支撑软件之一。

11.2.6　模糊数据库系统

模糊数据库被定义为"在计算机的外存储上按一定的模式组织在一起，具有较小数据冗余、较高数据独立性、一致性、完整性和安全性、可供共享的模糊数据的一个模糊集合。"模糊数据库（FDB）与普通数据库的主要区别在于，前者在所存数据和对数据的操作运用两方面都包含模糊性。因此，它所研究的主要内容和关键技术都是围绕这些问题提出的，主要内容如下。

（1）模糊数据的表示、语义解释和存储。

（2）模糊数据模型。

（3）模糊数据库管理系统，包括模糊数据定义语言（FDDL）、模糊数据操作语言（FDML）和更高级的模糊查询语言（FQL）等数据库语言的设计和实现。

（4）各种模糊数据库工具。

（5）模糊数据库和模糊知识库的结合。

一个数据库是对客观世界的一部分（可能是一个企业、一个单位、一个或一组事物等）的一种抽象描述。各种数据是对事物的属性、数量、位置或者它们间的相互关系的形式表示，是各种信息的载体。模糊性是客观世界的一个重要属性，传统的数据库系统描述和处理的是精确的或确定的客观事物，但不能描述和处理模糊性和不完全性等概念，这是一个很大的不足。所以，提出一种能反映现实世界的模糊性的数据库系统自然是一个很迫切的客观需求。

为此，开展模糊数据库理论和实现技术的研究，其目标是能够存储以各种形式表示的模糊数据，数据结构和数据联系、数据上的运算和操作、对数据的约束（包括完整性和安全性）、用户使用的数据库窗口用户视图、数据的一致性和无冗余性的定义等都是模糊的，精确数据可以看成模糊数据的特例；模糊数据库系统是模糊技术与数据库技术的结合，由于理论和实现技术上的困难,模糊数据库技术近年来发展不是很理想,但它已在模式识别、过程控制、案情侦破、医疗诊断、工程设计、营养咨询、公共服务以及专家系统等领域得到较好的应用,显示了广阔的应用前景。

当前数据库技术的发展呈现出与多种学科知识相结合的趋势,凡是有数据(广义的)产生的领域就可能需要数据库技术的支持,它们相结合后即刻就会出现一种新的数据库成员而壮大数据库家族,如数据仓库是信息领域近年来迅速发展起来的数据库技术,数据仓库的建立能充分利用已有的资源,把数据转换为信息,从中挖掘出知识,提炼出智慧,最终创造出效益;工程数据库系统的功能是用于存储、管理和使用面向工程设计所需要的工程数据;统计数据是来自国民经济、军事、科学等各种应用领域的一类重要的信息资源,由于对统计数据操作的特殊要求,从而产生了统计学和数据库技术相结合的统计数据库系统等。数据库技术在特定领域的应用为数据库技术的发展提供了源源不断的动力。

11.2.7　数据仓库的结构

数据仓库是存储数据的一种组织形式,它从传统数据库中获得原始数据,先按辅助决策的主题要求形成当前基本数据层,再按综合决策的要求形成综合数据层(又可分为轻度综合层和高度综合层)。随着时间的推移,由时间控制机制将当前基本数据层转为历史数据层。可见数据仓库的逻辑结构数据由 3~4 层数据组成,它们均由元数据(meta data)组织而成。数据仓库中数据的物理存储形式有基于多维数据库的组织形式和基于关系数据库的组织形式。

下面给出数据仓库中常用的概念。

(1)数据源:数据仓库的数据来源于多个数据源,包括企业内部数据、市场调查报告以及各种文档之类的外部数据。

(2)仓库管理:在确定数据仓库信息需求后,首先进行数据建模,然后确定从源数据到数据仓库的数据抽取、清理和转换过程,最后划分维数及确定数据仓库的物理存储结构。元数据是数据仓库的核心,它用于存储数据模型和定义数据结构、转换规划、仓库结构、控制信息等。

(3)数据仓库:包括对数据的安全、归档、备份、维护、恢复等工作,这些工作需要利用数据库管理系统的功能。

(4)OLAP 服务器:在决策数据库中,需要按主题编制、访问大量数据和处理复杂查询,这种数据库应用称为联机分析处理(on-line＋analytical processing,OLAP)。进行 OLAP 操作的服务器称为 OLAP 服务器。与此相区别,把通常的数据库应用称为联机事务处理(on-line transaction processing,OLTP)。

(5)分析工具:用于完成实际决策问题所需要的各种查询检索工具、多维数据的 OLAP 分析工具、数据挖掘(data mining,DM)工具等,以实现决策支持系统的各种要求。

11.3　数据库建设中应注意的几个问题

数据库技术的延伸与发展为各种不同类型数据库建设提供了有力的支持,在近期及远景建设中对下述技术的利用和吸收是有益和必需的。

（1）大型信息系统应该是基于一个分布式的多媒体数据库系统，它应基于远程 C/S 结构并支持多媒体数据的存储、管理和查询。

（2）系统应该是一个具有丰富数据资源并提供先进的对数据资源再开发工具，如提供辅助设计、统计分析、专家咨询、多媒体显示等的软硬件支持。

（3）系统开发可以新的技术和方法论为指导，面向对象技术、多媒体技术应该是下一代数据库及其信息系统开发可采用的技术。

（4）在数据库建设中充分采用科学的分析和设计方法，在数据的组织和管理上形成规范，充分发挥现代数据库技术对工程的支持。

（5）在开发过程中选用的数据库技术紧跟国际发展潮流，开发出能够支持国家宏观经济决策，支持企业全面管理，支持 Internet 共享的数据库，真正让数据库流通起来，提高数据库利用率。

11.4　数据库技术的全新特性及发展趋势

1. 混合数据快速发展

SQL Server 2008、DB2 Viper 和 Oracle 11g 都很重视产品的可扩展置标语言（extensible markup language，XML）特性，数据应用的主要开发平台也将转换到 XML 化的操作语义。随着服务组件体系结构（service component architecture，SOA）和多种新型 Web 应用的普及，XML 数据库将完成一个从文档到数据的转变。同时，"XML 数据/对象实体"的映射技术也将得到广泛应用。

2. 数据集成和数据仓库倾向内容管理

新一代数据库的出现，使得数据集成和数据仓库的实施更加简单，连续处理、准实时处理和小范围数据处理都将成为数据集成和分析人员所面临的新课题。另外，随着数据应用逐步过渡到数据服务，还会着重处理 3 个问题：关系型与非关系型数据的融合、数据分类、国际化多语言数据。

3. 主数据管理

在企业内部的应用整合和系统互连中，许多企业具有相同业务语义的数据被反复定义和存储，导致数据本身成为信息技术环境发展的障碍，为了有效地使用和管理这些数据，主数据管理将会成为一个新的热点。

4. 数据仓库将向内容展现和战术性分析方面发展

数据仓库技术的普及，使前端应用集成并让投资决策者看到实效将成为热点。需要在存储和计算能力方面多投资，为了让投资获得实际回报，其应用需加大内容展现。另外，与以往一味强调的"战略性"分析不同，为了适应业务环境的快速变化，依托新一代数据仓库产品，战术性分析将成为促进业务敏捷的有效手段。

5. 基于网络的自动化管理

随着 Enterprise-class 到 World-class 的转变，数据库管理除了更加自动化之外，将会提供更多基于 Internet 环境的管理工具,完成数据库管理网络化。从 SQL Server、DB2 和 Oracle 的新一代产品可见,数据管理的应用程序编程接口(application programming interface,API)将更开放,基于浏览器端技术的 Intranet/Internet 管理套件,便于分布在各地的数据管理员、开发人员通过浏览器管理另一端的数据库。

对数据库管理中的大部分流程化、模式化工作,相关管理套件除了提供交互的浏览器外,还提供各种自动化任务定制、数据库运行情况实时监控和异常报告,结合数据库产品的通知服务,可以实时将分散的数据库运行数据以电子邮件等形式传递给管理员。

6. PHP 将促进数据库产品应用

在.NET 和 Java 成为数据应用的主体开发平台后,随着各类新一代 Web 应用,很多厂商为了争取市场,在新版本数据库产品推出后,提供面向超级文本预处理语言 PHP(hypertext preprocessor)的专用驱动和应用。

7. 数据库将与业务语义的数据内容融合

数据库将更多地作为“信息服务”技术支撑。对于新一代基于 AJAX、MashUp、SNS 等技术的创新应用,数据不再集中于一个逻辑上的中心数据库,而是分布在网络,为了支持上述能力,数据聚集及其之后基于业务语义的数据内容融合也将成为数据库发展的亮点,其产品除了在商务智能领域不断加强对应用的支持外,也会着力加强数据集成服务。

11.5　数 据 挖 掘

11.5.1　数据挖掘概述

简单地说,数据挖掘是从大量数据中提取或“挖掘”知识。该术语实际上有点用词不当。注意,从矿石或沙子挖掘黄金称为黄金挖掘,而不是砂石挖掘。这样,数据挖掘应当更正确地命名为“从数据中挖掘知识”,不幸的是它有点长。“知识挖掘”是一个短术语,可能不能强调从大量数据中挖掘。毕竟,挖掘是一个很生动的术语,它抓住了从大量的、未加工的材料中发现少量金块这一过程的特点(图 11.1)。这样,这种用词不当携带了“数据”和“挖掘”,成了流行的选择。还有一些术语具有和数据挖掘类似但稍有不同的含义,如数据库中的知识挖掘、知识提取、数据/模式分析、数据评估和数据捕捞。

图 11.1　挖掘的过程

许多人把数据挖掘视为另一个常用的术语"数据库中知识发现"（KDD）的同义词。而另一些人只是把数据挖掘视为数据库中知识发现过程的一个基本步骤。知识发现过程如图 11.2 所示，由以下步骤组成。

（1）数据清理（消除噪声或不一致数据）。

（2）数据集成（多种数据源可以组合在一起）。

（3）数据选择（从数据库中提取与分析任务相关的数据）。

（4）数据变换（数据变换或统一成适合挖掘的形式，如通过汇总或聚集操作）。

（5）数据挖掘（基本步骤，使用智能方法提取数据模式）。

（6）模式评估（根据某种兴趣度度量，识别提供知识的真正有趣的模式）。

（7）知识表示（使用可视化和知识表示技术，向用户提供挖掘的知识）。

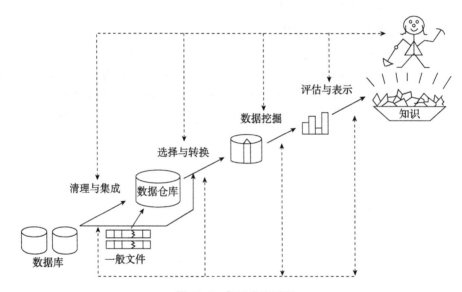

图 11.2　知识发现过程

数据挖掘步骤可以与用户或知识库交互。有趣的模式提供给用户或作为新的知识存放在知识库中。注意，根据这种观点，数据挖掘只是整个过程中的一步，尽管是最重要的一步，因为它发现隐藏的模式。

我们同意数据挖掘是知识发现过程的一个步骤，然而在工业界、媒体和数据库研究界，"数据挖掘"比较长的术语"数据库中知识发现"更流行。因此，本书选用术语数据挖掘。

我们采用数据挖掘的广义观点：数据挖掘是从存放在数据库、数据仓库或其他信息库中的大量数据挖掘有趣知识的过程。基于这种观点，典型的数据挖掘系统具有以下主要成分（图 11.3）。

数据库、数据仓库或其他信息库：这是一个或一组数据库、数据仓库、展开的表或其他类型的信息库，可以在数据上进行数据清理和集成。

数据库或数据仓库服务器：根据用户的数据挖掘请求，数据库或数据仓库服务器负责提取相关数据。

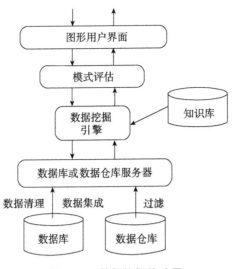

图 11.3　数据挖掘的过程

知识库：这是领域知识，用于指导搜索或评估结果模式的兴趣度。这种知识可能包括概念分层，用于将属性或属性值组织成不同的抽象层，用户确信方面的知识也可以包含在内，可以根据非期望性评估模式的兴趣度使用这种知识。领域知识的其他例子有兴趣度限制或阈值和元数据（例如，描述来自多个异种数据源的数据）。

数据挖掘引擎：这是数据挖掘系统的基本部分，由一组功能模块组成，用于特征、关联、分类、聚类分析、演变和偏差分析。

模式评估模块：通常该部分使用兴趣度度量，并与挖掘模块交互，以便将搜索聚焦在有趣的模式上。它可能使用兴趣度阈值过滤发现的模式。模式评估模块也可以与挖掘模块集成在一起，这依赖于所用的数据挖掘方法的实现。对于有效的数据挖掘，建议尽可能地将模式评估推进到挖掘过程之中，以便将搜索限制在有兴趣的模式上。

图形用户界面：该模块在用户和挖掘系统之间通信，允许用户与系统交互，指定数据挖掘查询或任务，提供信息，帮助搜索聚焦，根据数据挖掘的中间结果进行探索式数据挖掘。此外，该成分还允许用户浏览数据库和数据仓库模式或数据结构，评估挖掘的模式，以不同的形式对模式可视化。

从数据仓的观点来看，数据挖掘可以看作联机分析处理的高级阶段。然而，通过结合更高级的数据理解技术，数据挖掘比数据仓库的汇总型分析处理走得更远。尽管市场上已有许多数据挖掘系统，但是并非所有的都能进行真正的数据挖掘。不能处理大量数据的数据分析系统，最多称为机器学习系统、统计数据分析工具或实验系统原型。一个系统只能够进行数据或信息提取，包括在大型数据库找出聚集值或回答演绎查询，应当归类为数据库系统，或信息提取系统，或演绎数据库系统。

数据挖掘涉及多学科技术的集成，包括数据库技术、统计、机器学习、高性能计算、模式识别、神经网络、数据可视化、信息提取、图像与信号处理和空间数据分析。在本书讨论数据挖掘时，我们采用数据库观点。即着重强调大型数据库中有效的和可规模化的数据挖掘技术。一个算法是可规模化的,如果给定内存和磁盘空间等可利用的系统资源,其运行时间随数据库大小线性增加。通过数据挖掘,可以从数据库中提取有趣的知识、规律或高层信息,并可以从不同角度观察或浏览。发现的知识可以用于决策、过程控制、信息管理、查询处理等。因此,数据挖掘被信息产业界认为是数据库系统最重要的前沿之一,是信息产业最有前途的交叉学科。

11.5.2　数据挖掘的主要功能

数据挖掘的主要功能如下。

(1)分类,是指将数据映射到预先定义好的群组或类。分类算法要求将对象的属性、特征分类,以建立不同的类别来描述事务。例如,银行部门根据以前的数据将客户分成了不同的类别,以确定对新申请贷款的客户是否批准或确定信用风险。

(2)聚类,一般是指将数据划分或分割成相交的群组的过程。聚类和分类很相似,只不过聚类中的类别没有事先定义而是由数据决定的。例如,将贷款申请人分为高、中、低信用度申请者等。

(3)汇总,是指将数据映射到具有简单描述的子集中。汇总从数据库中抽取或者得到有代表性的信息,也可以得到一些总结性信息。汇总有时也被称为特征化或泛化。

(4)关联规则和序列模式的发现。关联是某种事物发生时其他事物跟着会发生的这样一种联系。例如,所有买了圆珠笔的人,一个月后又有30%的人买笔芯,70%的人买新的圆珠笔。

(5)预测。把握分析对象发展的规律,对未来的趋势作出预见,如对未来股市行情的判断。

(6)偏差的检测。数据库中的数据存在很多异常的情况,通过对数据的分析发现少数的、极端的特例的描述,揭示内在的原因,即为偏差的检测。

11.5.3　数据挖掘研究方向

数据挖掘研究者不断从各方面寻求创新,或从大自然获取灵感,或向哲学寻求启示,更多的小改进是通过借鉴、移置、融合和推广已经有的方法,来寻求创新点,积小胜为大胜。下面介绍在基本挖掘技术不同的挖掘对象上,与不同的成熟技术融合和推广而引出的研究方向。

1. 空间数据挖掘

地理信息系统、遥感、导航、交通控制和环境研究的发展推动空间数据挖掘这一分支的发展。空间数据库存储内容的特殊性和需求的特殊性带来了特殊的困难,需要特殊挖掘技术、空间数据库技术和数据挖掘技术的融合,引入了创新。

空间数据挖掘的研究方向如下。

(1)基于空间数据立方体的空间OLAP。与传统数据仓库类似,空间数据仓库也是面向主题、集成的,并随时间变化。

（2）空间关联分析。

（3）空间分类。挖掘出与一定空间特征有关的规则,如军事基地、城镇、机场、居民区及科技开发区等。

（4）空间趋势分析。根据某空间维找出变化趋势。例如,当离军事基地越来越近时,地形地物的变化趋势,或离沙漠越来越近时,气候与植物的变化趋势。

2. 多媒体数据挖掘

挖掘对象包括音频、图像、视频、序列和文本数据等。挖掘除特征和知识外,常用于基于内容的搜索,研究方向如下。

1）图像特征挖掘

（1）基于颜色组分。以颜色成分为特征,忽略了形状、位置信息,因此具有相似颜色成分的图被视为等价,类似根据中药的组分来识别药房而不管药的形状。

（2）多维特征标识。维度包括颜色组分、形、位和结构。通常可对每维定义距离函数,然后加权导出总距离。

2）多媒体分类和预测分析

该研究方向是传统的预测技术与被预测对象的多媒体特色组合。这里的特殊需求和特殊的困难引出了新的解决方案。例如,在天文学中以天文学家认真分类过的天空图像为训练集,挖掘出规则用于预测星系、星星以及其他恒星体,人们已经成功地运用这一方法来识别金星上的火山。

3）多媒体关联规则挖掘

由于多媒体可含多个对象,有多个特征,如色、行、关键字和位置。这样可能存在大量的关联,并且与图像分辨率有关。通常先在粗分辨率下挖出高频模式,然后对高频模式作高分辨率挖掘。

3. 文档数据挖掘

人类掌握结构化数据存储技术的历史与人类有文字的历史相比还很短暂。现实世界中,大部分信息以文本形式保存,如新闻文章、研究论文、书籍。近年来,半结构化文档得到了飞速发展。一个文档可能包含结构字段,如标题、作者、出版日期、长度、分类等,也可能包含大量的非结构化的文本成分,如摘要和内容。文档挖掘成为数据挖掘中的重要研究方向。传统的数据挖掘技术,如分类、聚类、关联在文本文档这一特殊对象上,都有专门的研究分支。有基于支持向量机的文本分类、基于最近邻居分类法、基于神经网络分类法、基于贝叶斯法、基于向量空间模型、基于潜在语义索引的文本分类,其中,基于关键字的关联和文档分类比较简单,通过收集经常一起出现的关键字或词汇,然后找出其关联或相互关系。由于涉及的语言、文字、文档有其特殊性,如有词根处理、去除无用词等预处理。

4. Web 挖掘

Web 可视为最大的数据库。对 Web 有效的资源和知识发现具有极大的挑战性,因此研究方向包括如下内容。

（1）挖掘 Web 链接结构,识别权威 Web 页面,权威性由 Web 页面链接来度量。链接反映了页面的重要性,类似于通过论文被引用情况来评估研究论文质量。

(2)Web 文档的自动分类。由于 XML 的标记和超链接包含了有关页面内容的丰富语义信息,分类更准确和更完美。

(3)Web 使用日志挖掘。Web 日志包含用户请求的 URL、用户 IP 地址、时间。Web 站点每天可有数以百兆的 Web 日志记录。挖掘 Web 用户日志,可发现用户访问 Web 行为模式,识别电子商务的潜在客户,并改进 Web 服务器质量。

5. 流数据挖掘

流数据是指连续的、有次序的、快速变化的数据库序列,如传感器数据、GPS 位置跟踪数据、工业过程控制数据、金融证券数据、网络监控数据、传感器数据、电话呼叫排队信息等。过去由于技术和设备的限制,把流数据简化成静态数据处理。近年来计算机技术的进步,使得流数据可以本来面目实现处理。

传统的数据库管理系统旨在保存有限的持久数据,追求共享性、独立性和数据完整性。

与传统的静态数据相比,流数据有下列特色。

(1)数据量大,可能无限。

(2)快速变化,而且是无限的。

(3)原始流数据都是低层次数据,几乎没有数据结构。

(4)许多流数据是多媒体和多维数据。

11.6　小　　结

本章介绍了几种常见的数据库新技术,目的是让读者了解数据库技术领域的前沿理论和研究方向,分布式数据库是将数据分布在计算机网络的不同计算机上,网络中的每个节点具有独立处理能力,既可以执行局部应用,又能通过网络通信子系统执行全局应用,它具有数据的物理分布性、数据的逻辑整体性和节点的自主性等特点。面向对象数据库是面向对象技术与数据库技术相结合的产物,数据仓库和数据挖掘是目前数据库领域研究比较热门的技术,数据仓库是将多种数据源的信息进行集成的技术,数据挖掘是从大型数据库或数据仓库中发现事先未注意到的但是潜在有用的信息和知识,是在应用数据仓库进行决策支持的关键技术。此外,还介绍了数据库自身的几个特性和它在将来的发展前景。

而对于广大数据库用户来讲,主要有两方面的要求。

(1)希望得到自己所需要的数据或信息。

(2)能够方便地接受和使用这些数据或信息。

前一类要求应通过工程的软硬件环境支持和高质量的数据库设计来达到,后一类要求则应为用户提供良好的用户界面和完善的应用支持来达到。值得注意的是,任何数据库系统的建设,其最根本的问题还是对应用领域中基础数据的识别与组织,如果做不到这一点,是很难开发出让用户满意和认可的数据库系统的。因此,数据库系统建设中的数据规划、面向应用领域的全面数据分析和全面数据库设计,将是系统建设中的头等大事。

▶ 本章知识结构图 ∙∙∙

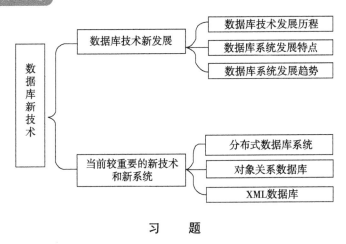

习　　题

简答题

1. 什么是分布式数据库？它有哪些特点？

2. 什么是并行数据库？并行数据库有哪几种系统结构？

3. 多媒体数据按其特征可以分为几种？分别是什么？

4. 主动数据库与传统的数据库相比较,有哪些优点？

5. 与一般的数据库相比,数据仓库有哪些特点？

本章参考文献

[1] Ceri S,et al. Distributed Database:Principles and Systems. NY:McGraw Hill,1984.

[2] 周龙骧,等. 分布式数据库管理系统实现技术.北京:科学出版社,1998.

[3] 郑振楣,于戈,郭敏. 分布式数据库. 北京:科学出版社,1998.

[4] Kim W,Lochovsky F. Object-Oriented Concepts,Databases and Applications. P. A. Bernstein:Addison-Wesley,1989.

[5] 王珊. 面向对象的数据库系统.计算机世界专题综述,1990.